世界建筑史丛书

哥　特　建　筑

［法］路易·格罗德茨基　著
吕　舟　　洪　勤　译

中国建筑工业出版社

本书荣获第13届中国图书奖

　　本书涵盖了整个影响欧洲建筑发展达400年之久的哥特时代。著者广泛涉及哥特风格的历史、地理要素，不仅对作为哥特艺术源头的法国的情况作了深入的研究，而且也包括了英格兰、德意志、奥地利、西班牙、意大利和葡萄牙哥特建筑内容。那些重要的世俗和宗教的实例，如夏特尔、坎特伯雷、米兰和巴塞罗那的大教堂都得到了充分的表述。

　　本书附有300余张图片作为对文字内容的补充。

目　录

第一节 概念的界定与相关理论

哥特艺术或者哥特建筑的概念是不清楚的,它不像诸如"卡特琳娜艺术"这样的概念那样十分确定。它没有准确限定的历史时段或地理范围。它的形式、技术以及造型的特征并非一成不变,相反它们往往随着它所处的时间与地域而变化。在最近的研究中,"哥特"这个便艺术史家屈从于传统称呼的约定俗成的标签已被广泛接受,但它同时也意味着对这一概念可能出现的不同的解释。15世纪和16世纪的意大利作家[如15世纪的费拉瑞特(Filarete)、马奈蒂(Manetti)和16世纪著名的瓦萨里(Vasari)]用这个概念来说明西欧艺术与建筑相对于文艺复兴而言如同一幕野蛮的序曲。在15世纪和16世纪,根据他们的观点,所谓德意志风格(maniera tedesca)或哥特风格(maniera dei Goti)是两个与他们推崇的古代传统相对立的名称。因此,当"哥特"这一概念在17世纪被再次提出并被一致接受时,这一词语带有轻蔑的含义,它从种族和历史的角度以贬抑的态度诠释了一个异族的时代(参考:异族在中世纪早期的入侵)。关于这一点,可以参考莫里哀(Moliere)的诗《希腊的光荣》[La Gloire du Val de Grace(1669年)],他写道"……哥特装饰无聊的趣味,一个无知时代的令人作呕的畸形怪物,由野蛮的狂潮造就……"。18世纪开始了第一次对中世纪艺术的重新评价,一些评论家,例如:佩雷·洛吉耶(Pere Laugier)、威廉·吉尔平(William Gilpin)和奥古斯特·威廉·施莱格(August Wihelm Schlegel)给了哥特这个词一个积极的,甚至带有赞美意味的内涵。尽管如此,这一词语在19世纪和20世纪遭到了一些人的抵制。例如,大量的德国学者在约翰·沃尔夫冈·冯·歌德(Johann Wolfgang von Goethe)的带领下,认为这种形式是德国精神的表现,他们把它称为"德意志建筑"。近乎同样数量的法国学者,例如卡米耶·恩勒哈(Camille Enlart),则打算把这种艺术形式的标签换成"法国形式"。后者把布尔夏德·冯·哈勒(Burchard von Halle)的编年史(约出版于1280年)中的一段内容当作他们的论点的基础;这段内容记述了柏德·温普芬(Bad Wimpfen)的教堂(它的歌坛建于1269—1274年)是"按照法国的风格"建造的。这种带有民族主义色彩的争论平息下去之后,"哥特"这个词便开始被广泛地接受了。

总体而言,那些试图界定"哥特"的人已不再讨论那些在中世纪早期入侵西欧的游牧民族——法兰克人、条顿人和"哥特"人,尽管仍有一些学者[其中最近的一位是汉斯·泽德尔迈尔(Hans Sedlmayr)]还是提出了一个与希腊-罗马文明相对的"反地中海"世系。这一后浪漫主义的概念得到了20世纪初的一些评论家,如威廉·沃林格(Wilhelm Worringer)坦率而真诚的支持。

尽管如此,今天对于"哥特"的界定是基于对技术、形式和空间形态的观察,以及对历史和意识形态资料的分析。

第二节 综合的方法

从18世纪研究哥特建筑的那些先驱者开始,一些评论家就试图用一种简练的语言来描述哥特风格的那些主要的特征。在这些典型的形式特征中,第一个是尖券,通常也被称作尖拱(ogive,今天这一名词已不再用于尖券,而变成关于券顶肋拱的名词)。如果不算它更早一些时候在西班牙和西西里的穆斯林建筑上的应用,那么最初,尖券的设计是作为一种非常古老的东方装饰,在11世纪被介绍到西方。它被用于装饰性窗格和拱上,这种作法一直持续了若干个世纪,甚至因此而出现了一个现在已经被遗忘了的词汇:尖拱建筑.根据这种分解式的分析方法,另一个基本的组成部分,是由突出的相互交叉的拱肋支撑的拱顶。还有一个不十分普遍,但却非常典型的特征是飞扶壁,这是一个在某些国家中对教堂外立面产生重要影响的构件。最终,历史学家们积累了大量的这种在古典时期或中世纪早期艺术中不存在的特征。在这些特征中包括束柱、尖塔(为了增加扶壁的重量,通常在上部冠以一个小塔尖)、山花、多叶式的玫瑰窗和分隔成尖叶状的门窗。这些形式组合的变化标志着哥特建筑的民族或地区属性,以及它所处的发展阶段。因此,那些名称,如辐射式、火焰式以及英格兰、垂直式风格取决于对那些单独的建筑构件的观察,例如窗棂、柱子的线脚等等。

保罗·弗兰克尔(Paul Frankl)把这一关于哥特建筑的概念称为"综合的概念";他的这一提法在19世纪中叶阿尔西斯·德·科蒙(Arcisse de Caumont)、罗伯特·威利斯(Robert Willis)和弗朗斯·梅尔滕斯(Franz Mertens)等人的著作中已有所反映。它的主要优点是自证实性和那种对于考古学家来说是必不可少的分析,这种优点使它同样变成一种对其他学者来说具有吸引力的方法。对每一个组成部分进行评价,如果能够作出准确观察和描述,就能够帮助历史学家排出一个

图 1　哥特拱顶的建造方法，根据维
　　　奥莱－勒－杜克的分析

图 2　A. 拱顶拱肋分布图
1. 法国式拱肋（左）和英国式拱肋（右）实
例。下列大教堂拱肋交错和汇聚情况的透
视和投影：2. 埃克塞特大教堂；3. 诺里奇
大教堂；4. 彼得伯勒大教堂

B. 拱顶投影图
1. 佩尔普林（波兰）：西多会教堂；2. 布拉
涅沃（波兰）：教区教堂；3. 弗罗茨瓦夫
（波兰）：圣教堂（Sandkirche）；4. 布格豪
森（西德）：圣雅各布（Sankt Jakob）教堂；
5. 布拉格：大教堂歌坛；6. 施瓦本－格
穆德：海利希克罗伊茨教堂；7. 安娜贝格
（Annaberg）（东德）：安嫩教堂（Annenkir-
che）

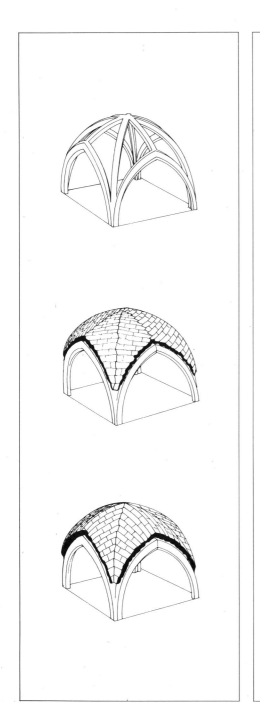

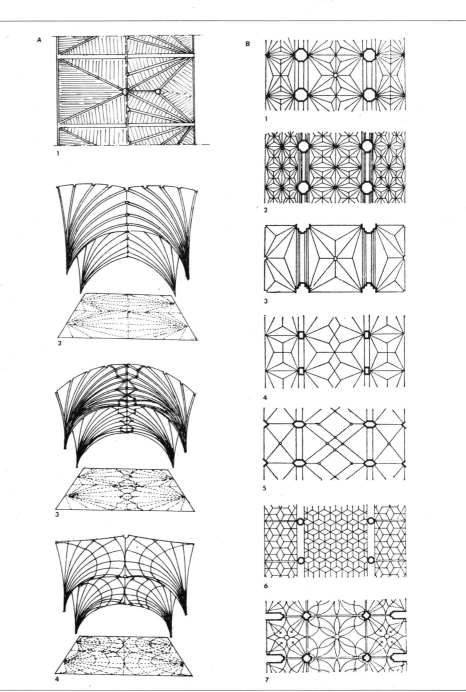

图 3　哥特式中厅的结构，根据维奥
莱－勒－杜克的分析：亚眠大
教堂和圣德尼修道院教堂

精确的年代顺序，研究一座建筑，观察它的影响和这种影响的程度，判断它在历史的或地理的范畴上所具有的独特性。

这种方法的主要缺点是，它不遵从那种基于所有形式要素的综合，这种综合是根据一致、集中或总体的原则产生的。它很少涉及那些普遍的现象，如那些独立或相关尺度、比例和形式或结构体系。而且，它几乎不允许对建筑总体效果所具有的历史或精神的意义等广泛问题进行思考。另外，这一方法可能导致严重的时间上的不准确或错误。这种错误甚至发生在最近的研究当中。例如，如果把尖券当作一个基本的决定因素，那么那些由圆券构成基本造型的建筑，如拉昂大教堂的主立面，肯定将被排斥在哥特建筑的名单之外。但如果把交叉肋拱当作一个关键要素，那么那些 12 世纪，甚至 11 世纪的建筑，例如达勒姆大教堂的横厅，又都必须包括在名单中。

第三节　结构的方法

大约在 19 世纪中叶，盛行重建古代纪念建筑和建造新哥特风格的大厦（科隆大教堂的中厅、巴黎圣克洛蒂尔德教堂），对于中世纪建筑的研究也转向更多对于技术要素方面的思考。虽然这在一定程度上归功于德国［约翰尼斯·韦特尔（Johannes Wetter）、梅尔滕斯（Mertens）］和英格兰［威利斯（Willis）］的学者，但这一评价观点最杰出的提倡者是法国建筑师欧仁·维奥莱－勒－杜克（Eugène Viollet-le-Duc）。他的思想被许多考古学家、历史学家和建筑师所采用，包括朱勒·基舍拉（Jules Quicherat）、奥古斯特·舒瓦西（Auguste Choisy）和马塞尔·奥贝尔（Marcel Aubert），其影响一直持续到今天。"一切皆为结构的功能"，维奥莱－勒－杜克写道，"过廊、侧厅上的楼座、尖塔和三角形山花，没有一个哥特建筑的形式是异想天开的结果。"这一结构功能主义通过对拱顶和它的承重系统的分析得到了最充分的展示。基于对角线拱（即所谓的尖拱）和构成拱顶边界的拱券（横拱、边拱）形成的逻辑系统，侧推力由拱顶直接传递到特定的承重部分，原来厚重的墙体因此而可以变薄，甚至被窗户所取代。由于呈弯曲状的拱顶和拱券，屋顶的重量变成了侧向的推力，哥特建筑师们则采用侧向支撑（飞扶壁）或增加适当的竖向压力（尖塔）的方法来平衡这种推力。与古代建筑的静态承重系统相反，这是一个动态的系统。的确，甚至可以把这个系统称为弹性系统。由于这一系统的组成部分具有多种作用，

图 4 哥特大教堂后殿结构（第戎），
　　　　根据维奥莱-勒-杜克的分析

图 5 沙特尔大教堂，中厅的飞扶壁

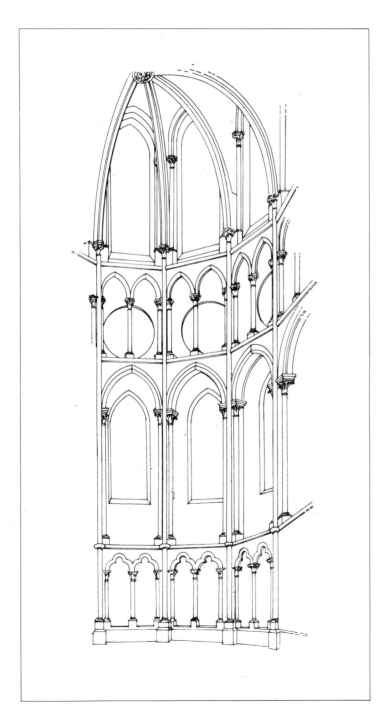

它们共同工作，整个系统因此可以承受、调整、转移建筑的荷载分布，从而减小建筑的下沉和变形。哥特建筑的结构体系使建筑的重量得以减小，而且可以大量减少建筑的竖向结构，作为综合的结果是使建筑各部分之间的区分更清晰。当然，这一方法也可以应用于对其他正在发展变化着的结构方案以及由这种结构所形成的形式的研究。

对这种看来科学的方法有许多争议。例如，尖券或屋顶下对角线拱的存在可以被认为只是前哥特时代实验的初步成果。而且，乔治·狄翁（Georg Dehio）和梅尔滕斯强调有大量的世俗、军事甚至宗教建筑（如那些非拱顶的教堂）虽然被认为是哥特风格但其实它们并不适合这个体系。这些建筑的建造者由于经济、技术或美学的原因不能或不愿完全理解这种风格以及谁适合简化了的哥特风格。波尔·亚伯拉罕（Pol Abraham）和 A·金斯利-波特（A. Kingsley-Porter）坚持认为假定的对角线拱承重作用的重要性，事实上通常是一种错觉，而且关于力的作用与弹性的概念已被对中世纪墙体的现代科学分析所证明是错误的。尽管如此，维奥莱-勒-杜克的思想仍然被运用于哥特建筑的加固与修复。这一思想孕育了严格控制荷载的现代框架结构。毫不奇怪，技术专家们总是对结构判断的方法感兴趣。但这种功能化的判断方法却很难让艺术史家满意。他们不仅感到单靠建筑结构并不能恰当地确定一种风格，而且他们认为形式特征与建筑结构并无多大关系，并且这种判断方法实际上与历史事实相矛盾。

第四节 空间的方法

19 世纪后期考古学和艺术史研究与人类科学的研究相结合的趋势，导致了新的研究方法的出现。根据这一方法（最早由德国人提出），每一艺术作品，特别是纪念性建筑都是一种特定的空间，空间的概念在这里既包含了理论/几何的范畴，也包含了经验/体验（如形象与触觉）的范畴。一座建筑是一个空间的结构，也是一个空间的创造。如果用亨利·福西永（Henri Focillon）的话，则是一个"空间的阐释"。空间决定于它的尺度、比例，它是被分隔还是保持整体，它的位置、它的界限和它的可视性。

内部空间的比例问题被广泛地关注，无疑是正确的。如同他们曾震惊于 17 世纪和 18 世纪的巴洛克和新古典主义建筑那样，19 世纪的评论家发现 13 世纪和 14 世纪的建筑是那样令人惊叹，那样奇妙，那样值

图 6　哥特拱顶结构方法实例
图 7　哥特大教堂尺度关系分析；科
　　　隆大教堂剖面

图 8　经典法国哥特风格相等韵律分
　　　析
　　　下列相同比例尺的大教堂中厅局
　　　部的比较：
　　　1. 努瓦永；2. 拉昂；3. 巴黎；4. 沙
　　　特尔；5. 兰斯；6. 亚眠

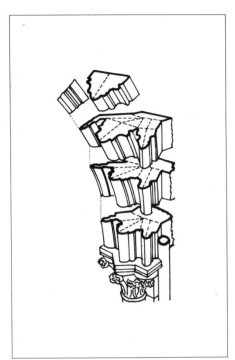

得关注，特别是那些大教堂，如博韦、科隆和约克大教堂的中厅形成竖向高而窄、长而狭的比例。而且这种比例被墩柱和支撑着拱顶的束柱的竖线式的构图所强调。在 18 世纪初，这种空间已被认为是梦幻式的或是"庄严"的。近来有些考古学家，如：狄翁、沃尔特·于贝瓦塞尔（Walter Ueberwasser）、弗兰克尔（Frankl）和玛丽亚·韦尔特（Maria Velte）致力于重新发现哥特建筑的"比例系统"。最终各种研究方法都被用于这一目的，这些方法包括：建筑测绘、古文献研究、重点建筑的分析（例如：维也纳大教堂和斯特拉斯堡大教堂）；参考有关建筑的文字记录，如著名的关于米兰大教堂技术报告（1391—1400 年）的笔记；以及中世纪哲学论述中的有关内容，如圣托马斯·阿奎纳（Saint Thomas Aquinas）的那些论述。汉斯·R·哈恩鲁瑟尔（Hans R. Hahnloser）对 13 世纪维拉尔·德·洪内库尔（Villard de Honnecourt）的手稿以及罗伯特·布兰纳（Robert Branner）关于兰斯大教堂图纸研究的严谨分析，揭示了对几何形比例的探索毫无疑问是中世纪永恒的追求。这些方法中一些具有创新性的内容是建立在用等边三角形、方形、圆形及圆弧所进行的分析的基础上的。这些方法在文艺复兴时期并没有得到继承。

哥特建筑的一个更为典型的特征是建筑内部空间的处理，建筑无论是大是小，也不论世俗或宗教都是一样。沿着墙或墩柱布置的那些构成长方形、方形构图边框的肋拱，或者不规则四边形上的拱顶，清晰地限定出空间的各个部分。换而言之，这些构成空间的实体以交叉、长方或半圆的方式排列在一起。不管这些构成空间的实体是相同，或如通常的那样，尺寸各不相同，它内部的空间都会构成一个完整的独特的形式和结构体系，而这在古代或中世纪早期是不可想像的。一些学者强调了这种空间布局的数学和几何学特质。例如，弗兰克尔把这种创作方式看作是一种与罗马风建筑的加法创作方式相反的分割的方式。但维奥莱一勒一杜克以及后来的奥古斯特·沙马尔索（August Schmarsow）和威廉·平德（Wilhelm Pinder）则一致同意把哥特建筑称为拼合建筑（articulated architecture）。不管贴什么样的标签，问题中所涉及的现象则是相同的：一个由形象和逻辑清晰的各个部分组合而成的整体，它的简化形式可以在那些没有采用拱顶的哥特建筑上看到。

尽管如此，与哥特空间划分的理论相反的是福西永和让·博尼（Jean Bony）的关于统一空间的看法，即内部空间的创造是自然的幻象。根据这一方法，那些纵横交错、相互影响的部分，全部的构件，相互叠加的楼层，以及建筑内逐步减少的用来承重的墙体，所有这一切都对视觉印象产生作用，造成建筑在视觉印象中的尺度的增加。

哥特建筑的一个突出并被经常研究的方面是它的各部分相交处的边缘所具有的生动的、线形的特质。束柱和转折处的轮廓线向上延伸，形成券顶上的肋拱，强调了柱子，分割处理了建筑的内表面，同时也强调了建筑外部的结构部分。垂直和水平方向的轮廓、斜的线被用来使原本已过分丰富的手法更为繁复。这一特征是像维奥莱一勒一杜克认为的那样，是由结构体系所决定的吗？还是应该与亚伯拉罕一道，把它解释为表达结构功能的表面的现象？或许，像欧文·帕诺夫斯基（Erwin Panofsky）主张的那样，它如同绘画、雕刻，符合一般的艺术模式。根据这一模式，空间以及建筑的高度等便成为精神世界在物质形态方面的表达、想像和展示。这种线性造型特征的发展的确得到中世纪建筑设计中那种把空间变为平面的趋势的支持。无论最后的结论怎样，一些评论家已经强调了所讨论的哥特设计中这一特点的重要性。恩斯特·高尔（Ernst Gall）用它来解释风格的起源；沃纳·格罗斯（Werner Gross）则用它来解释风格的演变；达戈贝尔·弗赖（Dagobert Frey）认为它最后一个繁荣时期是在中世纪末期。

内部空间和外部体量的边界——墙和其他分隔部分也同样被仔细地研究。汉斯·扬岑（Hans Jantzen）计划进行一系列的观测，并用他所谓的"精致的原则"加以解释。举例来说，哥特教堂的墙通常与通道相伴（楼座、拱廊以及其他在侧窗高度以上的通道），以创造一种从远处望去似乎是两重墙的印象。普遍的做法是在墙面上使用盲券廊。或者把柱与侧厅的墙面分开，这样从中厅看过去，它们不再是墙体的一部分，而变成了独立于侧厅墙体的部分。对于建筑的外部而言，可用同样的方法去分析飞扶壁、各种承重部分和其他挑出墙面的拱券。所有这些部分都围绕着墙体，然而它们在实体上和视觉上都是与墙体分离的。总之，在感觉上空间的界线是模糊的，而且由那些过于突出在墙面之外的装饰雕刻所构成的墙的空间界线就更为复杂。

另外一个更为明显和普遍存在的趋向是增大墙面上的开口尺寸。逐渐，半透明的彩色玻璃花格窗取代了开在罗马风建筑连续的墙体上的窄窗。墙面被减少到非常小的比例，而且，事实上近乎完全被取消。维奥莱一勒一杜克、马克斯·德沃夏克（Max Dvorak）、奥贝尔和福西

图 9　努瓦永大教堂横厅和歌坛内立
面局部

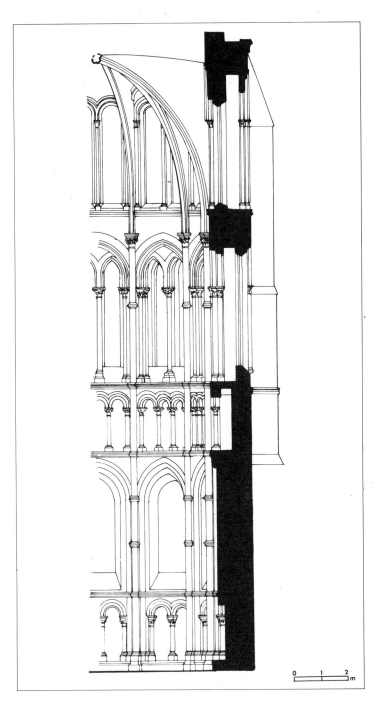

0　1　2
m

永都认为这一非物质化的趋向是哥特建筑最有代表性的方面。这是不
是一个简单的由于结构体系对技术极限的追求而产生的顺理成章和幸
运的结果?还是由于首先希望能有更多的光线,而使建筑师去寻找一种
解决方案的结果?著者曾指出无论是哪种情况,由于展示那些色彩绚烂
的彩色玻璃窗的习惯而使开设尽可能大的窗户的要求得到惊人的膨
胀。墙的减少和削弱向人们暗示着哥特建筑最有代表性的特征,尽管这
种情况在不同的地方有所差别。

　　在各种可能的方法中,把光线作为形式和表征进行研究以界定哥
特式的空间大概是一个最有效的方法。在可能的答案中,恐怕很少会有
比半透明或映射出灿烂光辉的墙面效果更为强烈和符合人们的理想的
了。例如,一座教堂或许会在建筑的上部或是一些关键的部位,如歌坛
横厅的两翼处开设大量的窗户。对哥特空间的理解应当不仅仅是一种
封闭的体积和几何的限定。它是光的作品,由光线而改变。事实上,通
过中世纪的文献可以看到,对于这些教堂的建造者所掌握的方法而言,
这一概念已被阐释得相当明确。关于哥特建筑所有的从形式出发的和
绝大部分从结构出发的定义方式都可以被[由奥托·冯·西姆松(Otto
von Simson)、帕诺夫斯基(Panofsky)和泽德尔迈尔(Sedlmayr)提
出的]这样一个方法所代替,这一方法从"光的空间"的角度来阐释作
为精神理念、宗教或哲学的物质化的结果的中世纪教堂。单纯的形式、
空间和结构的分析都无法对哥特建筑风格进行精确的描述。

第五节　历史与图解的方法

　　由于那些最重要的哥特建筑都是作为宗教建筑使用的,因此哥特
建筑通常都需要能够表述一定的宗教意义,甚至符合宗教典籍的文字
就是一件非常自然的事情。中世纪作家的充满神学意味的、说教的、富
于仪式性的、晦涩的文字总是涉及到作为物质实体而存在的教堂的精
神意味。根据他们的观点,教堂从字面上是神的居所,是神的神秘的形
态或诸如与虔诚信众、推选教堂之间的感应等神奇现象的物质形式。泽
德尔迈尔指出:教堂甚至被当作天堂和新耶路撒冷在人世间的幻象。虽
然这种象征性已出现在早期基督教神殿(巴西利卡)当中,但它在哥特
教堂中得到了更为明确、完善的形式上表述。12世纪、13世纪和14世
纪的大教堂无论是在纵向延伸的空间处理还是垂直升腾的气氛渲染,
再加上使象征着神的荣耀的光辉之雨沐浴教堂内部的宏大、瑰丽的目

12

图 10　勒芒大教堂拱顶
图 11　阿尔比，圣瑟西勒大教堂，南
　　　侧门廊拱顶

窗，使它们表述了一种超越其他一切时代的基督教建筑的神秘力量。著者还注意到五彩缤纷、光辉灿烂的彩色玻璃窗与传说中新耶路撒冷镶嵌在墙上的那些宝石的关系，以及神圣的塔楼和尖顶令人想起出现在圣约翰圣迹中的那些相似的结构。由于大教堂被认为是基督教世界影像的折射，大量的象征被作为一种图解式的要素（雕像、绘画、窗户）被女排在教室中，以强调神圣意义的表述相说教 [埃米勒·马勒（Emile Male）]。需要注意的是这些并非生硬的表述，而是通过抒情的赞美获得的启示。如果对哥特建筑不是从结构或空间的角度去认识，而是从宗教思想的表述的角度去认识，便可以依据这个虽然复杂，但却有效的对基督教礼拜仪式传统的象征和隐喻的确定而获得普遍适用的意义 [约瑟夫·索尔（Joseph Sauer）和泽德尔迈尔]。

对中世纪神学和哲学精神有着不同的阐释。中世纪神秘的思想流派引起了人们对随之而产生的美学问题的关注，它涉及到物质与非物质，丑与美的概念，它们被精神化和从非物质化的建筑的角度加以表述 [德沃夏克和爱德华·德·布吕纳（Edouard de Bruyne）的术语]。此外，狄翁，特别是帕诺夫斯基把哥特建筑的设计与流行的中世纪经院逻辑学相联想。尤其是相对于整体而言的各部分的布置关系可以隐喻出僧侣集团的构成，既表达了建筑师设计的方法，又表述了神学著作的结构特征。因此哥特建筑的产生与发展服从于经院思想的产生与发展，从彼得·阿伯拉尔（Peter Abelard）到阿尔伯图斯·马格努斯（Albertus Magnus），经院辩证哲学在建筑设计中似乎得到了显现。事实上，并不存在着把当代的哲学信条应用于建筑，以阐释它们的各部分构件所具有的功能或装饰的作用的障碍。

政治与社会的思考在这里也同样发挥着作用。哥特艺术在某些时候被看作是对封建时代的表述。另一方面它又被看作是现代文明的预兆，它的建筑与新的社会结构同时出现。可以确信，在 12 世纪中期，封建结构自身面临内部的矛盾，在一些特定的国家中，这种制度甚至进入到了一个衰退的时期。然而，作为一种社会统治方式，至少作为一种表面形式，它一直延续到中世纪结束。世俗和军事贵族充满炫耀意味的建筑，特别是那些领主和主教的城堡通常得到骑士理想的激励。宗教建筑绝非不受奢华的影响，很快政治的目的便融入到了装饰的设计之中（作为证据是那些由国王或贵族资助的极为豪华的建筑）。尽管如此，甚至在一些法国的大教堂或巴黎的圣徒礼拜堂中都渗透了政治的含义的情

图 12　兰斯大教堂的回廊礼拜室，室内，维拉尔·德·洪内库尔的笔记，Fr. 19093, f. 30v. 巴黎，国家图书馆

图 13　束柱平面和其他设计，维拉尔·德·洪内库尔的笔记，Fr. 19093, f. 32. 巴黎，国家图书馆

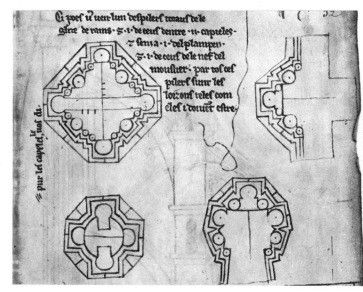

况下，仍有一些人不相信这一清楚的事实〔G·班德曼（G. Bandmann）〕。维奥莱-勒-杜克坚持认为哥特风格的繁荣是城市自由化和营建专业化的结果。考虑到这样一个事实，即 13 世纪在意大利或北方的城市中（斯特拉斯堡、吕贝克）社区所起的作用，事实上，在中世纪末期这种作用日益扩大，经常占据支配的地位，并且这种地位绝不仅仅停留在表面的形式方面。必须强调的是，社会的变迁（托钵僧团、教区等等）导致了哥特建筑的变化。我们将在后面的内容中讨论这一问题。

在这个简短的概述当中最重要的方面是艺术史家的富于创造性的工作，在一百多年的时间中获得了丰厚的关于分析方法的积累，每一种方法都有自己的优点。其中一些有助于确定研究的方向，另一些将促进修复工作，其他将会帮助人们更好地理解哥特建筑形式的奇妙与丰富。虽然这些方法展示出了哥特本质的图景，但它们中间没有哪个能够给出一个严格的、精确的定义。政治与社会的要素有些时候会产生多种地方性的变化，许多这样的变化使它们不能准确地界定在经历了成功的发展之后的哥特建筑。但是在这种风格的历史上，有两个可供认定的被弗兰克尔认为是具有典型的遗传性（Werdenstil）的要素。第一个是被福西永称为形式演化（la vie des formes）的要素：哥特的创意服从于老的传统的持续和在这种持续性发展基础上的改变，新的影响和形式的创新都是由历史发展的内在逻辑确定的。第二个要素是人类自己——创造者自身，他的行为可以改变历史的进程。

第六节　历史和物质环境

哥特建筑在地理上的扩张反映了罗马天主教在欧洲所获得的广泛信仰。从最后一次不成功的努力到 11 世纪完成基督教的统一，东方教会教堂一直带有拜占庭传统的文化和艺术印记。虽然这种影响的边界把欧洲从中间大致分为南部和北部，但必须考虑的是传教团的影响和其他西方对东方的暂短的入侵：圣地巴勒斯坦、塞浦路斯和罗德岛都受到哥特艺术的影响。由于第一次、第二次和第三次十字军战争（分别为 1097—1098、1148—1150 和 1204 年）导致了众多拉丁王国和威尼斯殖民地的建立，这种状况一直延续到中世纪末。一般来说，哥特的版图包括不列颠诸岛、斯堪的纳维亚、荷兰和法国，以及神圣罗马帝国和它的政治或文化的属地（波希米亚、波兰、匈牙利和波罗的海周围的因军事

原因而形成的基督教地区）。在地中海周围地区，哥特的领土包括伊比利亚半岛、意大利、亚德里亚海的东岸和在希腊、小亚细亚的前罗马殖民地，从艺术史的角度我们还可以把受到哥特晚期风格影响的葡萄牙、西班牙在美洲和非洲的殖民地包括在内。

这些国家和地区不同的气候、地理、地质特征以及它们变化的经济、政治和社会模式在某些时候会产生不同的建筑技术。的确这些地区艺术的发展在被称为哥特的时期（约1150—1450年，在有些地区一直延续到16世纪）表现出极端的不同。例如，欧洲中世纪人口的统计令人难以分析，它表现出令人无法置信的差异。12世纪和13世纪法国的北部密布着教区教堂、富有的修道院和贵族的要塞，在这些地区中以高速发展的向城市集中的趋势为标志的建筑活动局限于少数重要的城市当中。此外，那些处在极北方的国家与法国和意大利相比，较少受到14世纪中期苛刻的人口统计和经济萧条的影响。因此，历史学家必须研究不同国家建筑的独特情况，甚至每一栋建筑的情况。

经济的严重不平等造成了财富的集中，这些财富首先集中到少数贵族、富人、有势力的修道院手中，接着又集中到意大利、加泰罗尼亚和日耳曼城市的商业行会的银行家手中。无论是在国际还是在地区的尺度上，15世纪之前中世纪经济的混乱状态，都使得评价它对建筑发展所具有的作用方面变得非常复杂。如罗伯托·洛佩斯（Roberto Lopez）指出的那样，自相矛盾的情况并不罕见。一些小城市，例如亚眠拥有巨大、奢侈的建筑，反之，一些大的经济都市，如科隆，却由于有过多的目标，而无法资助建造这样的建筑。直到15世纪初，上个世纪灾难性经济的影响才得以根除，一些城市和地区——弗兰德、诺曼底、托斯卡纳地区的城市以及德国莱茵河南部地区——开始迅速富裕起来，开始了一场建筑竞赛。只有在这个时期才能清楚地看到经济对哥特艺术的影响。

要准确地确定社会与政治历史的影响也同样困难。国际间的战争呈现出令人难以置信的混乱，更不用说难以计数的内战，要确定这类事件的影响几乎是不可能的。但这却是历史学家自19世纪中期以来一直试图做的事情。一般来说，伟大的历史运动能够促进或者阻碍交流，对于扩张或者紧缩的偏爱，导致一个时期的危机或是繁荣。在哥特建筑形成并获得最初的成功的时候（约1150—1250年），有两个重要的政治因素影响着西欧的历史。第一个因素是皇帝的权威与西方的最高权力之

间的斗争，这一问题是由霍恩史塔芬王朝和他们关于授职仪式的争论而引发的。第二个因素是1066年发生的"诺曼人的征服"，以及随后发生的法国与英国之间的领土与政治的相互渗透。当然还需要提到西班牙的"再次征服"和这种状况在伊比利亚半岛的巩固，以及由于1204年在君士坦丁堡建立西方政权而引发拜占庭战争。

在1150年以前具有相当影响的盎格鲁－诺曼艺术与盎格鲁－法兰西关系的变化之间有着引人注意的联系。L·奥尔什基（L. Olschki）认为法国哥特在初生时期是一种"皇家"现象，与之相伴随的是路易六世和路易七世巩固君权的努力。同样，可以看到在安茹和缅因地区类似的建筑与英格兰金雀花王朝的国王亨利二世和阿基坦的埃莉诺（Eleanor of Aquitaine）之间的关系。这种分析也适用于霍恩史塔芬王朝的南部莱茵地区和神圣罗马帝国的晚期罗曼融合了伦巴底和意大利的要素，借用了西西里拜占庭艺术的形式的令人惊叹的发展。果真如此的话，则可以用特定的政治势力的存在来解释哥特艺术在向意大利和帝国（指神圣罗马帝国）扩张的失败。最后，可以把哥特艺术进入伊比利亚半岛归结于这样一个事实，在12世纪后期法国南部的政治势力向西班牙的推进。

13世纪结束了泛欧洲国家的梦想。在西方出现了权力平衡的变化，特别是在弗雷德里克二世（Frederick II，1250年）和他的儿子科纳尔四世（Conrad IV，1254年）去世之后，德国处于政治的无政府状态，因此她向一切艺术流派开放了她的边界。同时1259年的巴黎条约解决了盎格鲁－法兰西的战争问题，在菲利浦二世和路易八世在法国南部取得胜利之后，法国的君主政体毫无疑问地开始进入一个经济扩张、威望与日俱增的时代。这就是被称之为圣路易的世纪，一个把法国的霸权从西班牙扩张到安茹的查理（Charles d'Anjou）的短命的西西里王国的时代。甚至教庭也被它所屈服，并因此而迁到阿维尼翁。从总体而言，法国的艺术，特别是哥特艺术迅速占领了整个西欧，甚至在遭到强烈反抗的莱茵地区也取得了胜利。尽管如此，13世纪晚期在加泰罗尼亚、阿拉贡、托斯卡纳和英格兰开始了反抗这种霸权的民族运动。作为结果之一，地方化了的法国哥特到处出现[格罗斯和K·格斯滕伯格（K. Gerstenberg）]。

由于在14世纪中期国家间的政治、经济和人口要素的平衡再次遭到破坏。法国和英国之间漫长的战争（1338—1453年）逐渐摧毁了这

两个国家的经济，建设速度减缓甚至停顿。1347—1351年间的黑死病、其他瘟疫和饥荒使欧洲人口锐减。加之从12世纪以来亚洲民族（鞑靼人、土耳其人等等）对欧洲东部和中部的破坏性袭扰所造成的压力，导致了民族大迁徙、新城市的出现和防御性建筑的发展。这一过程导致了更大规模的国际交流，但这种交流又被建筑活动速度的放慢，以及影响的过于分散而抵消。如果说真正的艺术上的国际主义是产生于15世纪之前的欧洲，那么除了被称为火焰式的风格之外，建筑并未在其中发挥多少作用。

同时，在这段时间中（1380—1420年）一系列政治事件所形成的新的秩序和新的社会—文化状况正在塑造一个新的西欧。在这个过程中正在退化为一种纯粹的表面现象的封建制度，屈从于君主、诸侯的权势：权力的集中变成了那个时代的政治秩序。面对这种权势，自由城市和贵族的共和国（如在意大利）在拥有了可观的财政来源的基础上建立了起来。如那个时代中最野心勃勃的诸侯领地之一的勃艮第大公国在葛兰德森战争中，在控制由城市市民组成的军队方面的失败便是一个例子。从1440年由新生的、十分强大的哈布斯堡王朝的奥地利为主体的神圣罗马帝国的扩张也是由于来自帝国内部的自由城市的阻碍而受挫。尽管有突厥人不断的威胁，他们征服了拜占庭最后的零星反抗并已占据了欧洲东南部的部分地区，但西欧仍然保持着繁荣和扩张，并表现出它已做好了在非洲和美洲进行殖民冒险的准备。在这些年代中，建筑活动繁荣兴盛。在停工已久的建筑工地上又重新开始施工，贵族们竞相建造豪华的世俗或宗教建筑。弗兰德、德国和加泰罗尼亚新兴的、富有的商业和工业城市建立起新的教区并建造市政建筑。事实上，15世纪哥特建筑是如此的数量众多和富有创造力，正如在它的发展历史中被记述的那样。除了米兰大教堂的设计竞赛和杰尔马诺菲利教皇（Germanophile pope）主持的皮恩扎（Pienza）大教堂工程之外，作为例外，意大利则进入到一个脱离哥特世界，探寻新的艺术和人文主义理想的过程。

尽管如此，哥特艺术并没有被意大利文艺复兴急剧发展的、胜利的浪潮完全淹没，甚至哥特的包括各种装饰构件或一般的设计偶尔也对意大利风格有所影响（例如，在阿尔卑斯山以北或伊比利亚半岛）。处于支配地位的哈布斯堡王朝的崛起和西班牙势力的形成构成的欧洲政治的新趋向，经常遇到来自顽强的民族传统的抵抗。例如，在英格兰，

哥特艺术一直到17世纪都在非正统建筑上留下了自己的印记。在西班牙和葡萄牙，一些哥特艺术的经典作品出现在16世纪（例如在葡萄牙的贝伦）。只有反宗教改革运动和耶稣会的发展所形成的压力具有足够的力量把意大利风格强加于法国和英国的宗教建筑之上。

中世纪复杂、矛盾的政治、经济势力的出现有利于产生打破单一发展模式的趋势，造成了多种多样的环境和个性化的建筑的出现。而且一般意义上的哥特艺术——无疑是伴随着多种变化——在西欧逐步形成。事实上，与从政治事件的角度相比，从建筑的角度，欧洲更可以被认为是一个整体。福西永曾写道："关于中世纪最重要的文献是它的建筑。"自不待言，这一整体由于宗教运动而获得了它的延续性和一致性，宗教运动又激励了那些最伟大的和最富标志性的建筑的出现。虽然，在哥特时代，教堂遭受到了无数的危机——教派分裂、异教、内部斗争，以及与世俗力量的冲突，但没有什么能够打破它牢固的统一性和它的国际性。这一精神不仅植根于教士之间无数的联系，与普通的语言和通常的传道目的相关联，而且也存在于密集的、并行的、辅助性的宗教机构所形成的网络之中。在这些要素当中，有两个方面特别突出：罗马会组织的集权化和宗教团体，它们在影响范围方面都表现出国际性的特征。

罗曼时代，也被称为修道院的时代，有时它会被人与哥特时代相比较，哥特时代则被称为大教堂的时代。但这是一个错误的对比：宗教制度所具有的作用并没有因为哥特艺术的诞生而削弱。如事实所表明的那样，12世纪哥特艺术的主要倡导者是诺曼底、英国和法国的本笃教派。一些英国的大教堂，如达勒姆大教堂是本笃教派的建筑，在法国，维扎累的圣德尼、兰斯的圣·瑞米都是本笃教派的修道院教堂。虽然在12世纪初，本笃教派在经济和政治权力方面都达到了它的顶峰，但它在整个中世纪都在享受着这种财富。本笃教派的一些给人留下深刻印象的新建和重建项目，在法国包括：兰斯的圣尼克拉斯教堂、卢恩的圣奥恩教堂、拉谢斯迪约（La Chaise-Dieu）的圣罗贝托教堂，以及圣歇尔山教堂的歌坛，在英国则包括威斯敏斯特教堂、泰恩茅斯（Tynemouth）和坎特伯雷的本笃派大教堂的重建工程。本笃派的影响一直延续到15世纪和16世纪，在列日（Liege）的圣亚各布教堂、雷根斯堡（Regensburg）的圣乌尔瑞迟教堂（Sankt Ulrich）等建筑中表现了这种影响。

从其诞生时起,西多会同样推动了哥特建筑的扩展。作为对本笃派教规的改革,西多会出现于 12 世纪初的勃艮第,它经历了惊人的发展。在 1112 年到 1152 年间,建立了 343 个西多会修道院;到中世纪末,则竟有了 750 个西多会的男修道院和 750 个女修道院分布在西方基督教世界当中。从建筑的角度而言,虽然西多会最初使用了罗曼式的设计来表达他们的苦修精神,但它的僧侣们很快便成了哥特建筑的主要传播者,他们的活动东至波兰,东南则达到了匈牙利。在 13 世纪中,他们把更为精美、奢华的要素融入他们的建筑当中。

影响范围较小,但重要性却丝毫不差的是加尔都西会和普雷蒙特雷修会的影响。1084 年在靠近格勒诺布尔(Grenoble)的拉·格朗·沙尔特勒(La Grand Chartreuse),圣布鲁诺建立起来加尔都西会在教规上强调默想的精神和苦修的理想。它事实上繁荣于每个基督教的地区,特别是在德国、法国、意大利和西班牙。在中世纪末期,他们的巨大的修道院通常出现在城市的附近〔巴黎、纽伦堡、第戎、帕维亚(Pavia)〕,这样的建筑大约有 200 个,它们中的很大一部分是由贵族,如勃艮第公爵〔尚莫(Champmol),靠近第戎〕和子爵(帕维亚)建立的。

所有宗教团体的活动,以 13 世纪和 14 世纪托钵僧团——多米尼克派和方济各会的活动最为活跃。在圣多米尼克亲自领导的初期活动之后,多米尼克派正式在 1215 年建立。1221 年时有 60 个多米尼克修道院;到 1359 年,已有 612 个多米尼克修道院和超过 350 个女修道院。多米尼克派的誓约集中于传教活动,主张通过倡导、教育来指导人们的本性。多米尼克派教士很快变成学校和大学的教师;在阿尔伯图斯·马格努斯(Albertus Magnus)和圣托马斯·阿基纳(Saint Thomas Aquinas)的影响下,巴黎大学的中世纪经院哲学发展到了顶峰。而且,作为与异教斗争的主要斗士,他们在反对阿尔比派的圣战中,把宗教裁判作为一种反对诸如卡塔利(Csthari)那样的团体的战争。为了保持与民众之间的联系,多米尼克派在城市中建立起了他们的教堂和修道院。总的来说,他们的建筑风格是朴素的,偶尔他们的设计也表现出在建筑尺度上的巨大与宏伟,以容纳大量的信众。由于它是那些始终保持着中世纪宗教和道德思想活力的教派之一,它的建筑也同样保持着这种活力的印记。

与多米尼克派同时代,方济各会(其会规被神圣宗教会议在 1222 年所接受)不仅具有相同的由中央权力领导的地方组织组成的机构体系,而且他们直接凭着信念去寻找那些需要他们做的事情。在阿西西的圣法兰西斯(Saint Francis)的神学思想的滋养下,这一教派立誓清贫,用慈悲之心帮助世人、进行社会活动,但很快他们便对这些原则做了折衷。例如在他们的建筑上,那些普通的教士,无论是男性僧团还是女修士的僧团,并不在意阿西西他们那令人赞美的母亲教堂,而把他们的建筑建到了各个城市当中。事实上,恰如 F·安特尔(F. Antel)在关于 15 世纪初托斯卡纳地区的情况的研究中所展示的那样,在他们与多米尼克派之间展开了一场竞赛。可以注意到的一点是方济各会的修道院与多米尼克派的相比,较为俭朴,装饰也要少一些。不管怎样,从 14 世纪开始,方济各派的思想获得了巨大的胜利,特别是在意大利,它吸引了大量的信众和捐赠,这一结果最终导致了它在建筑方面违背了以前保持清贫的誓约(例如佛罗伦萨的圣克罗斯),在各个方面他们与多米尼克派一样,构成了推动哥特建筑发展的巨大力量,特别是在向东方国家的扩张方面更是如此。

最后,我们不应遗漏在对圣地进行重新征服的时期,从 11 世纪晚期到 12 世纪初期出现的军事团体——圣殿骑士团(救世主的贫苦骑士)、医院骑士团(耶路撒冷圣约翰医院的团体)以及其他类似的团体。他们在圣地耶路撒冷和沿着圣地朝圣的道路建造城堡或骑士团领地。虽然随着从 12 世纪中期到 13 世纪穆斯林对这一地区的征服,迫使他们离开东方,这些团体在欧洲一直存在到 1309 年,但没有再对建筑的发展做出重要的贡献。另一方面,条顿骑士团和武装兄弟会(Schwertbruder)在圣地建立,并随着与异教的波罗的海人的战争(1225—1226年)而迁移,随着这种迁移,哥特艺术被带到波美拉尼亚(Pomerania)、东普鲁士和波罗的海地区(马尔堡、里加、塔林等地方的那些城堡)。尽管这些团体带有很强的德意志气息,但他们与托钵僧团一样起到了使基督教国际化的作用。

如果不谈宗教团体,教区僧侣尽管保持着一种排外的严格的成员体制,但他们开创并几乎是强制性地维持着国际间交流的渠道。作为社团、宗教会议、教会或贵族的外交使团的代表,或者被派往罗马、阿维尼翁及国外履行职责,中世纪的主教们是他们那个时代中旅行最多的人。意大利和西班牙的高级教士在法国和德国竞选主教;法国和西班牙的主教则轮流成为了教皇。通过家族间的联盟,由贵族组成的大教堂牧

图 14　弗里堡的迈克尔·斯特拉斯堡
　　　　大教堂立面细部设计。斯特拉
　　　　斯堡，圣母院的勒奥维博物馆

师会组织也帮助了这种远距离的外交活动。

借助有关文献，D·克诺普（D. Knoop）和 G·P·琼斯（G. P. Jones）、P·杜·科隆比耶（P. du Colombier）、J·然佩尔（J. Gimpel）以及其他学者试图了解围绕着哥特大厦建造过程所出现的实际情况。如果这一过程在开始时依赖于宗教权力（主教或教堂司铎），或者依赖于政治或城市自治权力（如在佛罗伦萨），之后的经济与技术的过程则是确是不平衡和复杂的。在国王和贵族竭力赞助的情况下——例如卡那封城堡、加亚尔府邸和巴黎的圣沙佩勒教堂——建筑工作进行得很快。由于贵族们实际上无限的财源和劳动者的贫困，当它们结合在一起，这些工程便可以在仅仅 3 年到 5 年的时间中完成［L·F·扎尔茨曼（L. F. Salzmann）］。由于受到来自主教管区财富来源的限制，其至主教和大教堂牧师会都不能单独支付像大教堂那样巨大的建筑所需的费用。而另一些僧侣活动，如商品交易、市场活动、奉迎圣人遗骸和恳请等也会对聚集资金有所帮助，但这些顶多只是不稳定的财政来源。很少一些哥特大教堂或修道院能够成为例外，在 25 年或 30 年的时间中建成，例如在沙特尔或若奥芒特（Royaumont）。大多数这样的教堂工程虽然在热情中开工，又有充足的经费，但却遭遇到各种困难并导致了工程速度放慢至停顿。1232 年，在兰斯由于大教堂的建设问题发生了持续若干年的城市与大主教之间的冲突。在博韦，大教堂歌坛由于一系列的事故以及随后进行的维修使工程持续了超过一个世纪的时间。当 14 世纪，经济与政治的大衰退来临的时候，在法国，百年战争的一个直接后果是许多工程项目都停止了，一直到 15 世纪或 16 世纪才重新开始，而科隆大教堂，则一直延续到 19 世纪。教区教堂和修道院（例如旺多姆的拉·特里尼泰）也受到了与那些主要的教堂建筑相同的影响。

从 12 世纪中期开始，建筑费用出现了戏剧性的增长。例如，奥贝尔和西姆松对这一状况做了估价，在 1140 年至 1144 年之间，阿博特·叙热（Abbot Suger）在圣丹尼斯他的教堂的歌坛的建造工程中大约花费了 1000 利弗，但在进行了 50 年的中厅、横厅和装饰歌坛的工程过程中（1231—1282 年）花费了 80000 利弗。可以这么说，这种膨胀大概是由于工匠费用的不断增加——泥瓦匠、木匠和雕刻匠——他们的技巧由于建造和装饰的复杂性的增加而变成一种专业技能。但是主要的

花费却总是用在从采石场开采石料，把石料运送到建筑工地，以及不断地更换开采石料的工具。如果在采石现场采取保护措施，则需要沙坑，或者森林，提供架设脚手架或结构支架的木材；如果非技术的工人能够提供志愿或免费（被强迫）的运输服务，建筑费用可以在很大程度上得以降低。一些记录涉及到这些工程项目的组织方式和账目，例如，在特鲁瓦的圣乌尔班、瓦莱修道院和卡那封城堡都保存有这方面的资料。结合调查［P·德尚（P. Deschamp）和特雷莎·弗里施（Teresa Frisch）］，这些资料帮助我们得到更多的知识，对建筑活动的经济和技术指标作出评价。

在英国的文献中非常特殊的是展示了实际建造者的作用：建筑师、工程师和那些被称为师傅［约翰·哈维（John Harvey）的词汇］的人们。经常听到一个缺乏根据的结论：相对于文艺复兴时期伟大的建筑大师，如伯鲁乃列斯基或米开朗琪罗，建造中世纪建筑的是些无名的建造者，他们建造了属于所有的人的被称为集体作品的建筑。实际上我们知道许多哥特建筑师的名字，最早是纪尧姆·迪·桑斯（Guillaume de Sens），他在 1174 年至 1178 年间在坎特伯雷工作。一些富有的、著名的建筑师甚至与国王齐名，并被当作国际专家。皮埃尔·德·蒙特勒伊（Pierre de Montreuil），他的墓志铭把他称作"石匠大师"，他曾指导了一些巴黎的重要项目，其中包括圣德尼和巴黎圣母院，以及从买采石场到出售他皮。在这个世纪的下半叶，让·德尚（Jean Deschamps）同时承担了在克莱蒙—费朗、利摩日、罗德兹和纳博讷的工程。雷蒙德·杜·坦普勒（Raymond du Temple）和居伊·德·达姆阿廷（Guy de Dammartin）都是非常著名的大师，他们曾涉及皇室、贵族的工程。在英格兰，赫里福德的沃尔特（Walter of Hereford）是 13 世纪瓦莱修道院和卡那封城堡皇家工程的泥瓦工大师；亨利·伊夫利（Henry Yevele）14 世纪时曾参加威斯敏斯特教堂和伦敦其他建筑的建造；威克姆的威廉（William of Wykeham）是温切斯特大教堂的主要匠师，也参与了温莎城堡和威斯敏斯特教堂的建造工作。许多很著名的德国匠师，如帕勒（Parler）家族著名的成员——亨利希（Heinrich）、彼得（Peter）和温策尔（Wentzel）活动于 14 世纪，他们的建筑在科隆、施韦比施·格穆德、波恩、维也纳都能见到。这样的建筑师要比官方文献中记载的名字多得多。通过一些实例，我们了解到一些关于他们生活、性格、经历和艺术风格的情况。例如，布兰纳和当今的研究者就对皮

埃尔·德·蒙特勒伊 (Pierre de Montreuil) 的生活与风格做了详尽的讨论；并把他的性格与另一些著名的〔例如像罗伯特·德·鲁扎切斯 (Robert de Luzarches)〕或不知名的匠师（例如布兰纳提到的圣丹尼斯的主要匠师）相比较。根据 P·博兹 (P·Booz) 和 O·克莱策 (O·Kletzl) 的说法，帕勒家族的风格表现了德国南部和波西米亚哥特特征，恰如 14 世纪的佛罗伦萨风格，帕勒家族的这种风格可以通过与阿诺尔福·迪·坎比奥 (Arnolfo di Cambio) 的关系而得到确认。希望这种研究能够继续下去，最终产生一部如同 15 世纪意大利建筑史那样详尽的哥特建筑史。

一个引起最热烈的争论的问题是中世纪泥瓦匠和建筑师的组织问题。这一问题进而扩展到确定他们之间关系的规章，13 世纪的那些严格的规章是否会影响到建筑？伟大的中世纪建筑师在社会中的等级和他们的流动性表明了他们成功地回避了相关的规章。不管怎样，通过诸如巴黎的艾蒂安·布瓦洛 (Etienne Boileau) 的《手工艺读本》(Livre des metiers，1258 年) 那样的文字，我们知道泥瓦匠行会的法规是存在的。另一方面，在一定的时间中被征调到大的宗教建筑或贵族的城堡的建筑工地上的劳动者会组成若干个行会的分会。在亚眠发现的一段 1220 年前后的文字就曾提到一个这样的分会。从 13 世纪晚期开始，一些社团经过巨大的努力，终于在斯特拉斯堡、约克站住了脚；这些行会组织为 15 世纪在神圣罗马帝国和在英国建立半秘密的分会提供了力量（弗兰克尔、克诺普和琼斯）。我们已经知道维也纳和斯特拉斯堡那些重要的行会分会的情况。这些行会似乎管辖着泥瓦工、匠师和建筑师。16 世纪和 17 世纪，行会的发展达到了它的顶点，与上升时期的特征相比较，它的这种活跃却更多地反映了哥特风格走向衰退年代的特征。另外，17 世纪和 18 世纪从英国发展出来的共济会运动，试图使自己等同于中世纪的行会组织。

这种行业公会在建筑活动中到底扮演了什么样的角色？科隆、斯特拉斯堡和维也纳的规模巨大的工程项目展示了规划、技术和设想图的集成，它表现了一种经过一代又一代人传承的建筑遗产。那些被维拉尔·德·洪内库尔 (Villard de Honnecourt) 确定为 13 世纪中前期所著的书中涉及到的典范和教诲无疑有着相同的目的。的确，像罗瑞克泽尔 (Roriczer) 的《尖塔之书》(Livre des pinacles，1486 年) 那样的书是名副其实的建筑手册。

这些文献也指出中世纪的大匠也的确是有着多面性的个体。他不仅仅是具有纯熟技术的人和工程师，他也负责绘制草图，负责装饰构件，甚至雕刻和绘画。进一步观察那些经过若干巨匠的主持，经过漫长时间建造而成的重要的 13 世纪和 14 世纪建筑，可以看到符合各个建筑大匠的总体轮廓或装饰的特定风格。例如，克莱策 (Kletzl) 和卡尔·斯沃博达 (Karl Svoboda) 指出：独特的帕勒家族的雕刻风格可以在由这个家族的成员指导建造的建筑上看到。

所有这些都证明了哥特建筑总是与雕塑、绘画和其他艺术保持内在的联系，其状况比对中世纪历史的综合研究所揭示的还要好。为了对中世纪的艺术做出评价，许多人都接受这样的观点：在那个年代所有的艺术活动都被建筑所统帅。建筑所具有的首要地位意味着建筑的影响扩展延伸到雕塑、彩色玻璃画和用来装饰手稿的宝石镶嵌，它们通常被严格地按照当时建筑的特征重新加以改造（例如巴黎国家图书馆中的圣路易宝册）。但是，这一理论仍需要更正。哥特建筑，特别是在中世纪末期，它的伟大精神归功于产生它的源泉，这一源泉并不直接与它的形式相联系：如玫瑰窗和窗格的设计、壁画边缘的装饰、雕像与绘画的华盖和基座。奇异的动物造型，典型的雕刻成怪兽形状的排水口，卷叶状装饰的山墙上的小尖塔，建筑如同那些经过精心装饰的手稿那样丰富。换句话说，火焰式艺术丰富的装饰并非来自建筑传统，它借助于当代的品味，如同展示讲究的金属制品或富于装饰的手稿装帧。只有通过对其形式作出全面的评价，才能充分讨论和理解哥特建筑。

第二章　12世纪的哥特建筑

图15　托莱多，庞布－拉－玛杜姆清
真寺，拱顶
图16　穆瓦萨克，圣皮埃尔教堂，钟
塔拱顶

第一节　起源

在12世纪上半叶的巴黎地区，哥特建筑首先是作为一种附属风格出现的：桑斯大教堂（1130—1162年）和圣德尼修道院教堂（约1130—1140年和1140—1144年）是两个早期发展阶段中杰出的实例。另外，在诺曼底和英格兰，以及法国西部也都可以发现出现在这个时期中的一些并非十分明显的哥特艺术的迹象。虽然，这些迹象的出现要远早于其最终面貌特征的完成，但这些活动导致了哥特建筑的形成。

它的一些反映其特征的部分来源于东方，如尖券首先在萨珊波斯艺术中广为应用，又被伊斯兰艺术所采用，并且从7世纪以后成为伊斯兰艺术的重要特色。那些重要的穆斯林建筑如突尼斯凯鲁万的大清真寺和西班牙科尔多瓦的大清真寺（现为大教堂）提供了这种形式普及程度的充分证据，就像1059年被诺曼人征服以后基督教徒建造的西西里建筑那样。自然，尖券也可以在意大利和勃艮第的罗曼建筑中看到（如摩德纳的大教堂），在勃艮第地区这种尖券很快便用于那些著名的罗曼大厦之上，如欧坦的帕赖－勒－莫尼亚勒、圣拉扎尔和克吕尼的巨大的十字形教堂（monumental transept）。尽管如此，把这种基本的形象用到巴黎圣母院或努瓦永的大教堂的责任还是主要由哥特建筑师承担的。

更具决定性的是交叉肋拱的历史，它被成功地用于圣德尼修道院教堂和桑斯大教堂的结构和造型装饰上。虽然，古罗马建筑师偶尔也在拱顶下表现拱肋——最知名的例子是坎佩尼亚的塞特·巴锡别墅——但看来这种作法并没有形成一种模式，甚至在西方最早出现这种形式的伦巴第地区也是如此。另一方面，肋拱变成了萨珊美索不达米亚和伊斯兰伊朗建筑（伊斯法罕的萨哈阿布巴斯一世清真寺）的一种精致的组成部分。在伟大的11世纪中，北非和摩尔人的清真寺中装饰着高大的厅堂（the tower halls）和覆盖着穹顶的密哈瑞巴（mihrab，是一种保存《古兰经》的壁龛）的拱肋排列方式非常复杂。公元1000年时的托莱多的庞布－拉－玛杜姆（Bib-al-Mardum）小清真寺可以被认为是这一时期艺术的完美产物。伊斯兰肋拱的哥特复制品虽然开始表现出近乎于伊斯兰建筑丰富的装饰，但在时间上要晚许多，而且在程度上也原始得多。在12世纪，法国和西班牙的一些建筑（比利牛斯的圣布莱斯医院）模仿伊斯兰建筑，同时也保留了许多罗曼建筑的特点。作为西

方最初的肋拱做法实验的尝试是在亚眠和乔治娅的那些被朱尔吉斯·巴尔特鲁沙蒂斯（Jurgis Baltrusaitis）研究过的建筑。从 10 世纪到 13 世纪（时间无法确定）这一地区的建筑表现出了采用有肋的穹顶 [阿尼（Ani）、尼可尔兹敏达（Nicorzminda）]、在方形平面上的对角线发券（阿尼）和在墙体上向上垂直发券 [霍若穆斯·万克（Horomos Vank）] 的特征。这些券的作用毫无疑问是结构的，而不是装饰的。虽然，有时它们不直接支撑拱顶，而是支撑着墙体，墙体再承托屋顶。这样的结构做法的典型实例可以在意大利北部的曼弗来托城堡、巴黎附近的埃唐普的图尔奎奈特（Tour Guinette）以及巴约大教堂的钟塔的下层大厅（约 1080 年）中见到。在建造这些建筑的那个时代中，亚美尼亚和欧洲东部之间存在着大量的经济和政治交往；西方的一些肋拱的作法，例如在伦巴第的圣纳扎罗·塞西亚和路迪·韦基奥以及法国昂热的圣奥班可能是按照东方的模式建造的。

尽管如此，盎格鲁－诺曼艺术仍成为 11 和 12 世纪最富朝气和特征明确的建筑风格，可以清楚地看到它在造型和结构方面的探索对法国哥特艺术的引导。在这些国家当中，对角线发券的拱顶的出现并非领先于而是伴随着对墙和原有的结构承重体系精心推敲而形成的。同样，在盎格鲁－诺曼的设计中也已初步勾勒出了后来哥特建筑在扶壁问题上的解决方案。我们可以不必怀疑地假定墙及承重体系的组织导致了肋拱屋顶的出现，而不是由于使用了肋拱而导致了对承重体系的设计。曾经关于屋顶和内部空间之间的关系，如同建筑连接方式和光线效果所引起的思考那样，出现了各种学说和对这些学说的发展。哥特建筑诞生了。交叉肋拱的最早实例几乎同时出现在英格兰和诺曼底，在英格兰出现在达勒姆大教堂（唱诗班一侧的侧厅，1093－1100 年；横厅的北部，1104 年之前；歌坛，1110 年之前），以及温切斯特、彼得伯勒和格洛斯特；在诺曼底出现在莱赛教堂的歌坛和横厅（约 1100 年），鲁昂的圣保罗教堂和迪克莱尔教堂，或许还可以包括瑞米耶日的礼拜堂（1110年以前）。无论是方形还是长方形平面，这些拱顶都是被放在很厚的墙体上；但是，对许多古代的设计而言，则正好相反，拱肋有充分的空间可以形成或单或双的凸面，恰如突出的轮廓。在拱肋上附加的雕刻成的几何形装饰（布里斯托尔、达勒姆大教堂的歌坛、圣乔治·德·鲍斯迟维拉的礼拜堂）表明了一种不仅仅为了装饰，而且也为了与柱子和墙体上的支撑构件相协调的愿望。在 1120 年到 1130 年之间在诺曼人的拱

顶的历史又进入了一个新的阶段。那些在最初的设计中并没有采用拱顶的大厦（如都在卡昂的圣艾蒂安教堂和圣特尼特教堂）现在都采用了六肋穹拱来封闭两个开间的顶部，或者，像在卡昂的圣特尼特教堂和在巴尼瑞尔斯的教堂那样，用假六肋穹拱来装饰普通的肋拱屋顶（就像在亚美尼亚的实例当中那样）。不管怎样，这些诺曼人在拱顶上的实验在 12 世纪中期之后，由于它们妨碍了减少墙壁的努力而停顿了下来。在 12 世纪初期的英格兰，在另外的那些建筑中许多传统的习惯被保持了下来，这导致了一些没有采用拱顶的教堂的出现，如伊利和索斯韦尔。在某种意义上，韦克辛、瓦卢瓦和巴黎地区的建筑师们进行着盎格鲁－诺曼人停止了的探索。

在这方面，通常是俭朴的和仅包括那些较为次要的建筑的法国的实例，出现在 1125 年到 1135 年之间。不幸的是，在这类建筑中最重要的一个，11 世纪晚期的博韦的圣卢西恩已不复存在。在保存下来的建筑中——吕伊的那些教堂、阿西－昂－穆尔蒂安教堂、康布罗纳教堂、摩恩维勒教堂和博韦的圣艾蒂安教堂——其中只有最后两座建筑值得注意。这两座教堂都是以形成的单一或双重凸起的轮廓线的较轻的拱顶和较薄的墙体为特征。在摩恩维勒，拱顶覆盖着环绕着回廊及放射状排列的呈曲线形的、不规则四边形的开间。在随后的年代中，在桑斯大教堂和圣德尼修道院教堂，回廊不仅受益于被减轻了重量的拱顶和它的承重部分，而且受益于那种采用肋拱屋顶的创新体系所提供的新的可能性。无论如何，认为法国的探索完全脱离了诺曼人的体系可能是错误的。诺曼建筑师的确参与了法国韦克辛地区（圣热梅的圣热梅－德－弗利教堂，约 1140—1145 年）和巴黎地区（圣德尼修道院教堂的门厅，落成于 1140 年）的建造活动。

相应于前面提到的建筑活动，其他的建筑活动在 12 世纪上半叶也处于进行过程之中。在曼恩、安茹和普瓦图地区——这是一个受到盎格鲁－诺曼政治影响，而且在 1152 年以后成为英国金雀花王朝领地的一个基本的组成部分的地区，随着这种建筑活动的进行，一种原创性的、非常美丽的式样出现了。这一式样将在稍后的章节中讨论。尽管有一些采用拱顶的探索，但在伦巴第和神圣罗马帝国，罗曼形式基本上被不加变化地保留了下来：例如米兰的圣安布罗焦教堂（伦巴第）、穆尔巴赫教堂（阿尔萨斯）和施派尔大教堂（帕拉迪内特）的横厅。因此，我们应当断定肋拱技术不一定是哥特艺术发展的驱动力量。事实上，在我们

图 17　达勒姆大教堂，中厅细部

已列举过的所有趋向中，只有在盎格鲁－诺曼国家和法国才出现了形式与技术完全成功的结合。诺曼的罗曼建筑中的两个特征在哥特建筑的诞生过程中发挥了作用：在结构的层次上，使用扶壁和飞扶壁；从空间形状的层次上，在窗户的高度上采用夹层或"厚"墙，它们所构成的通道帮助形成了侧厅上小券廊的模式。

横向的拱廊（与侧墙上部止交，隐藏在通廊的屋顶下）在 1100 年左右出现在达勒姆和瑟里西－拉－福雷的歌坛。由于肯定没有加强本来已经很厚的墙体的必要，可能有人会对横向拱廊的功能不理解。它们看来是被用来使屋顶延伸，使开有通道洞口的扶壁墙能够蠢立起来。这一效果在卡昂的圣特尼特教堂和达勒姆大教堂的中厅中实现了，它也被哥特建筑师用了圣热梅的圣热梅－德－弗利教堂和拉昂的大教堂中。由于这一手法在后来被重新发现和使用，它的功能也变得更为清楚。在 12 世纪后半叶，建筑师们也用通廊支撑教堂的上层，11 世纪就已被采用的通廊使用了十字形拱顶（如在瑞米耶日教堂，晚于 1040 年）或半圆拱（1000 年代晚期在格洛斯特以及卡昂的圣艾蒂安教堂经过重建的上层通廊的做法）。不管怎样，这并不是一个惟一的诺曼设计。

最重要的是所谓"厚墙"所起的作用。作为了方便地达到上层窗户的发明，在墙体上部开辟出来的通道，首先在 1040—1050 年间出现在贝尔奈教堂和瑞米耶日教堂的横厅中。它不仅使墙体得到加强，而且它创造了一个值得注意的中空的效果（扬岑的"精致、通透"），当面向中厅的内立面上设有柱廊时，这一效果得到了进一步的加强。它被用于伟大的 11 世纪"典范"教堂——卡昂的圣艾蒂安和圣特尼特的修道院教堂以及圣阿尔邦、达勒姆和温切斯特大教堂当中，也影响到了莱赛（Lessay）和圣乔治·德·博舍尔维拉的设计，而且在 1100 年以后，变成了诺曼设计中的惯例。至于在英格兰，双层墙形成了一种结构和立面的模式，这一模式直到 14 世纪一直构成了几乎所有重要教堂的特征。（我们将在后面对英国风格作详尽的阐述）。在法国被称为夹墙，这种在窗户高度上的通道引起了许多令人赞叹的创造（努瓦永），导致了 13 世纪独特的勃艮第风格，而且在总体上造成了哥特艺术轻盈、造型丰富的面貌〔博尼（Bony）、（高尔 Gall）〕。

高尔展示了诺曼底培育的形式系统被哥特艺术作为它的主要特征接受和发展的情况：即，承重体系的图式特性（这是一种用线进行分析的方法）和墙体分隔的可变性特征。卡昂的圣艾蒂安（1060—1077 年）

图 18　桑斯大教堂，中厅

和瑞米耶日的修道院教堂是诺曼人的罗曼艺术最有代表性的建筑。事实上，把这种风格与法国南部或神圣罗马帝国的罗曼风格相比较也许是对的。从 1030 年起，卢瓦尔地区就开始使用由四个半柱组合成一根束柱的模式。可是在诺曼的罗曼建筑中，束柱则是被做成从柱顶分出八个结合在一起的半柱，因此创造出了一种清晰的强调线条的效果。结合在一起的半柱面对中厅强烈而明确地表达着作为承重部分向上的延伸，延伸到窗户，甚至延伸到墙顶。由这种垂直的柱的造型形成的韵律不仅可以在英格兰（彼得伯勒）见到，而且也可以在所有的公元 1100 年以后典型的诺曼建筑中（切瑞西－拉－福雷、莱赛的教堂和圣乔治－德－博舍尔维拉）见到。此外，这一有着强有力的轮廓线的墙体在内立面上由几个不同的层组成，每层由一种横向的母题清晰地展示出来：拱廊、上层券廊、顶层则是通道后面开在墙上的窗洞，它们朝内的一侧还有装饰性的拱券。甚至在 12 世纪 20 年代交叉肋拱出现之前，这一引人注目的内立面做法已经为哥特的精美，为由列柱和柱头上的天使描绘出的空间的诗篇提供了第一种模式。这种模式甚至令人相信六肋穹拱肯定是由这种立面造型的结构衍生出来的。如同空间结构和形式特征一样，这种要素在最初的哥特建筑中得到了充分的展示。根据泽德尔迈尔（Sedlmayr）的说法，在所有的两层或三层的罗曼建筑内立面中，只有这一种打开了通向哥特建筑诞生的道路；这是由于它所采用的壁柱或束柱使它独自成功地打破了旧式罗曼墙壁的轮廓线。沉重、厚实的奥弗涅式的立面，笨重的伟大的萨利奇（Salic）（北方法兰克人的一支——译者注）建筑的砌体立面，如施派尔的中厅、克吕尼的那些粗糙的立面，尽管它们有着丰富的变化在这些当中没有一个像在前面界定的诺曼的罗曼建筑那样最终导致了哥特风格的萌芽。

第二节　桑斯大教堂和圣德尼修道院教堂

今天所有的历史学家都同意修道院长叙热（Abbot Suger）的圣德尼修道院教堂（约 1130—1140 年和 1140—1144 年）和亨利·桑格利耶（Henri Sanglier）的桑斯大教堂（约 1130—1164 年）是最好的实例，它们各个部分清楚地证明了诺曼人的罗曼建筑特征向新的哥特风格的过渡。现在，这一转变不再被认为是仅仅因为系统地使用交叉肋拱的结构技术而导致的。必须注意到现在关注的重点已从新的内部空间的设计转为独立或组合的建筑承重体系，恰如强调的重点从建筑实体向评价

对光线设计、处理，以及所产生的效果的转移。虽然不断的改动妨碍了我们观察这些建筑初建时情况，我们仍可以有根据地重现建筑的原始平面。如弗朗西斯·萨莱（Francis Salet）指出的那样，桑斯大教堂是两座建筑中较为古老的一座。它的总体布局——它设有回廊，但没有横厅——重复了那些伟大的罗曼建筑的特点。它的支柱（组合的墩柱与成对的双柱相间布置）组成了由两个开间构成的单元，这种单元形成了令人联想起那些伟大诺曼式的交替的韵律（瑞米耶日）。它的三层式的内立面（在拱顶和窗户上设有尖券廊）并非来自勃艮第，但却源于诺曼底和英格兰的三段式立面。另外中厅的六肋穹拱恐怕也有诺曼的渊源。在它的回廊中，这是教堂最古老的部分，可以从那些曲线形的、长方形的开间中感受到一种节制，由于它的那些凸起的交叉肋拱的拱顶，好像回到了蒙瑞瓦的做法。从墙壁上伸展出的拱肋造成了有勃艮第影响的假象。既不是令人赞叹的造型，也不是中厅［宽约 49 英尺（15m）］强烈变化的韵律抵消了由附在墩柱和墙上的壁柱，以及由在假券廊（false gallery）高度出现的连续成组的尖券形成的线性特质。上部的墙体合理地减薄，而且因此背离了诺曼的模式。是否它的上部墙体在最初的时候就由飞扶壁支撑加固了呢？由于 18 世纪对教堂原有窗户的改造永远地改变了建筑的上部，因此已无法得到答案。从总体而言，虽然它仍有一些古老的特征，桑斯大教堂仍具有重要的影响，它包括：发展了减小横厅尺寸或者取消横厅的构思、六肋穹拱、改变室内韵律、三段式立面。

圣德尼修道院教堂更为复杂，也更具有创新性。在它的门厅（1140 年）和环绕着歌坛的回廊（现在保留下来的全部为 1144 年建造的部分）之间存在着显著的不同。上部三个大厅的屋顶、门厅（或中厅前部）是前罗曼或西方奥托王朝式风格，也或许是西瓦克（Westwerk）风格。原为双塔楼的主立面上保留下来的那座孤零零的塔楼是按照经过诺曼底发展了的罗曼模式建造的。从风格和形式的角度，三个精雕细刻的入口第一次表现了明确的不再是罗曼风格的雕刻。特别是室内西端的处理中两个结构细部做法：数量众多的变化丰富的对角线拱肋勾勒出长方形和方形的拱顶轮廓，承重部分由多个组成部分构成，束柱精细地处于拱脚或拱肋开始生成处柱头装饰之下。所有这些构件共同创造出一种线性的效果，这种做法不仅得益于而且超越了盎格鲁－诺曼的探索。事实上，一些线脚和装饰的细部，例如齿状的横向拱肋，证明了诺曼传统建筑的建筑大师在这里被唤起了艺术创新的热情。

在圣德尼修道院教堂的半圆室表现出一种不同的精神，它是在门厅建成后一个月时开工的。这里没有那种追求纪念性的愿望。在这一罕见的精巧、优美的部分中，双重回廊合为一体，形成了7个放射状和2个长方形的礼拜室（后者中只有1个幸存下来）。歌坛的主立面由于13世纪时的重建而消失了。此外，当1151年教堂的建造者修道院院长叙热去世时，教堂的横厅和中厅刚刚动工。所以，任何对原始平面的复原都带有一定的假设的成分。然而，我们可以假定按侧厅的做法来想像中厅的样子，而且像桑斯大教堂那样，歌坛由三层构成，通过设在高侧窗下方的窗洞使光线能够照射到回廊拱顶。每一个呈放射状的礼拜室通过两个大窗户采光，窗户侧面的拱形线脚与从墙面上伸展出来的拱肋相结合，五瓣拱顶依次覆盖礼拜室和礼拜室外部的回廊。相互连接的各个空间由于回廊纤细的柱子而变得十分明亮。与蒙瑞瓦和博韦的圣艾蒂安一样，拱肋被做成所谓的法国式，这是一种简单的凸曲线。花卉形状的装饰强化了明显的脱离诺曼艺术的趋势。或许这种形式给人印象最深的方面是令人震惊的明亮的光线，在这里光线效果的丰富要远超过绝大多数12世纪的哥特建筑。西姆松、帕诺夫斯基和S·M·克罗斯比（S. Mck. Crosby）一直试图利用修道院院长叙热亲笔所写的那些文字来解释它的重要性。他震惊于从窗户中射入的连续光线的效果，通过彩色玻璃而形成的奇迹般的光辉照耀着整个建筑，"把从材料而产生的理念升华到了精神的层次。"因此，圣德尼修道院教堂表现了所有哥特艺术的特征；它不仅在形式和结构的层次来说是如此，而且在美学和象征的角度来说也是如此。无论如何，必须记住这座修道院教堂是由路易六世、路易七世的主要顾问出于政教合一的目的建造的。圣德尼修道院教堂的建造绝不意味着缺乏封建主义的政治动机。

像圣德尼修道院教堂这样特别早熟的建筑不会直接衍生出任何与这种创新的设计相应的工程。认识它作为建筑形态的惟一性，只需要与同时代和稍晚的巴黎的教堂——圣马丁－迪斯－尚教堂或圣日耳曼－迪斯－普雷斯教堂（它的歌坛始建于1150－1155年，1163年投入使用）相比较，前者以布局和拱顶而引人注意。虽然有着非常可爱的雕刻装饰和精致的线脚，圣格瑞门教堂的半圆室仍旧缺少圣德尼那样的明亮的光线和清晰的体积感。带有位于楼座窗户位置上的假通廊的圣格瑞门教堂的主立面是否源于桑斯大教堂或圣德尼修道院教堂现已不存在的主立面呢，我们无从得知。但是一个重要的构件在圣格瑞门教堂十

分突出，即飞扶壁，它们先后在教堂建造过程中、建造之后和17世纪重建时被添加到建筑上。可以准确地推断［就像K·J·科南（K. J. Conant）所做的那样］它们源于1145－1150年间建在桑斯大教堂和圣德尼的那些飞扶壁原型。事实上一些模仿的、并未给人留下印象的教堂谨慎地依据了圣德尼修道院教堂的平面来确定它们自己的平面，它们包括蓬图瓦兹的圣马克卢教堂和鲁昂的圣旺－勒－维厄教堂。许多人相信叙热的修道院是传播早期哥特建筑四层式内立面的中心。我们认为，虽然它的从未建成的中厅可能是四层式的，它也只是貌似起源于其他地方的这种新的形式。

第三节　巴黎地区和法国北部的早期哥特建筑

12世纪后半叶，在勃艮第和诺曼底之间的卢瓦尔北部地区出现了难以置信的大量的建筑活动。似乎是新的建造方法导致了旧的、简单的教堂建筑在这一地区被部分，甚至全部取代。从1000年代晚期起在法国的那些地区中，拱顶变成了一种标准的做法，其中勃艮第南部、西部和中部地区重建的需求并不十分迫切。采取新的建造方式重建的城市或乡村教堂的数量是如此的巨大使我们的关注的目标仅仅能够集中于那些真正具有象征性的主教区的、修道院的以及有牧师会的教堂。尽管在这些建筑中有些并未能够保存下来，还有很多在13世纪中或以后的年代中曾被改动。其中最重大的损失是失去了阿拉斯的大教堂（1160－1200年）、康布雷的大教堂（1148—1167年）和瓦朗谢讷的大圣母院的修道院教堂（1171年以后）。我们选择了四座大教堂来充分地阐释这一建筑风格，这些教堂是：桑利大教堂、努瓦永大教堂、拉昂大教堂和巴黎圣母院。

在它们的平面中表现了歌坛经历的巨大变化，它由回廊环绕（在巴黎圣母院为双回廊），除了巴黎圣母院以外，其他教堂回廊向外延伸与呈放射状的礼拜室相接，就像在圣德尼修道院教堂出现的做法那样。歌坛向西侧延伸以对应于增加的标准平面的礼拜室的数量。而横厅，由于模仿桑斯大教堂，有的或者完全消失（桑利大教堂），有的则大为减小（巴黎圣母院）。另外，在横厅的位置上出现了一些其他的变化，使之不同于旧的模式，改善并增加了建筑的美感。这些改变包括增加环绕的侧厅（拉昂，基于罗曼模式的兰斯圣雷米教堂和朝觐教堂）以及被建造成圆形的横厅伸出部分（努瓦永）。这一非常漂亮的布置使三个半圆形的

图 19　蒙瑞瓦圣母院，回廊拱顶

厅堂环绕着教堂平面的十字交叉处，这种做法当时已出现在康布雷、瓦朗谢讷和博韦的圣卢西恩教堂中了。横厅中不设回廊，努瓦永采用的这种方式比其他一些教堂更为简单。尽管这些教堂都已不复存在，但今天仍能通过其他较晚的实例对它们进行研究，例如苏瓦松教堂的横厅南臂（1180 年以后）和图尔奈的大教堂（横厅是 1150—1160 年间以彻底的罗曼风格加建的，但它的中厅却保持了高度的原始状态）。圆端横厅的设计毫无疑问是基于非常古老的理念，这一理念在 11 世纪到 12 世纪的神圣罗马帝国的罗曼建筑中一直得到忠实的遵守（科隆的圣玛丽亚·茵·卡皮托勒教堂）。按照桑斯大教堂的模式，桑利大教堂和努瓦永大教堂墩柱形成的韵律随着六肋穹拱拱脚的变化而变化。尽管如此，这种模式在巴黎圣母院和拉昂大教堂中实际上消失了。前者，这种变化仅仅出现在用墩柱分开双侧厅时；而后者仅仅在中厅东端的开间中才能见到这种变化的韵律。因此，巴黎和拉昂的教堂建筑（不包括这一地区的那些完全模仿的教堂建筑）反映了对一致性的喜好而导致的对韵律的改变：单排的圆柱形墩柱，使人联想起罗曼、卡洛琳或者早期基督教建筑。只有数量上非常有规律的一直伸展到六肋穹拱各不相同的拱脚的束柱，沿着中厅侧墙勾勒出一种节奏。除了桑利大教堂，这几座教堂的内立面都是四层：底层拱廊；带拱顶的通廊；由盲券、拱廊或玫瑰窗构成的中间层；以及在每一个拱券下由一个或两个窗子构成的高侧窗。这种形式是早期哥特建筑的典型特征〔例如：兰斯的圣雷米教堂、香槟的穆宗（Mouzon）教堂和蒙捷昂代尔（Montierender）教堂〕；但是，这种形式并非没有先例的。在英国早期实例中（蒂克斯伯里）与图尔奈的大教堂相比较其特征并不十分明显，但它的中厅——毫无疑问建于 12 世纪前半叶末期——已经表现出了这种叠加的形式，尽管它仍然具有罗曼的特征。另外一个实例是圣热梅的圣热梅-德-弗利大教堂（约 1140—1145 年），它显然具有哥特特征，但显得相当笨拙。此外，作为前提，另一个不能排除的实例是前面曾提到的圣德尼修道院教堂的中厅，它是这种四层模式的源头。无论怎样，问题并不在于作为一种风格的象征，像这种形式有如此之多的来源，而在于在进入 13 世纪之前不久，它被很快地放弃了，仿佛是盛期哥特不再需要它了〔莫（Meux）、鲁昂、布尔日〕。这可以用一些非常现实的理由来解释。由于带拱顶的通廊需要单坡屋顶，高侧窗的窗户必须开在它的上面。其结果是，对应于屋顶的高度有一道窄长的处于墙间的空间，在它上面可以做

图 20　圣德尼修道院教堂，门厅

出盲券（努瓦永大教堂的歌坛）、窗洞（在巴黎圣母院是玫瑰窗，在圣热梅是长方形的窗户），或者一道连续的通道（努瓦永大教堂和拉昂大教堂的侧厅上的楼座）。所有这些，各自构成自己的韵律和尺度，各自由于带状的模式而与其他部分相区分（特别是在拉昂大教堂和努瓦永大教堂的歌坛），形成了整齐、匀称的水平划分，它与作为内立面一部分的壁龛构成了完美的结合。此外，这一水平层次的增加，可以看作是对教堂高度增加的回应（在巴黎圣母院拱脚的高度达到了 112 英尺≈34m），由于垂直方向透视效果使它的影响得到进一步的扩大。不幸的是，在 13 世纪中巴黎圣母院窗户的延伸严重地破坏了这类教堂营造的丰富的效果。

在这儿我们还要涉及到一个最重要的技术和形式问题：即采用拱顶的建筑在上部（非常高的水平高度上）的力的平衡问题。有些时候会认为早期哥特建筑不知道，或者从最好的方面说是不熟悉飞扶壁。在 12 世纪末，通过取消上层通廊，统一立面和把屋顶高度提高到大约 135 英尺≈41m，拱顶的拱脚部分便成为了一种新的风格的语汇（特别是在沙特尔大教堂）。但是我们是否能够确信飞扶壁的出现仅仅迟至 1190 年？如果我们同意这一说法，从 1180—1185 年的由有中柱的飞扶壁支撑的巴黎圣母院的中厅（根据得到广泛接受的维奥莱－勒－杜克的重建），以及如果我们注意到沙特尔的中厅在 1195 年已经表现出的整个体系所具有的造型的完美，那么我们应该了解这些早于这一时间的各种实践。虽然，我们不必像科南（Conant）的假设那样极端，他相信飞扶壁在克吕尼（约 1130 年）、桑斯大教堂和叙热的圣德尼修道院教堂（早于 1150 年）中已表现出完全成熟的发展。但我们必须问自己从 1150 年和 1170 年之间的几十年中能否看到圣热尔梅的圣热尔梅－德－弗利大教堂、拉昂大教堂的歌坛的墙式扶壁技术由于在圣热尔梅－迪斯－普雷斯（巴黎）、圣勒－德埃塞尔恩特修道院教堂的后殿以及巴黎圣母院中表现出的探索而被逐步取代。

所有这些意见反映了早期哥特艺术的演化，虽然逐步显现出清晰的脉络，但仍展示出不同的方面和趋势。紧随这一时期之后的是一个伟大的、决定性的、具有探索性的作品不断涌现的时代，这一时期著名的建筑作品包括桑斯大教堂、圣德尼修道院教堂和圣热尔梅－德－弗利大教堂（其后殿建于约 1140—1150 年）——从 1150 年到 1160 年间在建筑结构上出现了新的语汇。这包括了桑利（1155—1191 年）和努瓦

图 21　桑利大教堂，侧厅和横厅

永的大教堂（约 1150/1155—1185 年完成了横厅和后殿）、圣热尔梅—迪斯—普雷斯的歌坛（1155—1162 年）和一些在巴黎北部的瓦兹谷地的一些小的相关的建筑。第二个阶段包括约 1160 年开始及在此之后的一些建筑：拉昂的大教堂（约 1160—1210 年？）、巴黎圣母院（1163？—1182 年建成了后殿；1180—1200 年建成了中厅）、苏瓦松大教堂的横厅（晚于约 1180 年）以及为数众多的相关的建筑，著名的有圣勒—德埃塞尔恩特教堂（约 1165—1190 年）和芒特的牧师会教堂（它立面的建造年代早于 1175 年）。一个新的时代——典型哥特或哥特盛期在 1195 年时开始到来；这是一个由沙特尔大教堂、布赖讷修道院教堂和布尔日大教堂为巅峰的时代。

第四节　桑利大教堂、努瓦永大教堂、拉昂大教堂和
　　　　巴黎圣母院

在这四座大教堂中桑利大教堂是最小和保存最差的一座；它原始的做法在 16 世纪重建它全部上部结构时被改动了。在奥贝尔的修复中，它表现出与桑斯大教堂惊人的相似性：没有横厅（现在的横厅是 13—14 世纪建的），承重部分有明显的改动，以及三层式立面。更重要的是通廊，像圣热梅—德—弗利的通廊那样，它完全由有交叉肋拱的拱顶覆盖。在相当有限的空间中，回廊和礼拜室以圣德尼修道院教堂的方式布置了密集的束柱和突出的拱肋。由于它的极端精致的垂直线式的特征和相当丰富的光线效果，这座建筑标志着哥特建筑发展已进入了桑斯大教堂之后的阶段。

尽管在第一次世界大战后经历了大范围的修复，努瓦永大教堂仍不仅得到了良好的保护，而且更为复杂，更为完整［小查尔斯·西摩（Charles Seymour, Jr.）］。由于有圆形的横厅两端，努瓦永大教堂的平面属于传统的北方类型。中厅中部支柱节奏的强烈变化与顶上的六肋穹拱的拱顶相对应。对建筑的立面而言，特别是通过通廊表现出的那种精致的手法的影响，充足的光线通过它的窗户照耀在内部，这些尖券形的窗户在如同浮雕的大拱下按两个一组的方式布置。在后殿，通廊的上面是盲券；在中厅拱门拱廊的上部设有通道。在横厅中有一个真正独一无二的设计：在底层上采用盲券，上面分别排列着一道低的通廊、一道高的通廊和上层窗户。对这种做法应当加以解释，它不是一个犹豫不决的工匠的不确定的作品，而是匠师尊重立面尺度的证明，他希望通过增

图 22 努瓦永大教堂，横剖面（上部
　　　为 17 世纪重建）
图 23 努瓦永大教堂，歌坛和回廊
图 24 努瓦永大教堂，横厅拱顶

加窗户来为中厅的端部提供更好的采光，同时他希望通过拱廊、窗洞、柱列创造一种更为丰富的双层的效果。在高侧窗高度上的通廊通过龛状的窗户与室外相连。双层墙的概念在中厅（大约建于 1170 年之后；西端是 13 世纪初的作品）中甚至应用得更为完美；它或许可以被看作是对博尼的墙体做法的哥特式的阐释。

　　空间、结构、直线式的特征和隔断部分的精致，使努瓦永大教堂具有了伟大哥特建筑杰作的特质，从拉昂和香槟都可以感受到它强大的影响。但是，在拉昂更多的纪念性和系统的建筑观念指导了建筑平面的确定和所采取的建筑手法［阿纳·阿登纳（Hanna Adenauer），博尼］。在 1205 年后建成的一些地方，原来的歌坛（相对较短，没有回廊）被大大加长了的现存的歌坛所取代，并与一个有非常高的窗户和一个巨大的玫瑰窗的，以直线式装饰为特征的后殿相连。这在 13 世纪早期的哥特艺术中是一个最为成功的处理。人们的注意力会特别集中于它的横厅，它完全被侧厅环绕，而不设上层通廊。其结果是，在横厅两臂的终端出现了两个巨大的平台，在平台的上面是窗户和大玫瑰窗。按照罗曼建筑的方式——特别是诺曼风格——一个超出屋顶的高耸的部分（也就是塔）必定成为内部空间的聚焦点。当中厅向西延伸，由它的简单圆柱形的墩柱构成的透视感创造了一种凝固的韵律。在拉昂大教堂和努瓦永大教堂之间的相同之处是明显的：同样的横向分割，相同的比例；同样在横厅的两个双层的礼拜室使用了双层墙。甚至虽然对承重部分的改动现在已不可辨，由于采用了被雕饰带强调的束柱，所以在建筑的开间之间形成的清晰的、直线式的特征得到了保护。寻求一种统一的效果的更为系统、严谨的精神出现了。此外，那些超出严格的法国传统的构件的贡献在于增加了拉昂大教堂特殊的建筑价值。在横厅的顶端各有一对尖塔，它们与主立面上的双塔构成的高耸的部分不仅导致了内部空间的向上聚集，而且变成了建筑外部体量的聚焦点。显然，图尔奈的大教堂是这一形式的范例，它的比拉昂大教堂更为密集分布的由五座尖塔形成的中心群体完全是一种对日耳曼建筑体系的发展。虽然尖塔的建造时间迟至 13 世纪，但与立面一样，它们再次阐释了前面曾提到的在拉昂大教堂的风格中所表现出的特征：即清楚地加以区分的层次和由深深的窗洞强调的石构墙面所特有的精彩效果。完全透空的尖塔上层，与变化丰富的小柱、转角处的覆盖着华盖的壁龛表达着哥特建筑透明、轻巧的特质和它那如同真正的梦幻曲般的重复性韵律。维拉

尔·德·洪内库尔（Villard de Honnecourt）惊叹于这些尖塔，认为它们无与伦比，并在1230年把它们描绘了下来。我们现在应当简短地涉及到拉昂大教堂的玫瑰窗的问题。横厅上的玫瑰窗由一些并列叶状图案构成；主立面上的那个玫瑰窗由直棂分割（分为细长的格子）。除了1200年以后它所表现的晚期莱茵艺术面貌之外，圆形窗户很少出现在罗曼建筑中，而且也从未起到主要的采光构件的作用。作为最初的采光与装饰作用的分离，装饰性的玫瑰窗或许是在意大利的影响下几乎同时出现在意大利（托斯卡纳维罗纳的圣泽诺教堂）和法国。在圣德尼修道院教堂和博韦的圣艾蒂安教堂，玫瑰窗不仅是一种外部的装饰，同样也是功能构件，二者同样对建筑室内产生影响。到1180—1190年拉昂大教堂横厅上的两个玫瑰窗显然成了影响室内采光的最重要的部分之一。它标志着一个不可思议的发展的第一步：在13世纪的艺术中玫瑰窗一直保持着它的重要地位，直到14世纪这种地位才有所降低。在造型的层次上，玫瑰窗成为聚集了哥特教堂最美丽的主题和最丰富的象征意义的部分。

拉昂大教堂的影响是巨大的。它在几十年中一直影响着法国北方所有的哥特艺术。在奥尔拜的那些伟大建筑和兰斯大教堂之前，香槟地区的哥特艺术一直紧紧地追随着拉昂。到13世纪，这种影响扩大到了洛林、莱茵地区，甚至林堡·安·德·兰。事实上第二阶段哥特艺术的令人叹为观止的创造——沙特尔大教堂——与巴黎的教堂相比也与拉昂大教堂保持着更为密切的联系。

许多人认为巴黎圣母院（开工于拉昂大教堂建成的几年后）是早期哥特建筑最后也是最完整的著名作品。可以确信，在形式和特别是技术方面巴黎圣母院在某些地方超越了拉昂大教堂的那种和谐的秩序感。巴黎圣母院的平面通过双重侧厅和双重回廊独特地暗示着一种更为坚定的信念。虽然，歌坛的增长是巨大的，它的并不伸出的横厅不同于拉昂大教堂的富有纪念性的设计。在1225年开始修改的圣母院的四层式立面上，缺少一个位于高侧窗下的侧厅上的楼座，在它的位置上是玫瑰形圆窗，这一设计被用来使光线照亮建筑室内的上部。最初，圣母院的高侧窗并不比努瓦永大教堂和拉昂大教堂的大，但是由于高度明显超出后两座建筑［拱脚高度大约为116英尺（35m）］，所以室内较暗。一道巨大的、采光明亮的通廊通过三心拱朝向中厅。像在拉昂大教堂中的做法一样，圣母院内立面的底层突出了单排简单的圆柱形墩柱。从空

图 25 拉昂大教堂，平面
图 26 拉昂大教堂，外部
图 27 拉昂大教堂，中厅

图 28 巴黎圣母院，南侧
图 29 巴黎圣母院，室内

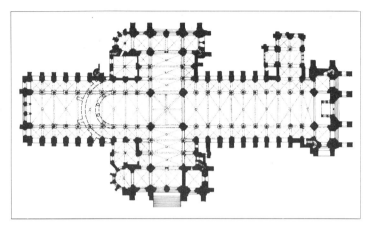

图 30　巴黎圣母院，侧厅
图 31　兰斯，圣雷米教堂，后殿
图 32　兰斯，圣雷米教堂，歌坛

间的角度，开间（组成大空间的基本单位）的划分由于侧厅使开间的数量增加而产生出非常复杂的效果。圣母院建筑设计的基本缺点在于它的中部和下部光线不足。非常简单，这是由于这些部位离光源太远，照射到这里的光线太弱。

　　我们所能确定的是圣母院的结构处理是一个非常有意思的实例。这座大教堂的建造是根据"薄墙"的概念；很浅的窗洞和通廊很薄的券壁使这种薄的概念表现在它的每一个层次上。虽然有拱顶的通廊能够在建筑的中部起到支撑作用，但通廊拱顶的起拱点并不能由位于分开两道回廊和侧厅的承重结构上部的外柱来支撑。因此，仍然需要屋架下部的壁柱。对于这样高的建筑而言，上述的方法仍然无法满足结构的要求，于是建造者采用了飞扶壁作为最终的解决方法。在修复过程中，维奥莱—勒—杜克提出了一系列已被广泛接受的解释和假设：在歌坛处（建成时间早于 1182 年）没有飞扶壁，但它们却存在于中厅部分（1180—1200 年）。而且这些飞扶壁的做法非常成熟，它们的内侧支撑在第一层侧厅的墩柱上，外侧则建在第二层侧厅的墩柱上，而下层飞扶壁的外侧拱座则与通廊的外墙相连。由于从 1230 年开始这些做法完全被改造和重建，没有留下任何关于这种做法确切可信的证明。但是环绕着后殿还保存着一些旧的拱座（虽然被重新装饰过）：它们可能曾经支撑过那些飞扶壁。这种情况是十分可能的，圣热尔梅—迪斯—普雷斯教堂在建造过程中和建成（1160 年）后很短的时间内又加建了飞扶壁的事实，便反映了这样一种情况。在圣勒—德埃塞尔恩特最老的飞扶壁的年代大约可以上溯到 1180 年。在香槟地区，兰斯的圣雷米教堂，以及特别是那些 1190 年以后不久建造的大型建筑中，这种方法很快发展成为一种近乎于具有标志性的形式。巴黎似乎成了这种发展最初的实验场。而且，圣母院的建造者还在另一个地方展示了他在技术创新上的灵感：回廊中斜置的开间被一个三角形的部分所取代，以使空间的分割能以一种规则的方式进行。这种方法立刻在香槟和稍晚在布尔日得到了使用。与奥贝尔（Aubert）一样，我们必须强调圣母院的影响是消极的。它的四层式立面，它的富有节奏感但低矮的侧厅，以及它的复杂但缺乏照明的空间只能导致对它们的原有的设计的损害甚至背离。圣母院或许是 12 世纪最后 30 年中巴黎和巴黎附近主教管区中的众多较小和较为次要的建筑的榜样。

　　在所有这些建筑中最值得注意的毫无疑问是芒特的牧师会教堂，

图 33 马恩河畔沙隆，沃圣母教堂，
歌坛与横厅

它大约在 1170 年左右，从建筑的西端开始建造。虽然由于没有横厅，并采用单层侧厅使平面缩小，而且立面只分为三层，但芒特的教堂却复制了圣母院的通廊、承重部分和拱顶的形制。它的通廊的采光系统以圣母院式的圆窗为特征。其他相同的地方还包括六肋穹拱的节奏并没有在中厅的拱廊中得到延续，以及柱头上的雕饰特征。另外的实例还包括蒙特勒伊－苏斯－布瓦、戈内斯和拉陈的教堂，以及位于韦克辛地区边缘的沙尔斯的奇特的教堂，在这里发现了巴黎圣母院四层式立面的一个小型复制品，这一复制品还混合着古诺曼特征。

第五节 法国早期哥特建筑的发展

由于地理、政治和经济的原因，香槟是一个最早受到哥特建筑影响的法国省份。大约在 1160—1165 年，在布里地区开始出现对巴黎地区建筑刻意的模仿（虽然通常是有节制的模仿），这里介于皇家领地和香槟的伯爵领地之间。在这些建筑中最古老和卓越的应当是普罗万城内的圣奎瑞斯教堂。这座城市是最重要的商业中心，同时也是 12 世纪法国人口最集中的城市之一。在这座教堂中只有歌坛在这一地区十分独特：它不同寻常的平面包括了三个位于半圆形后殿之前的开间，每半个开间由八个葱瓣形的顶覆盖。三层式立面源于桑斯大教堂。更为值得注意的是马恩河畔沙隆的沃圣母教堂和著名的兰斯的圣雷米修道院教堂的后殿。沙隆的圣母教堂则与其他建筑不同。歌坛与三个放射状的礼拜室大约建于 1180—1190 年之间，这部分位于两塔之间，面对横厅，塔与横厅建于 1100 年代中期；这一歌坛与圣雷米修道院教堂的歌坛十分相像，圣雷米的歌坛由皮埃尔·德·塞勒（Pierre de Celle）于 1170 年开始建造，并在 1200 年以前建成。像拉昂大教堂和努瓦永大教堂的歌坛一样，都有建于圆柱形承重部分上的四层式立面，并带拱顶的通廊和侧厅上的楼座。它们所特有的美丽的表征在于增加了的窗户的数量——每开间中设三樘窗（在沙隆圣母教堂为两樘或三樘）——几乎消除了所有的墙面，使非常充足的光线照耀室内。而且，修长的束柱把拱廊形成的单元与窗户形成的单元联系在一起，在各水平层之间形成了明显的垂直方向的连续的线状的单元。另一个特征是回廊的拱顶和平面：在这里三角形开间的构思（如同巴黎圣母院的那些开间）与四瓣拱顶结合在了一起。两侧礼拜室的入口由承托许多拱肋的拱脚的漂亮的柱子构成，因此形成了一个半圆形回廊般的柱廊，这种做法强化了那种晶莹

图 34　苏瓦松大教堂，横厅南臂

剔透的总体效果。另外，由高高突出、修长的柱子支撑的双重飞扶壁不仅为通透教堂外墙提供了有效的支撑，而且，把那些原本相互独立的构件组合成了一个环绕着歌坛的"笼"状结构。这是哥特艺术的重要造型特征之一。总而言之，香槟地区的这些建筑，特别是圣雷米修道院教堂，表现了早期哥特建筑在所有的空间、直线式构图的精巧、优美方面从技术到形式的改进。在其他地方的建筑中（与地理环境有关），只有一座能与香槟地区的教堂相比：苏瓦松教堂横厅的南端。它开始建造于1175－1180年，与一座13世纪早期的哥特风格的大教堂相连，但在两个部分之间存在着显著的不同，这种不同更多地表现在约1200年突然出现的审美观念的变化上，而不是年代的远近上。它横厅的南臂以四层式立面为特征；香槟式的"柱廊"移到了半圆形的内侧；带顶层的礼拜室（如同在拉昂大教堂所出现的情况），它的造型特征令人想起兰斯大教堂的那些礼拜室；光线通过三个一组的窗户铺满室内；它有清晰而且精巧的空间划分，以及富有想像力、漂亮的装饰。由于它所获得的卓越的风格上的完善，甚至可以把它的建筑称之为形式主义。

　　在勃艮第，情况则完全不同。在12世纪，从香槟南部到里昂，从桑斯到杰尼瓦，罗曼建筑在造型和技术的发展上达到了非常高的水平。这一地区的建筑一般在横拱上使用筒拱顶或对角线拱（韦兹莱），并用古典的壁柱或贴附于墙壁及墩柱的附柱加以装饰。由于这一风格已成为一种被普遍接受的风格，它不可能立即出现对自身形式的更新。克里斯滕多姆最大、最豪华的那些修道院教堂之一，又被称作克吕尼第三，建于1088年的位于克吕尼（Cluny）的那座教堂便可以作为整个这一时代中勃艮第的罗曼艺术的典范，这一典范作用直到被朗格勒的大教堂（始建于约1160年）取代其位置时为止。甚至同时在克吕尼教堂和在韦兹莱的门厅中使用的交叉肋拱（约1140年？）也没有能够对它们的空间体量所表达的罗曼精神产生影响。威廉·施林克（Wilhelm Schlink）最近选择了与拉昂大教堂和努瓦永大教堂同时代的朗格勒的大教堂作为反映这种趋势的一个完美的实例。尽管在它的横厅和中厅中系统地使用了交叉肋拱，但朗格勒大教堂的空间特征仍难于与哥特发生关系。它的三层式墙体与垂直直线式的开间划分相冲突，并且消除了透明、精巧的效果。

　　的确，在勃艮第还存在着第二种原生和刚刚开始发展的趋势——西多会建筑。这种风格表现了一个问题，它涉及到国际的范围，对此我

图 35　蓬蒂尼修道院教堂，室内　　　　　　　　　　　　　　　　图 36　韦兹莱，圣马德琳教堂，歌坛室内

图 37　洛桑大教堂，室内
图 38　里昂大教堂，后殿

们在这一章的后面再做剖析。那时我们将涉及到西多会在蓬蒂尼的修道院教堂的中厅（1150—1155 年）中采用了交叉肋拱的问题。使用纵向（如墙）的拱肋、墙的划分和明确的空间分隔，所有这些都促进了建筑技术的完善。无论如何，它缺少通廊或侧厅上的楼座，没有装饰的墙壁和刻意追求的呈条纹肌理的形象特征，又使它表现出其背离巴黎地区哥特趋向的特征。只有在蓬蒂尼修道院教堂的歌坛（晚于 1186 年）表现出新的趋向；但是，从任何角度而言，它丰富的造型、非主流的西多会传统，使它在法国哥特的发展过程中不具有主要的作用。

只是到了 1170 年，真正的法国哥特才在勃艮第出现，带来了两层式的形式，如蒙雷阿勒（靠近韦兹莱的一个村庄）圣母院的中厅，以及对桑斯大教堂和努瓦永大教堂模式的模仿。韦兹莱的圣马德琳教堂（1185 年以后）的歌坛是这一趋向的代表性作品。位于回廊上的带拱顶的通廊形成了一个三层式的立面；它的平衡由墙状扶壁和在后来的建造过程中添加的飞扶壁来保持。虽然带有明显古风或稚拙的特征，优雅的墩柱和在室内自由流动的光线与空气仍然创造了一种精心营造的高雅优美的总体效果。在一定程度上，放射状礼拜室之间的分隔被做成透空的样子。最终，对用束柱来保持由礼拜室、回廊的墙体形成的肌理的这种富有创造力的方法的使用导致了几乎是过多的对线的表述。在一段很短的时间中，韦兹莱的歌坛在西班牙的教堂中被模仿（阿维拉的大教堂）。但是在勃艮第，可以说，这是一座没有继承者的纪念性建筑，对这一地区的哥特建筑而言，在 13 世纪发展了新的方向。在罗讷地区的三座大教堂可以包括在勃艮第早期哥特风格中：杰尼瓦大教堂（始建于约 1160 年，在经过改动之后完成于 1265 年之后），洛桑大教堂（始建于 1160 年）和里昂大教堂（始建于 1165 年以后）。在这里的确表现了哥特的手法：在高侧窗高度上的通廊（洛桑大教堂在室内，里昂大教堂在室外）仿效了夹层的技术，像在拉昂大教堂那样采用了侧厅上的楼座通道，三层式的内立面和由高耸的束柱创造出的线状的效果，这种效果保证了开间间紧密的结合。还有，体量的巨大，以及刚刚能够算得上修长的比例。在 13 世纪中，其他来自法国的做法影响了这些大教堂的设计，并且部分地消除了 12 世纪留下的痕迹。

诺曼底表现出一种不同的情况。它体现在结构上，甚至一般哥特式建筑的设计都接受了它最初的影响。另外，诺曼底没有独立地发展形成地区的建筑风格。11世纪晚期和12世纪初期建成或改造的那些伟大

图 39　卡昂，圣艾蒂安教堂，歌坛
图 40　昂热大教堂，室内

的教堂建筑，如圣乔治－德－博舍尔维拉，对于 1130 年以后的新的风格(蒙蒂维利耶和维莱的圣奥梅尔教堂都没有使用拱顶)的形成没有任何重要的意义。它仅仅是作为来自法国的影响导致了 1170—1175 年左右在形式上发生的改变。我们将看到在英格兰存在的相同的情况。在诺曼底只有三座大厦具有特别的意义：费康的拉特里尼泰的修道院教堂(晚于 1168 年)、利雪的大教堂和 13 世纪时的卡昂的圣艾蒂安教堂的歌坛。法国最辉煌的本笃派修道院之一，费康的修道院教堂遵守了传统的带有高侧窗高度上的通廊和通道的教堂形制。但是在这里也存在着连续地使用哥特式拱顶的尝试，这种尝试也是随着法国式的高而窄，并且被强烈地突出的体量而出现的。无论怎样，沉重的支柱和厚重的墙壁把这座建筑从通透、空灵的发展趋向中分离出来。利雪的大教堂是从中厅开始建造的，除了建筑的上部之外，它各部分的建造年代早于1185 年。尽管它缩小了尺度，减少了层数，但它的圆柱形墩柱、假的间层和总体轮廓都清楚地表明它沿袭了拉昂大教堂的模式。尽管它美丽并富有魅力，但它仍缺乏原创性。在诺曼建筑中能够全面表现哥特变革的特质和内在精神的只有始建于约 1200 年 (1202 年？)的卡昂的圣艾蒂安教堂的歌坛。它有着三层式的内立面，它没有拱顶的通廊通过双券十分大方地朝向中厅，通廊的上部是孔状的鼓形装饰；单个或两个一组的高侧窗在精致的券廊后面，这样不仅修饰了墙壁上的通道，而且也把这一通道与高侧窗层结合在一起 (以哥特传统的线的构图方式)；另外在主券廊和上面各层中过于丰富的线脚、与相互连通的礼拜室(如同在韦兹莱中的情况那样)相连的回廊造成了大量有着假的间层的柱子，所有这些部分形成了一种可以与那些 12 世纪晚期的法国和勃艮第的建筑，如苏瓦松大教堂和韦兹莱大教堂相比的复杂、精致的效果。无论怎样，在讨论卡昂的建筑时，必须注意到与早期英格兰哥特之间的联系。

第六节　曼恩、安茹、普瓦图地区的金雀花王朝风格

12 世纪，法国西部的一部分出于政治原因并入了盎格鲁－诺曼王国的版图——安茹、曼恩和普瓦图地区——变成了被称为金雀花王朝的州。只需要思考一下这一地区的艺术就可以理解那种带有诺曼灵感的法国哥特的创造不是由罗曼建筑引发的惟一的新的道路。它只是在 (这一地区) 衰落(1206 年)和随之发生的封建权力的政治变革之

图 41　勒芒，大教堂，室内

后的几十年中北部哥特控制和渗透到了这一地区的结果。从 12 世纪中期起，金雀花王朝式建筑首次出现在昂热大教堂（1148—1153 年）的中厅和拱顶，以及勒芒大教堂（1135—1158 年）重建的中厅上。根据最新的对这一风格［安德烈·米萨（Andre Mussat）］的研究，沙特尔大教堂重建的西塔也可以包括在这一刚刚开始的阶段中。

这一地区教堂最为明显的特征是交叉肋拱的设计：它们极度弯曲，穹顶般的形式迫使作为承重部分的本已很厚的墙壁还要用柱子来增加强度。12 世纪的那种消除墙壁、创造由垂直线形成的韵律感的潮流没有在这里出现。在罗曼时代这些地区的建筑传统就已形成，这种传统可以解释它们对特定的建筑体系的运用。在所有的建筑中，都不外乎三种基本的结构方式。第一种，大多是一些巨大教堂，它们采用单一木制顶棚中厅后来被加上了拱顶，在有些情况下空间被重新划分（昂热大教堂，普瓦捷的圣伊莱尔大教堂）。第二种，那些有三个高度大致相同的中厅的教堂，两侧的中厅则起到了平衡中部中厅屋顶侧推力的作用（圣萨万－苏－加尔唐普大教堂）。最后，是阿基坦人的方式，采用成排穹顶（靠近索米尔的丰特夫奥和昂古莱姆的大教堂）。当肋拱从英格兰、诺曼底和巴黎地区传入的时候，在这些省份中，使用拱顶的过程便变成了一个相当进步的过程。它被传统的建筑所接受，并能够用于昂热大教堂巨大的方形开间上或者是勒芒大教堂的矮而大的开间上。准确地说，并不存在运用多种结构形式的尝试。在勒芒，就像在靠近拉瓦勒的阿弗尼埃那样，一道通过狭窄的窗洞与屋顶相连的平的拱廊构成的装饰带，它穿过宽大的坚实的墙体在底层券廊和高侧窗层之间展开。在昂热大教堂的中厅，那些能够与支撑阿基坦人的穹顶的墩柱相比的非常坚实的墩柱伸到中厅当中，而上层的通道，犹如一道不相连的挑台沿墙布置。同样的做法也出现在勒芒的圣皮埃尔－德－拉－库蒂尔（1180—1200 年），在那里六肋穹拱采用了枝肋（平行或垂直于建筑轴线的附属的肋）。普瓦捷（Poitiers）大教堂，作为一件当之无愧的杰作，更为明确地阐释了金雀花王朝风格。它始建于 1162 年，尽管直到 13 世纪下半叶还没有建成，但它的基本平面却一直没有改动。它有三道高度和跨度都基本相同的中厅，它们通过后殿和侧墙上的巨大的窗户获得良好的采光。由修长而有力的内墩柱支撑的半球状拱顶相互平衡。甚至虽然墩柱和拱顶已经把内部空间清晰地连接在一起，巨大、宽敞的、相互连接的开间又进一步营造出了一种空间的交融，它使人想起 13 世纪和 14 世

纪德国或意大利的集中式教堂。这无疑是哥特式的空间，但又不同于法国北部的变化。在建造横厅和中厅的开间时，拱顶得到拱肋的增强，并导致了在比例上的轻微的变化。

　　虽然考虑到异常的尺度和强有力的影响，但无论从结构还是审美的角度，普瓦捷大教堂仍然不是独一无二的。在昂热的圣让医院(1180—1188年)的主要大厅和礼拜室中，把分隔等高度开间的内柱表现出了在空间统一性方面相同的探索。这种情况同样也出现在勒芒的芒森·德·考福特大教堂(Maion de Coeffort 1180—1182年)。的确，这都是一些小的建筑，但它们的建筑师精湛的技巧仍令人惊叹：这些建筑的那些修长的内柱、从柱头上向屋顶放射而出的成束的拱肋都证明了这一点。在这个世纪的最后几十年中，昂热大教堂的拱顶经历了两个重要的改进：增加枝肋和通过对角线方向的拱肋重新划分拱顶。这种改进的结果是编织成了一张复杂的由线构成的网。实际上，所有的拱肋都有同样的断面，它表明了这些拱肋并不具有结构的功能。在这一风格所有的实例中——最优美的那些出自于13世纪——最奇特的一个是昂热的圣塞尔日教堂(约1200—1220年)的由极为优美、修长的支柱分割的以垂直线为特征的后殿和三层式的歌坛。接近普瓦捷大教堂模式的是屈诺的那些教堂、勒·皮伊圣母教堂和康代斯大教堂，在那里开间被按照集中式教堂的原则加以布置。我们或许会疑惑是否会在拱顶和支柱所形成的线式的效果的增强方面与同时代的英国建筑的发展之间存在着一种关系。(从总图的角度，两者之间没有任何关系)。在英格兰(林肯)，安茹的建筑师们很快便在筒拱下使用了扇形分布的拱肋——例如在艾尔沃以及昂热地区已经被毁掉了的拉·图斯散特的教堂。

　　由于它不同凡响的形式特征和它的令人赞叹的富有造诣的天赋，金雀花王朝建筑在13世纪上半叶的发展或许可以比作北方哥特在1200年时在苏瓦松大教堂(横厅)和维兹莱大教堂(回廊)获得的最重要的成就所达到的水平。但是由于在巴黎地区和那些已被哥特艺术征服了的省份中的超常发展是可能的、合逻辑的，甚至必要的，金雀花王朝建筑专注于细部的精巧却缺少超越这一阶段的动力。从1220年开始，北方的模式首先是在勒芒的大教堂，紧接着在图尔和波尔多占了上风。

第七节　法国以外的早期哥特建筑的发展

　　12世纪中期，交叉肋拱的使用已经具有重要意义地遍及哥特建筑发源地以外的欧洲地区。但是，只是在这个世纪的后三分之一中，甚至在此之后，新的空间和形式原则才被颇为困难地表现出来。这些地方向哥特的转化凭借了法国建筑的影响。英格兰的情况是一个典型，恰如早期哥特这一被逐步接受的历史名词，它标志了哥特发展的第一个阶段，它在1174年坎特伯雷大教堂重建时成了盎格鲁—诺曼的罗曼艺术的继承者。由于一场火灾而提出的紧迫的要求，这一工程被当时的历史学家坎特伯雷的杰维斯(Gervase of Canterbury)做了令人钦佩的档案记录。建筑师纪尧姆·德·桑斯(Guillaume de Sens)被从法国招来，但是在工程开始了4年以后，他从脚手架上摔了下来，英国人威廉(William)取代了他。新的建筑大部分完成于1185年。我们知道，虽然只有歌坛的中部(在两道横厅和东部横厅十字交叉点之间的部分)在纪尧姆出事时已经建成，但他已妥善地设计了整个歌坛的平面。法国的贡献是重要的：使用六肋穹拱的拱顶、通廊开口的形式和模仿桑斯大教堂的双柱式墩柱(坎特伯雷大教堂的司祭席)。在高侧窗高度上的上层通廊则留下了英国传统的标记，而屋顶下部的墙扶壁系统和上部巧妙的飞扶壁则保证了整体的平衡。内部空间——它的比例、划分、很高的券廊和用豪华的彩色装饰的侧厅——是早期哥特特征的一个完美的表述。另外，必须注意到一个最重要的特色：拱顶、墙和支柱的直线式的造型特征通过创造性地使用黑色的珀贝克大理石而被强调。也许瓦朗谢讷的圣母教堂中图尔奈大理石的运用给了坎特伯雷大教堂以灵感(博尼 Bony)。坎特伯雷大教堂不是惟一的从彩色装饰获益的建筑；这种做法被应用于稍晚一些的一系列的建筑中，它们完整地发展出了英国的哥特风格。

　　还要简短地涉及到奇切斯特大教堂(Chichester，1187—1200年)和罗切斯特大教堂(Rochester，约1190—1200年)的歌坛。更为重要的是在12世纪末(开始于1192年)在林肯大教堂所做的那些工作。在这些巨大和极度复杂的建筑中，两道横厅和把它们连在一起的歌坛都属于这一发展阶段。坎特伯雷大教堂的结构系统被运用在这里，包括支撑在传统的墙上的处于侧厅上的楼座高度上的飞扶壁。横厅上六肋穹拱的拱顶在歌坛处被以一种奇特的方式中断，这种方式依靠一个独一无二的由拱肋强调的斜向的变动的系统而实现。交叉肋拱的原则现在已被放弃了。同样，在这儿空间上的分割比坎特伯雷大教堂的更大。而且，束柱的丰富多彩(使用了珀贝克大理石或石灰石)不仅强调了柱子、

图 42 普瓦捷大教堂，内景

图 43　昂热，圣塞尔日教堂，歌坛室
　　　内
图 44　昂热，圣塞尔日教堂，歌坛拱
　　　顶

图 45 康代斯，圣马丁教堂，室内细部

而且从在通廊的高度上密集的装饰组合中突出出来。所有这些特点表明巨大的创作自由，它超越了早期哥特艺术并且标志着这一艺术运动开始背离以坎特伯雷大教堂为代表的法国的艺术影响。在林肯，真正的英国哥特强有力地、持久地诞生了。在挪威，能够迅速地感受到这种影响，证据是特隆赫姆大教堂的横厅（12 世纪下半叶前期）。

除了这些与法国北部的发展（康布雷和图尔奈的主教管区）有关的省份以及勃艮第南部边缘地区（里昂、杰尼瓦和洛桑）以外，早期哥特在进入神圣罗马帝国时遇到了极大的困难。在 12 世纪初，深厚的奥托王朝传统和默兹地区的萨利的帝国艺术提供了高度完善的罗曼建筑方式，这些形式已发展得相当成熟。图尔奈（Tourndi）大教堂以它圆形横厅两臂端部和中部的由五座尖塔形成的群体表现了它从这种模式中所获得的益处，但它那富有纪念性的四层式立面却借鉴了诺曼的形式。而且，在 1150 年以前，在图尔奈大教堂的中厅中为了获得强烈的直线式的效果而使用彩色大理石束柱的灵感从总体而言是来自于坎特伯雷和英国的早期哥特（例如通过现已被毁的瓦朗谢讷的圣母教堂）。虽然使用交叉肋拱屋顶的图尔奈大教堂（约 1150—1160 年）的中厅显得很沉重，而且它的墙面和窗洞的处理也不完美，但是它在总体比例上形成了一种垂直造型的冲击力，这是这一形式最突出的地方。

在这一世纪的后半叶，一种被称为晚期罗曼的风格沿着默兹（Meuse）[马斯（Maas）] 和莱茵河盛行起来。它的流行时间，甚至它的风格特点都或多或少地与早期法国哥特相对应。恰如穆尔拜弛（约 1140 年）和施派尔（1154—1156 年）大教堂横厅所表现的那样，在莱茵地区，交叉肋拱的拱顶很早便形成了建筑的面貌。虽然，交叉肋拱的使用既没有减轻墙的分量，也没有构成进一步划分室内空间的概念和形成室内空间总体轮廓。它们的墙体的确包含了一些可以形成韵律变化的部分（例如，依附于墩柱的，拱顶的拱肋从它们上面延伸出来的半柱和壁柱）。但是这些突出的部分并没有形成构架的效果。在立面上缺少一种层之间的复杂的叠合关系，而且在券廊和高侧窗之间的墙面上通常没有任何处理，或者仅仅装饰有一道盲券或壁龛（科隆的圣阿波斯特恩大教堂和圣库尼贝特大教堂，晚于 1210 年）。偶尔，也会在这部分墙面中间的位置上设一道通廊（诺伊斯的圣奎瑞因乌斯大教堂和波恩的牧师会教堂的中厅）建立起了一种与哥特立面更为接近，而且更为明显的关系。总的比例关系显得很沉重。建筑内部，严谨的罗曼式墙面平

图 46　图尔奈大教堂，横厅

均而连续地划分空间；外部，通常使建筑体量富有节奏感的支柱，在这里由于对非常丰富和美丽的连续的墙面装饰的偏爱而被忽视。可以确言，这样一些特征，如附加的盲券廊（偶尔，还要加以装饰）和在内立面上层有着连续的柱列的通廊是罗曼建筑所有特征中的一部分，但在造型方面，在这儿已超越了罗曼风格。开口的形式上的变化——圆拱形或多叶形，圆形或扇形（如在科隆的圣杰尔昂大教堂）——证明了这一华美的装饰体系的精巧。虽然几乎这种风格的所有构件都与巴黎地区所使用的不同，然而它们可能是并行的，一方面莱茵地区建筑的外部立面对应于拉昂大教堂的主立面的总的影响，另一方面科隆的那些建筑的内立面又对应于努瓦永大教堂的室内处理。

因此，我们认为晚期罗曼和早期哥特并不全是对立的。除了在"科隆建筑的伟大世纪"〔1150—1250 年，根据 W·迈尔-巴克豪森（W. Meyer-Barckhausen）的观点〕的形式保守主义以外，它与巴黎和邻近地区的创造力相反，哥特建筑的精神慢慢地渗入到了德国，这种精神体现在具有线造型特征的部分和分隔处理上。的确，法国哥特在 13 世纪初开始被接受，例如在马格德堡大教堂（从 1209 年开始）和兰河畔的林堡大教堂（晚于 1211—1235 年）；以及在 1225 年以后，它创造出了真正纯粹的、风格统一的作品（特里尔的利布弗劳恩教堂和兰河畔的马尔堡的伊丽莎白教堂）。另外，晚期罗曼也不能被完全排斥在法国哥特发展的总的范畴之外。狄翁考察了这些相似之处，划分出了一些发展阶段，他的理论与一些今天研究者汉斯·E·库巴赫（Hans E. Kubach）提出的更为绝对的二者相互对立的思想相比显然更为准确。

在 12 世纪，虽然交叉肋拱在意大利出现得非常早，如在米兰的圣安布罗焦（1098 年或 1117 年）和阿达的里沃尔塔（12 世纪早期），但意大利并没有尝试纯粹的哥特风格。例外的是西多会的建筑，我们会对它做一个简短的讨论。无论是源于早期基督教传统，来自拜占庭建筑的影响，还是严格遵守的早期罗曼式设计，意大利建筑的多种多样的形式在新生的哥特艺术中所扮演的角色并不完全是消极的。正立面上玫瑰窗的创造就应归功于意大利（维罗纳的圣泽诺大教堂以及特拉尼的大教堂和特罗亚的大教堂）。而且有着交变节奏的摩德纳大教堂和意大利北方的那些教堂的中厅帮助把韵律的概念扩大到了德国以及其他地方。无论怎样，阿西西的圣弗朗切斯科教堂（始建于 1226 年）标志着意大利哥特艺术历史的开始。

图 47　科隆，圣库尼贝特教堂，室内

图 48　塔拉戈纳大教堂，室内
图 49　阿维拉，圣维森特教堂，室内

图 50　基亚拉瓦莱·米兰内塞，修道院教堂，室内
图 51　波夫莱特，圣玛丽亚修道院，餐厅

西班牙的情况正好相反。从 10 世纪罗曼艺术出现起，在那些逃避穆斯林征服（或者 11 世纪和 12 世纪的反征服）的国家与法国南部和勃艮第的艺术中心区之间就存在着数不清的联系。这种联系由于克吕尼派和西多会艺术的发展而得到了加强。首先，我们要忽略西多会的修道院建筑，那里是哥特艺术最初形成的地方。在这个发展阶段中，值得注意的建筑包括萨莫拉的大教堂、托罗的牧师会教堂、阿维拉的圣文森教堂和塔拉戈纳大教堂的歌坛。塔拉戈纳大教堂虽然在 1171 年就完成了设计工作，但直到 1200 年才依照罗曼式的设计动工建造：它采用了西多会风格的两层式立面，不设回廊。虽然在建筑处理上表现了哥特体系强调细部的做法，但这座建筑仍表现出方向上的踌躇不决和旧的风格特征。萨莫拉（Zamora）大教堂（始建于 1151 年，部分落成于 1174 年）在中央的中厅部分采用了交叉肋拱的穹顶，而且采用了那种典型的西班牙式肋穹顶，但它却在最大程度上表现了早期对法国技术的兴趣。建于 1160 年的托罗的圣玛丽亚·拉·马约尔牧师会教堂，这是一座在技术上和形式上都与萨莫拉有一定关系的建筑，当工程进行到 13 世纪时，它采用了一个美丽的哥特式入口。无论怎样，阿维拉的那些建筑最充分地证明了它们与法国哥特之间的联系。在阿维拉大教堂［根据埃里·拉姆贝特（Elie Lambert）的观点，它的歌坛建于 12 世纪末］，除了那些在祭坛右侧有着六肋穹拱拱顶的开间中所采用的巨大的柱墩，平面和内部效果上仍重复了韦兹莱歌坛的勃艮第式的处理。三层式立面，与墙体、墩柱相结合的通廊进一步确定了它与韦兹莱的关系。在阿维拉的圣维森特，中厅来自于哥特的灵感，同时采用了勃艮第式的三层式立面，这一立面又由众多突出的墩柱形成强烈的节奏韵律。因此，它反映了西班牙建筑在追随早期法国哥特风格方面表现出的沉重和稚拙。或许在欧洲没有其他任何国家像西班牙那么快地接受了哥特风格，它预示着哥特风格在 13 世纪、14 世纪和 15 世纪在伊比利亚半岛极为动人的发展。

第八节　西多会建筑和哥特建筑的传播

虽然西托的修道院建立于 1089 年，但西多会的制度——改革的本笃教规一直到 1119 年尚未正式创立。那时，西托最早的"姐妹"修道院已经建立：它们包括 1113 年建立的拉·费尔泰修道院、1114 年建立的庞梯格尼修道院、1115 年建立的芒瑞芒德和克莱尔沃修道院。在它

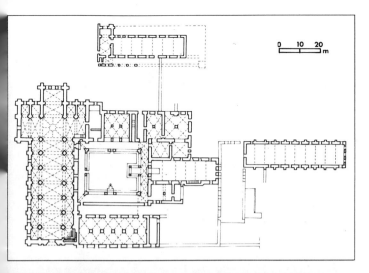

图 52　福萨诺瓦修道院,建筑群平面
图 53　福萨诺瓦修道院教堂,室内

们建立和教皇承认新教规时,方丹的贝尔纳(Bernard des Fontaines),即克莱尔沃的圣贝尔纳(1091—1153 年)他作为法国国王和教皇的顾问,以及基于道德和政治的原因作为半个克吕尼派成员,在当时的历史舞台上发挥了他个人的坚定的作用。西托教规以闪电般的速度传播。从这一扩展的第一天开始,西多会建筑的影响波及到一般的建筑设计,这种设计被它的精神所控制,它的严肃、谦卑完全与克吕尼建筑相反。浮华、夸张的室内效果特征与变化丰富的外部体量构成了克吕尼三世教堂和修道院院长叙热的圣德尼修道院教堂所表现的那种与西多会建筑非常对立的特征。早期本笃模式毫无疑问地影响了教堂周边教会建筑(修道院、礼拜堂、僧房、食堂、附属的作坊或农庄建筑)的布局和形式。但是由于对更为合理和经济的布局的追求,西多会教堂则没有周围的附属建筑,表现出功能化的纪念性。几乎所有最早的西多会建筑(1100 年代中期以前)都已不存在了。只有勃艮第的丰特奈(建于约1130—1147 年)提供了"罗曼"修道院教堂杰出的实例,它平面简单,使用筒拱和有节制的装饰。但它是克莱尔沃[克莱瓦三世(Clairvaux Ⅲ)]的修道院教堂,它以一种最富有才华的西多会建筑模式设计。交叉肋拱在很早时便被接受,它如果不是被用在中厅和侧厅,至少也被用在那些附属的位置上,如礼拜堂(丰特奈,建于约1150 年)。出现在蓬蒂尼[蓬蒂尼二世(Pontigny Ⅱ)]的完全采用交叉肋拱的中厅标志着一个处于哥特建筑与西多会建筑相互结合的历史上的礼拜堂。

西多会风格显然不能根据法国北部12 世纪大教堂的标准来界定。基于对总体设计的尊重,西多会建筑在对消除装饰的喜好、以垂直线条为特征的后殿、从横厅伸出的礼拜室等方面拒绝了丰富的克吕尼建筑的影响。在横厅与中厅的交叉处没有壮丽的高塔,没有和谐的立面,没有钟塔;所有这些都被它的制度所禁止。在建筑内部,只有两层券廊,窗户开在侧厅和礼拜室中,高侧窗所占比例很小。甚至当接受了交叉肋拱屋顶时,由于拱顶划分线延伸到底层柱列而可能出现的清晰、严格的空间划分最终都没有能够形成。12 世纪的西多会建筑被称为"简化了的哥特"(狄翁):它是一种减少了新的采光和空间分隔的基本的和技术上的处理,融合了新的形制和雕刻成叶状的柱头装饰的典型的非寺院化建筑。事实上,西多会建筑最终也放弃了它们初期严格的俭朴而转向盛期哥特建筑风格。

从12 世纪中期开始,西多会教士把他们的简化了的哥特传播到了

图 54　卡萨玛瑞修道院，礼拜室
图 55　里沃修道院教堂
图 56　方丹修道院，修道院教堂
图 57　方丹修道院，修道院餐厅

尚未回应哥特召唤的地区：法国南部（莱·托龙奈特的牧师会礼堂，建于约 1175 年）；西班牙（圣克雷乌斯，晚于 1174 年）；加泰罗尼亚（波夫莱特，这一世纪后半叶后期）；阿拉贡（维茹拉）；意大利（福萨诺瓦、卡萨玛瑞和基亚拉瓦莱·米兰内塞的修道院）；英格兰（里沃和方丹的修道院）；神圣罗马帝国（希梅勒德，建立于约 1135 年，和奥地利的海里根奎乌兹，晚于 1136 年）。奥地利茨韦特尔的牧师会礼堂（建于约 1180 年）是勃艮第模式的一个完美的实例，还可以引证许多其他的例子。我们或许还应该补充，1200 年以后，严肃而刚刚崛起的早期西多会建筑的影响已扩展到了法国以外的地方，到达了波兰（苏勒焦瓦）、匈牙利（埃格尔）。在法国，它抛弃了它最初的做法（奥尔斯堪普、若奥芒特、茅布森）而且发展为对更为奢华的大教堂模式的模仿。

　　在一些德国的西多会建筑中——特别是在毛尔布龙和海斯特尔巴驰——在这里不仅能够看到西多会建筑所扮演的法国哥特的传播者的角色，而且可以看到它们的艺术的灵活性和这种风格具有极强的吸收各种影响的能力。海斯特尔巴驰（建于约 1210 年）显然是克莱瓦三世建筑仿制品，它的平面设计提供了从回廊到礼拜室壁龛的连续性，但是它的设计技巧利用了所有莱茵式的精巧的手法以及特别是科隆的晚期罗曼手法。歌坛的精巧的设计和修长的柱子反映了 13 世纪追求形式的精美阶段的特点，例如像苏瓦松的横厅那样的做法（这一趋向后来的停顿，是基于完全不同的理念）。

　　总之，在晚期罗曼和早期哥特形式的处理方面的相似性常常被提到［弗兰克尔、H·G·弗朗兹（H. G. Franz）］。作为实例，人们或许会提到沃尔姆大教堂西部的歌坛，提到它的多边形的形状、交叉肋拱的内部结构和多处使用叶形装饰、玫瑰窗的做法。它也是最为精巧、复杂的传统的罗曼装饰构件极度发展的实例之一。

图 58　沙特尔大教堂，平面
图 59　沙特尔大教堂，中厅横剖面

第三章　经典时期的哥特建筑

今天我们用经典哥特或盛期哥特来描述哥特的那个基本特征已完全形成并清晰地展示出来的发展阶段。这是一个最近由扬岑使用的词汇，他曾逐一地研究了以前涉及这一课题的学者们的观点。这一关于特定风格的经典时期的概念与 19 世纪的艺术史家对自文艺复兴以来的现代艺术发展阶段的详尽阐述相关，在这些艺术史家中包括著名的海因里希·韦尔夫林（Heinrich Wolfflin）。因此必须理解经典主义不仅仅涉及到希腊—罗曼文明，或 17 世纪的法国艺术（对应于以上艺术的时期，在中文中通常将 classicism 译为古典主义，本文中针对哥特时期译为经典主义——译者注）。根据福西永的观点，经典表示全盛，并通过一系列的形式上的探索所达到的那种完美的均衡。韦尔夫林坚持认为所谓"经典"必须具有典范的意义，它如同一种标志。对于其他人来说，如德沃夏克，和稍晚一些的帕诺夫斯基，这一词汇关键的意义在于这种风格在形式和精神的内涵上达到了一种平衡。

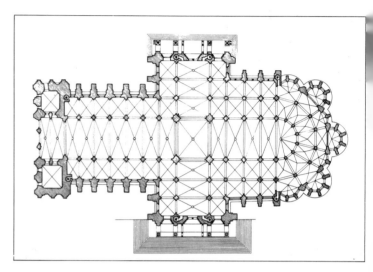

考古学家从他们的角度宣称出现在 12 世纪晚期的一些宗教建筑的新的类型是这一时期中最富才华、最为精湛的模式和具有主导性的建筑创造。特别是沙特尔（Chartres）的类型被认为不仅提供了法国及法国以外地区的大教堂建筑的模式，而且它在形式和结构上的成功被认为创造了最为独特的典范作品，它所具有的历史价值无疑使它进入世界建筑中最著名的创造之列。无论怎样，通过进一步考察 13 世纪建筑，我们认识到这一模式事实上并不具有普遍的影响，而且其他一些代表性作品，例如布尔日是基于同时出现的不同的设计。狄翁以来的一些学者甚至还曾提到在沙特尔的类型中并没有出现哥特风格最具有逻辑性和完善的做法，但是这些做法却出现在 13 世纪中期的艺术中：被称为宫廷风格（布兰纳），或者，用一个被广泛接受的词：辐射式风格。根据这一观点，圣德尼修道院教堂的横厅和中厅、特鲁瓦和图尔的大教堂，以及巴黎的圣沙佩勒大教堂都分别具有特定的表征——轻巧的结构体系、达到空间极限的空灵、具有清晰的逻辑性呈直线状的室内特征——这些标志着空间与结构的哥特原则真正的最高境界。而且，这一阶段与对空间意义清晰的表达相一致。假定我们按照福西永和韦尔夫林的学生们提出的进化体系，那么，在 1270 年在什么样的程度上发生了基本风格的变化，以至于上升到了一个可以被贴上形式主义标签的发展阶段？另外，在怎样的程度上导致了各种各样的与哥特大教堂家族和辐射式风格建筑同时出现的地区性的保持自身独特性的反应，这种反

图 60 沙特尔大教堂，鸟瞰
图 61 沙特尔大教堂，中厅

应至少部分地打破了 13 世纪艺术假定存在的风格的统一性。这些是我们要在这一章中讨论的问题。

第一节 沙特尔和它的后裔

沙特尔的圣母教堂，原来是一座 11 世纪的罗曼风格的大教堂，它建筑的西部在 12 世纪中叶时已被改动，整座建筑在 1194 年 6 月 10 日毁于火灾。关于这场灾祸有一段非常动人的描述被保存了下来。这座建筑之所以宏伟、壮丽并不仅仅因为沙特尔是一个非常富裕的主教所在的城市，而且也因为它是著名的圣母玛丽亚的圣地。灾后立即开始了重建；基于经济和宗教（出于虔诚和对原有建筑的尊重）等多方面的原因，原有建筑的基础被保留下来。由于受到虔诚信徒极为慷慨的行为的鼓舞，工程进行得十分迅速。整栋建筑被很好地建造了起来，首先是中厅在 1210 年以前被建成 [L·格罗德茨基（L. Grodecki）、F·范·德·莫伊伦（F. Van der Meulen）]，与此同时，歌坛的基础开始施工，并在 1220 年左右完成。横厅的两臂在 1230 年后不久也被相当完美地建成了。由于成功地请到了一些建筑师，这座建筑在建造的过程中，建筑的设计还进行了一些调整。但是，1194—1195 年确定的总的建造原则决定了建筑基本的设计方案，这一方案完全是哥特艺术发展过程中的一场革命（福西永，扬岑）。

雄伟、壮丽、崇高表现在它的尺度上，沙特尔大教堂的设计包括了礼拜室的双重回廊，因此它综合了巴黎圣母院和圣德尼修道院教堂的设计。两个顶端带有半圆形殿的横厅的布局来源于拉昂大教堂的横厅。沙特尔大教堂的建筑师卓越的天才和独创性在建筑的总体结构和内立面设计上得到了证明。它的内立面由三个横向的层次组成，它与桑斯大教堂类似，但有一处有所不同：被一道曾在拉昂大教堂出现的侧厅上的通道分开的券廊和高侧窗的高度是相等的。它的这一特点与 12 世纪建筑的原则相抵触，这种原则是在采用叠加的券廊、通道、廊道和高侧窗的方式时，高侧窗的尺寸不可避免地要相应减小。有人曾经说，而且也的确如此，沙特尔的建筑师牺牲了通廊，来调整立面获得一种具有纪念性的比例关系，以增大窗户，并因此而使室内获得更多的光线。这一建筑尺度重整的结果是：宏伟的开间覆盖着长方形的拱顶，它们的拱脚一直延伸到圆形或八边形墩柱的柱顶，每一个这样的墩柱附有四棵巨大的壁柱。每樘高侧窗包括一个巨大多叶形分隔的玫瑰窗和位于其下的两个尖券

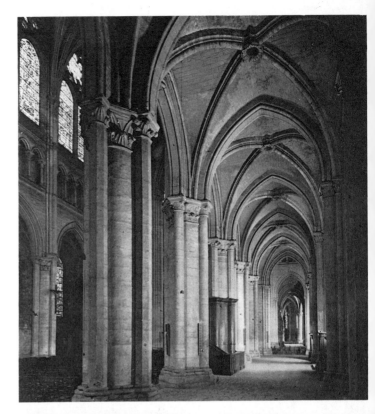

图62,图63　沙特尔大教堂,南侧侧
　　　　　厅和回廊拱顶
图64　苏瓦松大教堂,中厅

窗,它充满了整个券下的相当于墙面的空间。对建筑的外部而言,沙特尔的匠师明确地改变了12世纪的飞扶壁:飞扶壁的两个支撑部分由一个弓形的券以变化丰富、充满力量的方式连为一体,它很好地突出了建筑外部总体造型效果。7座尖塔分别标志出了歌坛的位置、横厅的两个顶端,以及中厅与横厅的交叉点,它们是最初便被设计在那里的。连同正立面上的两座塔,它们使沙特尔大教堂拥有了一个比图尔奈和拉昂的大教堂更能给人以深刻印象的面貌。其室内空间的设计,采用了由柱子和束柱形成勾勒出开间的竖向的线条,中心部分与横厅和回廊之间严格的比例,在这些特征中包括了对哥特建筑而言最富有逻辑性的空间安排。而且,凭借它那166个描述圣经故事的彩色玻璃窗和6个布满13世纪雕刻的门洞所表现的令人难以置信的丰富,沙特尔大教堂成为了那些最清楚地表达了中世纪艺术的经院哲学或神秘主义主题的纪念性建筑之一。

对于这样的杰出作品,有大量的研究涉及到它那些可能的创作源头。但对沙特尔大教堂而言,不能简单地说它是派生于拉昂大教堂,或是作为对诸如巴黎圣母院那样一种小尺度、贫于装饰的建筑的矫枉过正。对拉昂大教堂传统先例的假设——现已毁的圣维森特教堂[拉姆贝特(Lambert)]——不能完全否定,但它的确没有解释沙特尔大教堂的大匠所具有权威性的创造力。在造型和结构语言上,以中厅为一方,横厅及歌坛为另一方之间存在着值得注意的差别。不仅仅歌坛的飞扶壁被减轻,而且增加了第三排飞扶壁以更加有效地支撑墙体上部。横厅立面的造型与可以想像的最初的设计相比已有了很大的改变。横厅的两个终端的安排尤为值得注意:巨大的相互间隔的玫瑰窗被设置在单排窗户上部营造出了一种统一的令人敬畏的组光源,它甚至比彩色玻璃的效果更为辉煌、壮丽。这些已远远超出了拉昂大教堂的横厅的优美,然而却是含糊不清的构图。虽然以后的匠师为了使沙特尔大教堂赶上时尚,依据13世纪初期的艺术标准对教堂做了改动,但也无法改变这座大教堂深刻的统一性。

这座卓尔不群的建筑的影响迅速而广泛地扩散。它最初的影响可以在苏瓦松大教堂歌坛的设计(1197—1198年)和布卢瓦的圣劳摩尔教堂(1200年以前)的建造过程以及那些伟大的法国北部的大教堂,如兰斯大教堂(1211年)和亚眠大教堂(1221年)的设计中感觉到。沙特尔大教堂的特征,如三层式的立面,没有通廊,加大了的侧窗被几乎是广

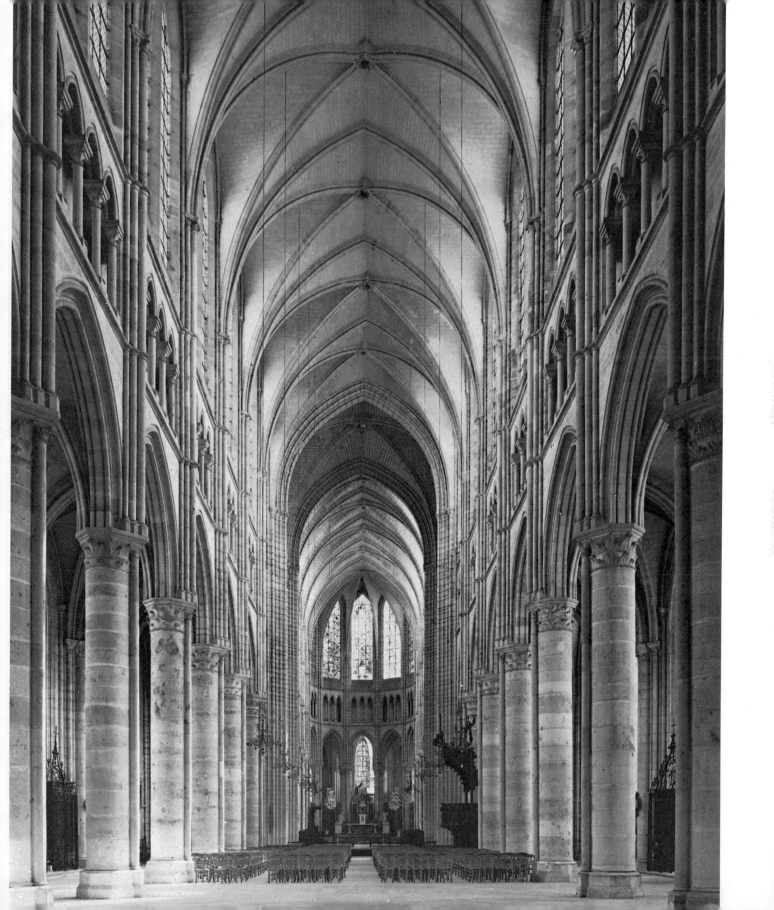

图 65　奥尔拜，圣母修道院教堂，歌　　　图 66　兰斯大教堂，平面
　　　坛　　　　　　　　　　　　　　　图 67　兰斯大教堂，剖面

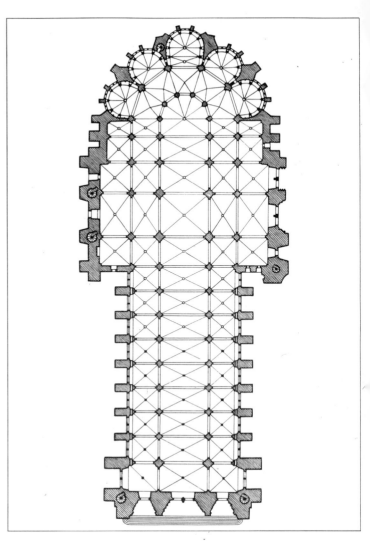

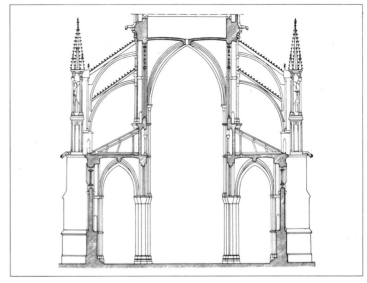

图 68　兰斯大教堂，鸟瞰
图 69　兰斯大教堂，立面

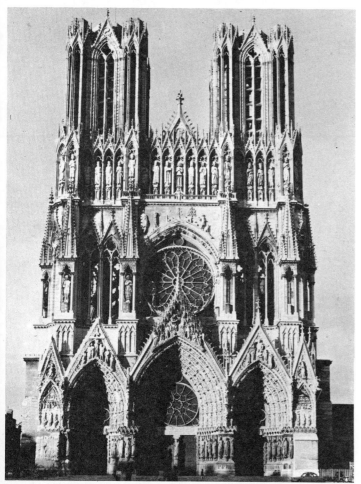

泛地采用；这又导致对系统地使用两层式的飞扶壁的需要。其他特征包括圆形的墩柱贴附四棵壁柱（在半圆形后殿中用单棵壁柱）以及由一个富于变化精心制作的玫瑰窗和位于其下的两个尖券窗组成的窗单元。在沙特尔大教堂，这种设计不仅出现在高侧窗上，而且在 13 世纪也出现在侧厅和礼拜室的窗户上。室内空间不仅由开间表现出强劲和节奏感，以及充满力量的强烈的光线形成的造型为特征，而且以那种直线式墙面产生的单调感为特征（博尼）。在一些开始于约 1200 年的大尺度的项目中，例如莫和鲁昂的大教堂，沙特尔大教堂的设计导致了在建造过程中对通廊的放弃和对特定的香槟地区特征的放弃（例如，出现在诸如奥尔拜的歌坛处的三个一组式的窗户）。巴黎圣母院 12 世纪复杂化的设计现在可以确认在这一时期中已被超越。最充分的证明是圣母院自己，在圣母院，沙特尔大教堂的模式不仅出现在中厅最东端的开间上（约 1215 年），而且也影响了整个上部的重新改造 （约 1225 年）。

由于它有限的尺度，苏瓦松的歌坛（建成于约 1212 年）——第一个源自于沙特尔方式作品（沙特尔的第一个后裔）——在一定程度上构成了对这一模式简约的展示。它有包括侧厅上的楼座和位于小型玫瑰窗下高而窄的高侧窗的三层式立面。它的支撑体系更为轻盈，它标志着在沙特尔基础上的进步。就像卡尔·F·巴尔内斯（Carl F. Barnes）注意到的那样，其结果是造就了一座极度优雅的建筑。关于这一点在比较苏瓦松的歌坛和相邻的作为 12 世纪建筑杰出实例的横厅南部时尤为明显。在体量和尺度上的悬殊，有力地强调了在沙特尔刚刚采用了很短几年的那种意义深远的变化。

更具象征意义的是兰斯大教堂，像沙特尔大教堂一样，兰斯（Reims）大教堂在历史上和在建筑的层次上同样重要。它处于一个大的主教领地和部分王室领地之上，它是一座法国君主举行传统仪式的大教堂。这些特殊的情况毫无疑问地影响到了这座建筑所特有的那种辉煌，它的装饰的那种丰富以及在 13 世纪中它不断增强的政治和宗教的地位［汉斯·赖因哈特（Hans Reinhardt）］。作为对沙特尔大教堂的模仿，它的设计包括了附有侧厅的横厅，并在歌坛处形成双重侧厅。如同沙特尔大教堂的设计，在它的设计中外部共有 7 座塔，包括横厅两端各有的两座，横厅与中厅交叉处的一座，但只有西立面上的两座塔真正建成了。兰斯大教堂的内部空间是沙特尔形式的一个完美的实例：同样的沉稳、造型的感染力量以及同样的通过两个一组的高侧窗和侧厅及

图 70　兰斯大教堂，中厅墙面

图 71　亚眠大教堂，平面
图 72　亚眠大教堂，立面

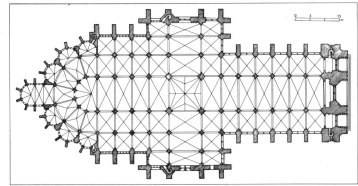

图 73　亚眠大教堂，后殿
图 74　亚眠大教堂，中厅

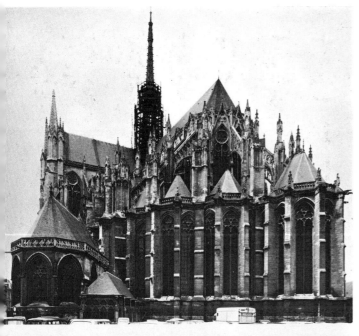

礼拜室的窗户射入室内光线的那种丰富多彩的变化（扬岑）。虽然在横厅的位于尖券窗上的巨大的玫瑰窗的安排上类似于沙特尔大教堂，布兰纳还是注意到，这种处理有一种古风的韵味，这意味着这一设计可能早于沙特尔大教堂若干年。总之在兰斯大教堂并非所有的一切都源于沙特尔大教堂，例如切入沿着侧厅和礼拜室窗下墙布置的墙体的走道。而且装饰着入口、檐口下的横枋、特别是柱头的植物纹样的雕饰——在它的变化与丰富方面近乎于自然主义——与沙特尔的装饰的贫乏背道而驰。这一特点是属于真正的香槟风格的标志。这一特点也可以在兰斯南部的奥尔拜的圣母修道院教堂中见到。这座教堂的建造开始于 12 世纪，但一直延续到 13 世纪前 30 年，并在这一时期中受到了沙特尔和兰斯的影响。现在让我们再回到兰斯。

　　外部，飞扶壁和墙垛——从墩柱向中厅的墙体提供双重的支撑，加之歌坛处的双层支撑处理——结合成一种总体的风格和结构形式。此外，建筑上的小尖塔模仿大塔的形式，并放置天使的雕像，再次表现了兰斯的建筑师在使建筑从原来的模式转变时的那种不凡的想像力。建筑的和装饰的构件似乎为这座大教堂营造了一种广阔无际的图景：由天使守卫着的天国教堂，它西端高耸的塔楼在空际中升腾。兰斯大教堂的建造历史非常复杂。建造工作曾在 1223 年中断，直到 1241 年歌坛还没有封顶，14 世纪初塔楼的上部仍在建造过程中。我们还知道这座建筑曾连续换了四位建筑师。虽然我们不能确定他们的顺序，通常的看法是奥尔拜的让（Jean）活动于 1211 年到 1228 年？他进行了最初的设计，这一设计后来被局部改动［赖因哈特（Reinhardt）、萨莱特（Salet）］。建筑师的这种更替可以在歌坛的结构［H·德纳（H. Deneux）］和入口雕饰明显的混乱［R·哈曼·麦克林（R. Hamann McLean）］中得到最充分的展示。

　　发展的重点现在转移到了亚眠的圣母教堂，它的设计大约在 1221 年时由吕扎什的罗贝托（Robert de Luzarches）完成。那时沙特尔大教堂的歌坛正接近于建成，兰斯大教堂的横厅和歌坛正在建造过程中。与它之前的这些巨大建筑相比较，亚眠大教堂标志着在获得巨大体量方面所取得的进步。它的主拱顶的高度几乎达到了 42m（138 英尺），而兰斯大教堂大约是 40m（131 英尺），沙特尔大教堂差不多达到了 38m（125 英尺）。开间的宽度和立面上每层的尺度同样巨大：较矮的侧厅上的楼座高度为 3m（10 英尺），整座建筑高度超过了 150m（492 英尺）。

图 75　亚眠大教堂，歌坛上部　　　　　　　　　　　　　　　　　　　　图 76　博韦大教堂，横厅南部外观

图 77 博韦大教堂，歌坛　　　　　　　　　　　　　　　　　　　　图 78 博韦大教堂，歌坛仰视

除了歌坛得到了更完善的发展和中轴线上的礼拜室（供奉圣母）较长外，它的设计类似于兰斯大教堂。在中厅的立面上，这是这座建筑开始建造的地方，建筑师把沙特尔大教堂的窗户增加了一倍，因此创造出了一种在三个玫瑰窗下布置四个窗户的组合方式。而且，较矮的侧厅上的楼座在拉昂大教堂的变化反映了对在每个开间上设两个三心拱的方式的偏爱。结果是，一个微妙而且非常疏朗的韵律充满了从地面到屋顶的整个空间：主券廊的每个开间在侧厅上的楼座上对应两个三心券洞，在高侧窗上则是两个双窗。在歌坛处，由于建造时间较晚，韵律变化甚至更为复杂。亚眠大教堂同兰斯大教堂和沙特尔大教堂的差别只存在于一些非常微妙的细节之中，例如，相对平整的墙面与造型丰富的墩柱以及轻巧的拱肋之间的对比。在这种情况下，建筑的外轮廓并不由塔楼控制。从外部看，尽管林立的双重飞扶壁在弧形的连接上表现出沙特尔方式的特点，但大教堂的造型、体量仍表现出令人赞叹的和谐和可读性。更为修长、倾斜角度更大的飞扶壁获得了一种新的功能，承托排水的水槽。所有这些做法都精致、细腻、举世无双，由于它在给人强烈印象的纪念性和微妙的细部处理上所达到的完美的均衡（维奥莱—勒—杜克、扬岑），亚眠大教堂可以被看作是法国大教堂中最为经典的作品。至少，这种情况出现在中厅及横厅下部；而歌坛的做法（始于 1236—1237 年，完成于 1269 年）则已经属于哥特艺术的辐射式风格。很可能托马斯·德·科尔芒（Thomas de Cormont）在 1230 年或 1233 年战胜了吕扎什的罗贝托，对巴黎地区甚至巴黎本身产生了巨大的影响（布兰纳）。我们不能不谈西立面和南立面上的雕饰就结束关于亚眠大教堂的话题。没有其他一座法国大教堂能够把如此丰富，近乎百科全书式的肖像题材的内容做得这样富于逻辑性、连贯一致和形式多样［约翰·拉斯金（John Ruskin）、马勒］。

　　沙特尔大教堂家族的最后一座伟大的建筑是博韦（Beauvais）的大教堂。这座教堂只有歌坛、横厅的西部是在 13 世纪建造的，大约是1225 年到 1272 年之间。而且它的歌坛没有能够保持最初的形式。1284年，相当大的一段拱顶倒塌了，以致需要用 40 年的时间来计划通过对整个建筑结构进行加固来修缮损害的部分。总之，维修工作停顿在这一阶段，直到 16 世纪才得以继续。博韦的建筑师甚至比吕扎什的罗贝托的作品更具炫耀性，希望把建筑的主拱顶升到超过 144 英尺（约 44m）的高度，而且从总体上建造一座更为宏大的建筑。由维奥莱—勒—杜克

图 79　圣康坦，圣康坦牧师会教堂，
　　　　中厅和横厅
图 80　布尔日大教堂，鸟瞰

和布兰纳复原的最初的设计证实这位建筑师的大胆和冒险精神。歌坛的三个正面开间的宽度超过 15m（49 英尺），深度差不多有 10m（33 英尺），它们由从沙特尔变化而成的极高且瘦的墩柱支撑。仅仅是超过 20m（66 英尺）高的歌坛侧厅和回廊就足以与 12 世纪哥特教堂整个的中厅高度相比。其结果是，在侧墙和巨大的高侧窗的高度上需要高而有力的墙垛来支撑，更不用说那些支撑在从墩柱危险地悬出部分之上的双重飞扶壁了。在拱顶倒塌之后，那些巨大的开间被一分为二，以至于现在歌坛长向的开间变成了 6 个，而不是原来的 3 个。而且新建的六肋穹拱也需要相当于原来两倍数量的外部支撑。按照它最初的状态，博韦大教堂毫无疑问是从亚眠大教堂的设计发展而成的：由四个双券构成的侧厅上的楼座，它的划分与高侧窗的划分相一致。在侧厅和回廊的边上，建筑师在一道小通廊上安排了一列窗户。这种做法令人想起布尔日的大教堂，但是特别值得注意的是圣康坦的牧师会教堂的歌坛，它大约是与博韦的圣皮埃尔大教堂同时代建造的［P·埃利奥（P. Heliot）］。

　　由于它真正的奇幻的空间部分和最大限度减少了的墙面——这已属于辐射式艺术的一部分——博韦大教堂构成了一个真正超过了沙特尔大教堂建立的标准的影响。在某种意义上，这座大教堂是一个失败。从结构的角度，教堂倒塌了；从经济的角度，它没能够完成。除了始建于 1248 年的科隆大教堂遵循了这一模式以外，没有其他建筑效仿博韦大教堂的这种疯狂的设计。作为 13 世纪流行的巨型哥特的时代结束的标志，博韦大教堂也逡巡于新的发展阶段的门槛之前。属于 1230 年的那一代建筑或许正开始趋于减少纪念性，趋于高度的复杂化。

第二节　布尔日及相关的建筑

　　与沙特尔大教堂一道，布尔日大教堂的时代大约也开始于 1195 年。在某些方面，这是一座很古朴的建筑，但是，总之，布尔日大教堂是完全不同的建筑梦幻的产物。它的建造过程非常迅速；它的歌坛完成于 1210 年圣威廉（Saint William）去世的时候——他从 1199 年开始任大主教直到 1214 年。中厅需要较长的建造时间大约在 1255 年至 1260 年间完成（布兰纳）。有趣的是它最初的设计一直被坚持（仅有极小的改动）到工程结束，但它也的确标志着这些设计既没有重视沙特尔大教堂卓越的创造，也没有考虑沙特尔大教堂的影响。

　　巴黎圣母院一直被认为是布尔日大教堂设计的灵感源泉——没有

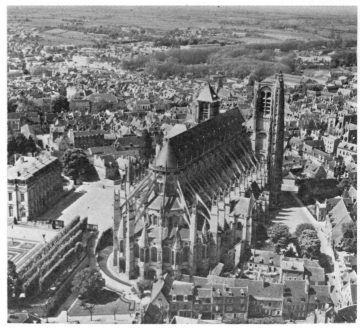

图 81　布尔日大教堂，平面（13 世纪
　　　　重建的平面）
图 82　布尔日大教堂，横剖面

图 83　布尔日，大教堂，室内

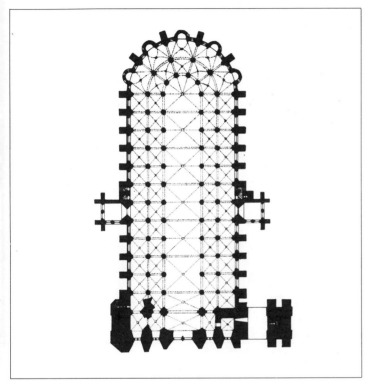

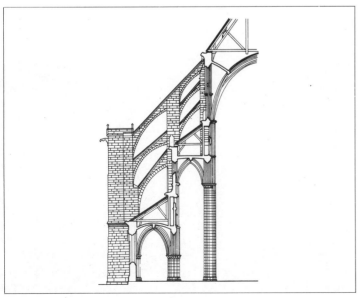

图 84　勒芒大教堂，歌坛平面　　　　　　　　　　　　图 86　勒芒大教堂，歌坛　　　　　　　图 87　勒芒大教堂，歌坛拱顶
图 85　勒芒大教堂，鸟瞰

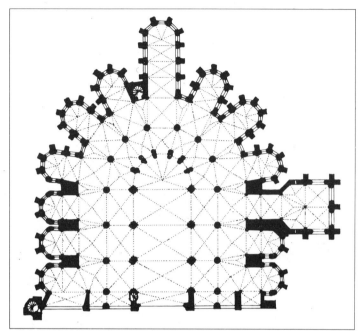

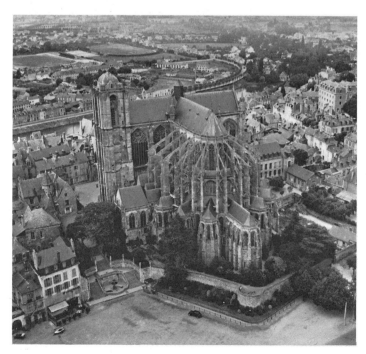

图 88　库唐斯大教堂，后殿外景
图 89　库唐斯大教堂，歌坛

横厅、双重侧厅和双重回廊。虽然巴黎的放射状礼拜室没有出现在布尔日的设计当中，但在 1200 年左右，在建造过程中它们被加建了起来。不论怎样，从它的设计很难得到一个关于这座大教堂纪念性特质的印象。它的高度差不多是 38m（125 英尺），中厅的内立面包括一个非常高的券廊层、一道值得注意的位于浮雕处的拱券下的复合的侧厅上的楼座，以及尺度上大大缩小，但数量很多的高侧窗，这些高侧窗在每个弧形的开间中设两樘窗户，正开间中设三樘窗户。券廊向第一道侧厅敞开，侧厅 18m（59 英尺）高的立面由三层组合而成：券廊、顶上有浮雕券的侧厅上的楼座和高侧窗。最后是第二重相当矮的侧厅环绕着整座建筑，这一外环以简单的窗户和回廊位置上窄小的放射状礼拜室为特征，每间礼拜室有三樘窗户供采光。建筑的侧立面上展现出了由 6 个或者 9 个窗户分五层重叠采光的景象；在体量上与沙特尔大教堂庞大的体量的反差十分明显。内部空间被打开，被"解放"。无论从侧面还是其他角度，这座建筑给人的印象都是一个统一的、开放的巨大空间（福西永）。除了光线效果以外，贴附在每个圆形墩柱上修长的附柱形成的柱列也造就了一种特定的直线式的效果，在开间之间的部分，它们精确地排列、组合，主要承重部分反而不能清楚地显现出来。在中厅，拱顶用了颇具古风的六肋穹拱，但在回廊部分却非常的复杂：在这里三角形的拱顶与标准的交叉拱肋组合、并列在一起。在所有的结构单元中，纤细的对角线方向的拱肋似乎超出了它们的跨度极限。至于外部的支撑系统，双排、双支的飞扶壁的形式可能在巴黎圣母院的中厅上使用过。总之，它有不同于沙特尔大教堂的给人深刻印象的结构，它们的拱券、墩柱采用了非常纤细的比例。最近人们注意到，与沙特尔系列的建筑相比较，布尔日大教堂的结构非常轻巧。毫无疑问，这一特点的获得归功于对这座建筑在垂直方向重量的渐次变化和如同扶壁般的极高的侧厅对中厅的支撑作用等精心的设计。

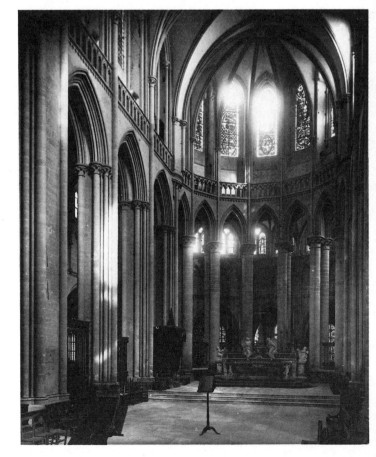

　　这是一座总体上未经改动的建筑，但不是一座原形建筑。偶尔有人提出布尔日大教堂是去掉通廊的巴黎圣母院的简化，这一说法是经不住分析的。只有一座同时代的建筑能够与之相比——图尔的圣马丁教堂的歌坛，它始建于约 1202 年，现已毁。一些细部的造型和装饰显示了布尔日大教堂的主要匠师来自苏瓦松地区。而且，在一个玫瑰窗下用三联窗的做法也体现了可能是来自香槟地区的影响。根据布兰纳和埃利奥的看法，回廊拱顶复杂的做法来自巴黎圣母院或者埃唐普的圣马

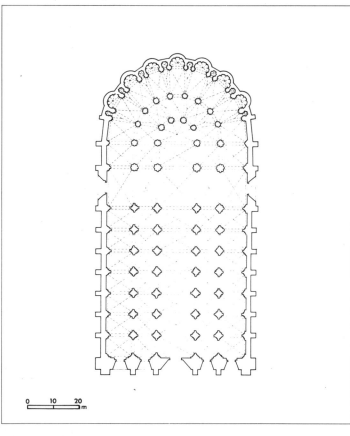

图 90　托莱多大教堂，平面
图 91　布赖讷，圣耶夫德教堂，后殿外景
图 92　布赖讷，圣耶夫德教堂，横厅和歌坛

图 93　特里尔，利布弗劳恩教堂，平面
图 94　特里尔，利布弗劳恩教堂，拱顶

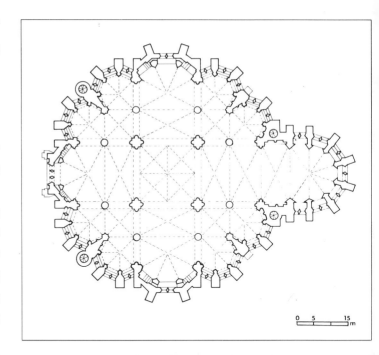

丁教堂。在这些学者中还没有人对布尔日大教堂的匠师的这种真正富于想像力的艺术作出充分的解释。事实上，这座建筑所特有的奥古斯丁神学精神和神秘主义与巴黎的大教堂的经院特质是相互矛盾的（博尼）。

有人或许会奇怪为什么像布尔日大教堂所取得的形式和技术上的成功而造就的庄严、雄伟的建筑的影响竟无法超越沙特尔大教堂的影响。某些部分古风的特点——它们与缺乏发展的设计手法相结合，这种情况影响了美丽统一的总体效果的形成——不利于满足礼拜仪式的要求。而且，布尔日大教堂还缺少像沙特尔大教堂那样在横厅顶端设置玫瑰窗的具有奇幻色彩的处理。另外，布尔日大教堂的方式缺少根据新的技术要求进行实践和发展的检验而最终导致这样的后果也是可能的。

然而，仍有一些建筑效仿了布尔日大教堂的采用高耸的券廊的立面和极高的侧厅的基本方式。它们包括勒芒大教堂的歌坛（始建于1217年之后不久），库唐斯的歌坛（始建于1220年之后不久），托莱多大教堂的歌坛（始建于1227年），以及部分按照这一方式建造的布尔戈斯的大教堂的歌坛（始建于1221—1222年）。

在勒芒大教堂，模仿布尔日大教堂的决定由于出身诺曼的第二位建筑师的干涉而变得复杂化，这导致了对第一位建筑师（他是布尔日人）作出的基本设计所进行的富有意味的改动。歌坛延伸到超过三个巨大的开间，与回廊和13个放射状礼拜室相连，所有这些礼拜室，特别是中心的那个加长了的礼拜室的进深都非常大。作为结果，从它那宛若陡峭的悬崖般的端部望去，勒芒大教堂的歌坛创造了一种巨大、高耸、相互连接的层次向后殿的极顶升腾的印象。这一效果完全不同于布尔日大教堂的那种由其巨大的建筑体量而产生的效果。另外，飞扶壁的墩柱和支柱——其外部采用双重的富于创新精神的方式——环绕着后殿宛若通透的笼罩，而隐去建筑中部的体量。在建筑的内部，来自布尔日大教堂的匠师只完成了建筑的下部和主券廊的高耸的墩柱。第二位建筑师简化了中部墩柱的平面和装饰，并赋予拱顶一个冷峻、以直线为特征的造型特质，这正是那个时代诺曼艺术的典型风格。他还废除了中厅的侧厅上的楼座以扩大高侧窗的面积。大约建于1245年到1254年之间的教堂的上部表现出了一种消除墙壁，采用分隔复杂、狭窄的窗户的这种已被认为是辐射式风格做法。因此一种非常动人的效果——极度高耸、垂直方向的升腾感、直线式的效果以及辉煌的光线（甚至在采用深色的彩色玻璃窗的情况下）在经过了若干的改动、发展之后逐步形成，每一个这样的改

图 95 欧塞尔大教堂，中厅
图 96 欧塞尔大教堂，歌坛拱顶

动都是依据了不同的建筑观念。可以说这一歌坛包括了 13 世纪哥特建筑的各种潮流。

库唐斯大教堂的歌坛大约完成于1250年，是布尔日大教堂设计的一个诺曼式的复制品。它的平面反映了像圣德尼修道院教堂那样的放射状的礼拜室与外层回廊合并的做法。只有中心部位的那间礼拜室从后殿的外轮廓伸出。对于立面来说，中厅和侧厅的各个部分仿佛在高的方向和横的方向都挤在了一起。突出在墙体、支柱和券廊的轮廓上和拱顶上的大量、严谨的线条结合而产生了一种绷紧、近乎于僵硬的效果。这一部分使库唐斯大教堂的室内与形成布尔日特征的空灵的印象相对立，这种矛盾也表现在结构上。例如，高侧窗上的檐口表现了诺曼技术的特征，而飞扶壁则被简化处理了。从外部看，后殿以令人赞叹的清晰的方式与建筑主体相连，并由出现在各层的由束柱的线条构成的网般的造型强调出建筑的特征。总体的效果由于在教堂中心处统帅着已经复杂化了的构图的美丽的高塔而得到进一步的增强。

在托莱多，情况也是如此，在开间的宽度、承重部分的沉重以及整个建筑低矮的比例方面，失去了布尔日大教堂空间的基本理念。当然，某些典型的布尔日结构部分的特点在侧厅上的楼座、扶壁系统上仍能看到；同时，窄小的放射状礼拜室和在外层回廊处三角形和长方形交替使用的拱顶也令人想起法国模式的特征。尽管如此，空间的效果已远远地背离了布尔日大教堂；另外，极为丰富的、典型的西班牙式装饰使托莱多大教堂在装饰方面比建筑方面走得更远。对于布尔戈斯的大教堂来说，除了外层侧厅和回廊现在被礼拜室所取代以外，只有它的平面能与布尔日大教堂相比。无论如何，它们的设计、所采用的技术和墩柱的装饰都令人想起法国形式。我们将在后面把这些建筑放在西班牙哥特发展的构架中作进一步的讨论。

第三节　在法国北部和勃艮第地区对沙特尔影响的抵制

大约在1200年，布尔日和布尔戈斯风格的建立提供了一种不同于沙特尔模式的哥特建筑发展构想的可能性。事实上，从英格兰和诺曼底到莱茵和阿尔卑斯出现了一批以不同的形式、做法加入到对巨大的大教堂艺术影响加以抵制的阵营之中的建筑。其中之一，并有其自身艺术根源的是距苏瓦松不远的布赖讷的圣耶夫德修道院教堂。它的工程大约开始于1195年，并一直延续到13世纪初，它的建筑直到今天也未完

成。对于建筑史学家来说圣耶夫德非常著名：它有着以四个礼拜室为特征的独一无二的平面设计，这四个礼拜室在歌坛和横厅之间构成了两道与教堂主轴线45度相交的放射状轴线。由于适应了有回廊或没有回廊的教堂的各种变化，这种礼拜室13世纪在香槟地区于无意中获得了成功，在图勒（属神圣罗马帝国）的布里、弗兰德，特别是在特里尔的利布弗劳恩教堂获得了成功。无论怎样，这一平面没有构成它自己成熟的风格上的变化；它仅仅展示了一个相关的趋势。布赖讷教堂是一座相当小的建筑，没有回廊，横厅延伸出非常有限的一点点。甚至虽然它采用了三层式立面，但它的窗户并没有扩大，所以它并没有追随沙特尔的那种挖空墙面的趋势。叶普瑞的圣马丁教堂最古老的部分（始建于1221年），第戎的圣沙佩勒教堂［始建于1220年（?），已毁］以及在布里地区相当数量的小教堂都可以与布赖讷教堂相对照，列入同样的传统建筑的类型。而且布赖讷教堂的平面和它的空间设计的简单、朴素（在后来的改造中有所改动）也影响到两座伟大的哥特建筑作品——第戎的圣母教堂和特里尔的利布弗劳恩教堂（始建于1235年之后不久）。我们稍后还要谈到第戎，它与欧塞尔是13世纪勃艮第艺术的代表作品。由于在许多方面是基于兰斯的模式（例如窗户的设计），利布弗劳恩教堂所营造的效果的那种罕见的美丽和它的平面的原创性都使它值得被特别提出来。这是一座中心布局的建筑，它有四条伸出的臂——其中一条延伸出去形成了歌坛——从中心向四面辐射出去。八个礼拜室呈对角线放置以适应四臂之间的空间。高而修长的内柱使教堂内部各部分之间能够相互连通。变化丰富的光线从礼拜室和歌坛的窗户射入室内；后者以两层叠加的窗户为特征，这是一种美丽的不知名的沙特尔艺术的变体。内部空间既统一（凭借它的平面）又分散（凭借它的从中心向四面放射的四条轴线）。基于歌坛的设计，甚至它或许在总体上与洛林建筑或兰河畔的马尔堡的伊丽莎白教堂（始建于约1225年）相类似，利布弗劳恩教堂令人想起有强大影响的独立于沙特尔的香槟风格［H·邦耶斯（H. Bunjes），博尼］。

在法国北部和勃艮第，如同在诺曼底那样，源于盎格鲁－诺曼厚墙或双重墙的体系与独立于沙特尔的运动融合在一起。它包括了通廊切入墙面，以及内外通廊在上层窗户的高度上穿过拱顶的支撑部分。特别是在勃艮第，这种方法通过使用大进深的券廊或在加出的墙体上建造双重券廊导致了在取代由窗户而使墙体近乎透明的做法方面取得了极

图 97　第戎圣母院，立面细部
图 98　第戎圣母院，室内
图 99　第戎圣母院，中厅细部

大的成功。从结构的角度说，室内墩柱由通廊相连的做法不仅使墙体稳固，而且在某种意义上使侧厅上的楼座的深度加倍。另外在建筑外部使用从侧厅上的楼座屋顶上通过的通廊贯穿支撑飞扶壁的墩柱的顶部，既便于通行又增加了外部造型的精彩之处。在勃艮第建筑中和稍晚在巴黎地区热衷于使用这种做法的过程中获得了丰富的成果（博尼、扬岑）。对勃艮第的设计（罗散那的大教堂的歌坛，近似于英格兰的设计）的原形来说没有过多地涉及它们的空间，我们还会提到那些同时采用通廊的克拉姆西的圣马丁教堂和欧塞尔的大教堂（从 1215 年到 1217 年）这样一些杰出的实例。

　　显然在欧塞尔，这一盛期哥特的勃艮第版本能够被彻底地认识。建筑师显然并不追求沙特尔建筑家族的那种巨大的纪念性：在这里没有双重回廊，没有大量的礼拜室，中厅也没有高高耸立。内立面采用三层式，但券廊和高侧窗的高度由于一道插入它们之间的很高的侧厅上的楼座而降低。减小了的内部体量便利了采光，高侧窗（一个大玫瑰窗下设两樘尖券窗）不再远离地面。由于窗户间的间距很小，建筑的下层也充分向外部敞开。室内开间的相互连接使用了十分修长的、有着假的间层的束柱来强调墩柱，优雅地分隔高大的侧厅上的楼座的开间，这些束柱也沿着边侧厅展开。我们已经注意到在对韦兹莱的圣马德琳的修道院教堂的讨论中涉及到的对用石材与周围材料的纹理相对比的手法的偏爱。与这些直线式特征的精致相对应是在窗户高度上的墙和高尖券廊的结构做法，它们被穿过拱顶的拱脚的通道向外推出。祭奉圣母的单一的回廊处的礼拜室的处理十分重要。在这里建筑师通过借鉴在礼拜室的入口处从非常坚硬的石头上刻出独立的柱子（例如在兰斯的圣瑞米教堂）的香槟地区的做法而获得了一种明快的处理效果。外部由券连接的飞扶壁与建筑的总体风格和谐地融合在一起。

　　虽然使用了相同的做法和结构原则，克拉姆西的圣马丁教堂并不比这一类型的其他教堂，如欧克索讷和瑟米尔-昂诺克西奥更接近欧塞尔的那种完美。第二个勃艮第的代表性作品是第戎的位于主教府邸的教区教堂——被称作圣母教堂——它可能始建于 1220 年，其建造年代绝不会迟于 1225 年。就是这座建筑使维奥莱-勒-杜克和扬岑能够详尽地阐述他们关于哥特建筑的若干理论。这座建筑的平面非常朴实：没有回廊，像布赖讷的圣耶夫德那样的呈对角线布置的礼拜室，一个标准长度的横厅，一个包括了三个双开间的中厅和一个有着给人留下深

图 100　圣蒂耶博—昂诺克西奥，教
　　　　堂，歌坛

图 101　鲁昂大教堂，中厅

图 102　特鲁瓦大教堂，歌坛和横厅

图 103　圣日尔曼昂莱，宫廷礼拜堂，
　　　　室内

刻印象的通廊的入口。尽管直到 1251 年整个工程才完全完成，这座建筑表现出了特别的和谐。根据维奥莱－勒－杜克的看法，第戎圣母教堂的结构体系是采用假间层（false－bedded）支撑技术的完美实例，是 13 世纪的在墩柱上加拱脚石做法的完美实例，也是把整个结构精简为一个逻辑化的框架的完美实例。在欧塞尔大教堂，立面是三层式的：很高的侧厅上的楼座同样减小了券廊和高侧窗的高度。叠加的通廊体系形成了歌坛的特征。两道通廊向建筑内侧敞开，一道在下部窗户的高度，另一道在入口上拱廊的位置（顺便说说，在这里外墙由于视差似乎被穿透）。最后，在高侧窗位置上第三道通廊沿外墙布置，穿过后殿墩柱的顶部。在中厅，这三道通廊在每一层上都朝向建筑内部，增强了双重墙体形成的精致的效果。这些明显的古风特征使第戎圣母教堂加入到了抵抗沙特尔影响的阵营当中：不设圆窗的单一窗户（中厅处为三个一组）、六肋穹拱拱顶、在横厅和建筑中部交叉处的塔楼上的巨大的缺少分隔棂的圆形窗。室内空间以一种非常明晰的方式加以划分，这应同时归功于假间层的束柱，它们勾勒出了屋顶拱座的轮廓，以及对结构构架清晰的表露。我们还要提到巨大的入口，通廊在其顶部通过，它把中厅分为三个部分；它构成了一种长方形的两层式的立面，并非常讲究地装饰着有着假间层束柱。这种做法还曾以不那么富丽堂皇的方式出现在圣皮埃尔－索斯－韦兹莱的教堂和洛桑的大教堂上，这种现象无疑可以与意大利罗曼式建筑的立面相比较（阿雷佐的皮耶韦和比萨的大教堂）。我们应当记住这种迷人的设计在南方的源头。

在 1215 年到 1225 年之间，在欧塞尔和第戎，勃艮第建筑风格的变化达到了它的顶点，这种变化被证明是一个有生命力的种系。仿制品——的确，近乎于复制品——出现在索恩河畔沙隆的大教堂、讷韦尔和努瓦永、瑟米尔－昂诺克西奥的大教堂和克吕尼的圣母院教堂。在有些实例中（圣皮埃尔－索斯－韦兹莱教堂和约讷河畔新城教堂），侧厅上的楼座并入到高侧窗的位置上。总之，设在墙内的通道具有特色的做法一直延续到 13 世纪（第戎的圣贝尼涅教堂）和 14 世纪（欧塞尔的圣日耳曼教堂）。辐射式时代的建筑师成功地从这样一种概念创造出令人赞叹的结果：实例之一是圣蒂耶博－昂诺克西奥教堂（靠近第戎），这是一座勃艮第哥特风格中最精美的建筑。

在我们以前对勒芒大教堂和库唐斯大教堂这些布尔日家族的成员进行的讨论中，涉及到 13 世纪的诺曼建筑。尽管在 1206 年它成为法

图 107　巴黎，圣沙佩勒教堂，外景　　　　　　　　　　　　　　　　　　　　图 108　巴黎，圣沙佩勒教堂，上层礼
　　　　　　　　　　　　　　　　　　　　　　　　　　　　　　　　　　　　　　　拜堂歌坛

国的属地，但诺曼底进行了另一种方式的"反抗"公开反对法国流行的建筑形式的影响。这至少在一定程度上可以解释诺曼底强大的传统和它与英格兰之间保持的特殊的联系。难以理解的是一些共同的特征竟把勃艮第和诺曼底连在了一起。直到 15 世纪，后者仍保留了中厅和横厅交叉处的高塔，而在 1200 年左右在法国其他地区就已放弃了这种做法。诺曼结构体系是建立在从传统的双重墙演化而成的位于高侧窗高度的通道的基础之上的。而且，对直线型装饰的丰富性的探索受到了束柱数量和拱券造型的多样化的影响，除了一些形式细节上的差异外，这种探索反映了勃艮第建筑的趋向。这种微妙的处理手法与沙特尔大教堂和亚眠大教堂的宏伟、壮观的纪念性是完全对立的。这样，内部开间或空间的划分的确可以通过不同于在法国所采用的方式而获得，虽然有时会损害建筑的那种通透感。

　　除了库唐斯大教堂以外，主要的诺曼建筑包括卡昂的圣艾蒂安教堂的歌坛（已在前面的章节中讨论过），鲁昂的大教堂，以及接近中世纪时代的巴约的大教堂。1250 年以后，重大的建筑项目基本上采用了法国辐射式艺术形式。鲁昂的罗曼风格的大教堂在 1200 年时毁于火灾，但也可能在这之前几年已开始在它的中厅进行哥特结构的改造。它的设计包括位于侧厅上部的通廊的四层式立面。1201 年以后，在建筑师让·德安德列（Jean d'Andely）的指导下，用了大约 30 年的时间把整个中厅建造了起来。虽然通廊被去掉了，但它的痕迹仍保留在中厅和侧厅内立面的主墩柱的中部。另外，这些墩柱呈不规则四边形，并贴附了束柱：它们可与索尔兹伯里歌坛的束柱相比较。侧厅有假间层的支柱以一种非常原始的方式排列。同样，侧厅上的楼座在形式上也不落俗套。无论怎样，歌坛，以它的巨大的、简单的圆柱状墩柱支撑的瘦高的尖券廊和它那修长的侧厅上的楼座营造出了一种完全不同的景象。这个歌坛与库唐斯的大匠及勒芒的诺曼大匠的作品之间可能存在着某种关系。如果在鲁昂可以看到拉昂或苏瓦松的影响产生的作用，它的许多基本要素实际上属于 12 世纪而不是 13 世纪的艺术。它的横厅已经表现出了哥特的辐射式风格。

　　我们还应提到巴约的大教堂（它的建造时间无法确定）。大约在1230 年，它的罗曼风格的中厅由于建造了巨大的哥特窗户而被改动。虽然，歌坛直到这个世纪的中期尚未建成，但它仍沿用了卡昂的圣艾蒂安教堂建立的传统模式：有高大的侧厅上的楼座和位于高侧窗高度的

图 109　巴黎圣母院，横厅南端外景

通道的三层式立面。有着由连续的小盲券装饰的装设在深深的券洞里的窗扉，巴约大教堂后殿的外部可以与库唐斯大教堂的后殿在直线式造型的美丽方面媲美。我们还应该列举这一时期其他的诺曼建筑，在这些建筑中有许多有着精美的装饰，十分动人。但所有这些并不能证明它们是伟大的 13 世纪的能够被诺曼底自己马上接受和追随的哥特风格的新生的源泉。

第四节　13 世纪中期和辐射式建筑的第一个阶段

没有什么能够证明哥特艺术独特的推动力量比在沙特尔的建筑观念形成后 25 年或 30 年出现的新的建筑面貌更有说服力。在诸如狄翁和帕诺夫斯基这些历史学家的观念中，这一阶段标志着在 1150 年到 1230 年间发展起来的造型原则真正的成熟。沙特尔大教堂和兰斯大教堂结构的沉重并不完全是从罗曼的先例中演化而来的，这些建筑在使较为轻盈的建筑上部与厚重的支撑部分相协调方面表现出无能为力。而且，如果哥特的空间是由束柱产生的相互关联的直线式特征所构成的如同骨架般的轮廓限定的，那么沙特尔或布尔日式的教堂在表达这一原则方面并不十分成功。从一开始，哥特建筑便沿着形式的复杂和空间的精巧方向发展，这些一直到 1230 年或其后的建筑中才得到完美的表述。要证实这一过程，可以对不同类型的窗户、墩柱进行观察和分析，或者比较内部空间各种变化所产生的总体效果。真正的困难在于区别这一风格的发展阶段和它的后继风格（大约发生在 1280 年或 1300 年），即被称为辐射式的风格。通过把这种特殊的哥特形式称为宫廷风格，布兰纳最近至少部分地摆脱了这一概念上的困境。所谓巴黎地区的皇家风格证明对欧洲建筑发展而言是一个决定性的启示。

仍被传统地认为是这一阶段的第一个实例的建筑是圣德尼修道院教堂，它的重建工程开始于 1231 年，完成于 1281 年。在这段时间中，修道院院长叙热最初建造的歌坛的上部结构被重新建造了起来，新建的横厅和中厅被连接到 12 世纪的门厅上。长期以来人们一直认为这一工程是由皮埃尔·德·蒙特勒伊（Pierre de Montreuil）负责指导的：一份 1247 年的文件间接提到他曾生活在圣德尼（奥贝尔）。无论怎样，布兰纳已证明至少有两位建筑师参与了这一项目，而且在建造中厅时还对平面做了改动。在圣德尼到底出现了那些创新？最明显的是开间的形式和功能。把三层式教堂当作一种模式，建筑师把拱肋下的墙面完全用一些尖券

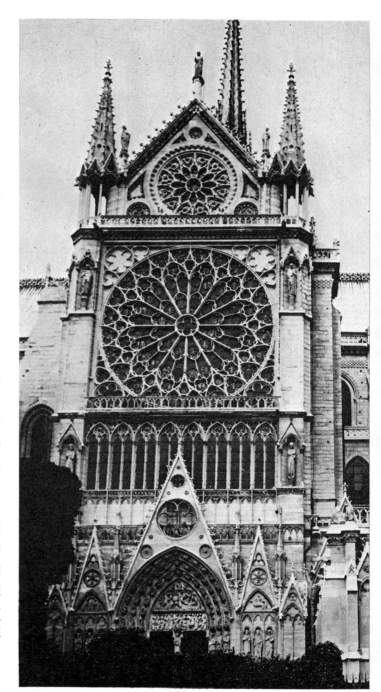

图 110　巴黎圣母院，横厅北端玫瑰
　　　　窗
图 111　圣叙尔皮斯－德－法维耶
　　　　尔，教堂，后殿外景

窗（两个或者四个）填满，窗间用细长的棂子分隔，尖券窗的上部是玫瑰窗（它们自己也由棂子分隔）。这种设计可以看作是沙特尔形式的发展，这种做法在 1230 年已经被用在了亚眠大教堂的高侧窗上。亚眠大教堂所没有的是圣德尼修道院教堂的那种由于打通了外部通廊的墙体而导致窗户尺度的进一步扩大。作为仅仅是对券廊与高侧窗之间墙面的一种处理做法的替代，侧厅上的楼座这时变成了墙面总体采光处理的一部分。圣德尼修道院教堂第二个特征是用菱形的墩柱系统地取代了原来圆形的墩柱，在菱形的墩柱上附有附柱，附柱形成束柱，拱顶上数量巨大的拱肋便从这些附柱上延伸出去。在此以前的人们对这种设计并非一无所知：它曾被用在 12 世纪教堂横厅交叉处的墩柱上，在 13 世纪的前 30 年初期，它也曾出现在鲁昂和索尔兹伯里的大教堂中。从圣德尼修道院教堂中厅的建造时代直到 15 世纪，这一建筑形式的直线形式的潜在特质被当作了一种真正的系统的时尚。圣德尼修道院教堂主要的特征以及其结果是对墙面采光处理的强调，而导致一种"重量的消失"（扬岑把这种特征称为"反重量"）。自不必说，一些特定的外部构件仍需要保证结构的坚固：如挑出拱座，由设有尖塔的墩柱支撑的飞扶壁，以及类似的部分。从这一角度，亚眠大教堂的歌坛和博韦大教堂的上半部分也可以被列入这一类型的建筑当中。我们还注意到，在那些 1230 年以后设计出的建筑中，如圣德尼修道院教堂，典型的沙特尔式的"巨大"让位于更有节制的尺度和不那么高耸的比例。

　　另一方面是试图把圣德尼修道院教堂作为先前的建筑概念的合乎逻辑的发展来解释。但我们能否指出任何特殊的激发这一发展的灵感的源泉呢？若奥芒特的西多会修道院教堂（始建于约 1225 年）或许可以算是，这座建筑由路易八世和卡斯蒂尔的布朗什（Blanche of Castile）建立的，它已具有了我们在前面讨论过的一些由建筑的某些做法形成的特征（布兰纳）。而且，添加在巴黎圣母院中厅侧面的礼拜室（也始建于约 1225 年）表现出了某些与圣德尼修道院教堂形式的相似性。在香槟地区，在世纪转折时期开始建造的特鲁瓦的大教堂的工程，在 1228 年以后也在新的建筑师的指导下得以继续。他放弃了沙特尔大教堂的形式，先利用、建造了侧厅和歌坛的高侧窗（在 1241 年以前）。1231 年，兰斯的圣尼凯斯修道院教堂（已毁）开始建造，它显然是这一建筑风格的伟大的代表性作品。[见保存下来的它的建筑师于格·利贝吉（Hugues Libergier）的墓。]关于圣尼凯斯修道院教堂的风格，我

图 112　莫城（Meaux）大教堂，歌坛

们所掌握的惟一线索是表现其立面的一幅旧的版画，它的风格看起来更像是 1245—1250 年的风格，而不是它初建年代的风格。在特鲁瓦，可爱的窗户和在歌坛上层穿过的侧厅上的楼座与圣德尼修道院教堂的这些地方的处理非常接近，以至于我们可以假定它们是由同一个有广泛影响的建筑师设计的。巴黎圣母院侧面的礼拜室风格的发展（直到 1245 年）；斯特拉斯堡大教堂中厅的总体设计（1236—1237 年）；以及亚眠歌坛形式的发展（1237 年以后）——所有这些看来都派生于同一个运动，一个同时起源于巴黎和香槟的运动。

在巴黎周围地区的大修道院或城堡的礼拜堂中可以发现这一风格最迷人的实例之一。在 1235 年至 1238 年建造的靠近巴黎的圣日尔曼昂莱的主教府邸中的礼拜堂已经在它的窗户、西玫瑰窗和造型上表现出了辐射式设计的要素。无论怎样，双重墙的出现证明了勃艮第和香槟地区艺术的密切关系。更具决定性的是皮埃尔·德·蒙特勒伊（Pierre de Montreuil）在巴黎的圣日耳曼－迪斯－普雷斯教堂的影响：那是一个大餐厅，后来变为供奉圣母的礼拜堂（也已不存在了）。稍晚的圣沙佩勒教堂，巴黎的贾斯蒂斯宫室建筑群的一部分（约 1241/1242？—1248 年），无疑是这些建筑中最精美的作品之一。甚至那些建于这个世纪下半叶的类似的建筑——例如位于圣热梅－德－弗利教堂的后殿位置的伟大的礼拜室都无法超越它。事实上，它可以被当作一种建筑形式，不仅可以被用来确认辐射式阶段的基本标准，而且可以在总体上来确定哥特艺术的基本标准。作为一座陈列文物的建筑，特别是保存路易九世从拜占庭皇帝那里买回来的索恩的基督之冠的建筑，圣沙佩勒教堂是一座具有纪念性的由半透的墙环绕的圣物保存室和圣殿。它的彩色玻璃和雕饰强调了这一路易九世私人礼拜堂的宗教和皇室的双重功能。它的基础部分包括一个地下礼拜堂供教区使用，而上层礼拜堂直接与宫廷通过入口和通廊相连。不可思议的轻盈的室内效果来自牢固的室外的扶壁以及所采用的铁屋架技术。作为一件反映着极为精湛的技巧的作品，这座建筑看来至少部分地从亚眠大教堂歌坛的中心礼拜堂（1240—1241 年）获取了灵感；但它细部做法是典型的巴黎式的技巧，与圣德尼修道院教堂、圣母院和我们所知道的圣日耳曼－迪斯－普雷斯大教堂的圣母礼拜室的做法一脉相承。我们是否还应当相信 18 世纪的文献把这座体量修长的建筑归功于皮埃尔·德·蒙特勒伊的说法？或者是托马斯·德·科尔芒（Thomas de Cormont），亚眠的大匠，设

图 113　图尔奈大教堂，歌坛

计了它们的平面（布兰纳）？

　　这一时期中，另一个巴黎的作品是巴黎圣母院的横厅，它由让·德·谢勒和皮埃尔·德·蒙特勒伊扩建（开始于 1245—1250 年）。横厅的南、北两端的山墙由巨大的彩色玻璃玫瑰窗装饰，玫瑰窗位于一道类似于侧厅上的楼座的长通廊之上。横厅和玫瑰窗之间角部的空间被掏空，这样，这一设计的各个组成部分结合在一起。显然，圣德尼的横厅（建于 1240—1250 年）为这些玫瑰窗提供了范例；它们效果的颠峰始于拉昂大教堂的横厅，并通过兰斯大教堂和沙特尔大教堂得到延续。由让·德·谢勒设计的横厅老的北端立面，从装饰的角度，是一件极其动人的作品，它超越了这一世纪前半叶这一大教堂中所有其他这类的作品。三角形屋顶下盲券廊中复杂的花格覆盖着墙面，它形成的格网如同缩小的建筑。在 1258 年后建造南立面的过程中，皮埃尔·德·蒙特勒伊非常忠实地复制了他的前任的作品，这一设计在法国内外都被当作了典范。斯特拉斯堡大教堂立面的最初设计（建于约 1260 年？），是这一做法直接的继承者。

　　不幸的是，这一时期的一些巴黎的建筑已不复存在，特别是那些建于 13 世纪中叶的托钵僧团和卡尔特会模式的教堂。无论怎样，一些位于皇家领地的建筑表现了地道的巴黎式的灵感。最有意思的建筑之一是圣叙尔皮斯－德－法维耶尔（始建于约 1245 年），它的歌坛虽然缩小了尺寸，但在结构和装饰上仍都展示了巴黎式的精湛的技巧。特别重要的是侧厅上的楼座的设计：把墙面挖空，形成方形的花格，使光线从外部透射进来。在莫城大教堂的歌坛可以发现同样的模式。重建开始于 12 世纪末，13 世纪这座建筑被改动，建筑的上部和横厅被部分改动。在这里发现的丰富的浮雕式的花格毫无疑问源于巴黎圣母院。莫城大教堂的侧厅上的楼座在歌坛处没有装设玻璃，在圣叙尔皮斯－德－法维耶尔大教堂也是如此（后者，在室内外采取了同样的方式）。与这些建筑同时，但在理念上却完全不同的是北部瓦卢瓦的圣马丁－奥克斯－布瓦教堂，在这里可以强烈地感受到来自亚眠大教堂的影响。高耸的歌坛部分的墙壁，完全被仅在中部撑住的尖券窗穿透，这给人一个仿佛这些石头的窗棂完全是由外部的墙垛支撑着的印象。一座小型的皇家建筑，诺让－莱斯－维耶热的教堂以不同的设计为特征，它由通过巨大的辐射式风格的窗户采光的中厅和两个高度相等的侧厅组成。像我们所见到的那样，巴黎的艺术并没有以一种一致的方式来表达，而且显然被一

图 114　斯特拉斯堡大教堂，立面
图 115　斯特拉斯堡大教堂，室内
图 116　斯特拉斯堡大教堂，中厅剖面

些新的形式所替代。从 13 世纪 40 年代起，这一风格或许被当作在法国的一些地区中出现的折衷式建筑模仿的根源。

从 1234—1236 年开始，根据沙特尔大教堂的设计以及借用各种与大教堂相关的形式，图尔大教堂稍后进行了更新改造，这一工程直到约 1260 年才完成。现在这座建筑的上部包括依据圣德尼修道院教堂和巴黎圣母院的模式建造高侧窗和侧厅上的楼座。无论怎样，用布兰纳的术语，特鲁瓦大教堂的歌坛大概给我们提供了一个关于宫廷风格的最纯正的阐释。另一个令人震惊的、早熟的折衷主义的作品是始建于 1236—1237 年，建成于 1276 年的斯特拉斯堡大教堂。在它的侧厅上的楼座、窗户，与在它的主券廊的墩柱上一样，建筑师一丝不苟地追随巴黎的形式原则。在侧厅，一道穿过券廊墩柱的通道位于巨大的辐射式窗的下方，这是典型的香槟地区艺术的传统做法。长而精致的飞扶壁是 13 世纪 30 年代的巴黎的飞扶壁的复制品。斯特拉斯堡大教堂没有追随法国做法的地方是它的比例，即中厅和侧厅不同寻常的宽度导致了不间断的横墙和向上倾斜的透视。这种不同寻常的尺度或许可以用它保留了最初的奥托王朝大教堂的基础来解释。斯特拉斯堡大教堂的中厅具有非常重要的历史价值。从这里，辐射式的模式迅速传播，从莱茵河畔直到阿尔萨斯、士瓦本，以及根据后来的看法，一直延伸到下莱茵地区。当斯特拉斯堡大教堂的中厅接近完成，大教堂西立面工程已开始筹备：这个混合了新的富有特征的德国哥特要素的主立面用了两个世纪方才建成。

大约从 1250—1255 年时开始，辐射式风格建筑的影响遍及法国绝大部分地区，并影响了一些其他国家的建筑。我们首先要涉及到法国中部和南部那些重要的大教堂，其中的一些由皇家建筑师让·德尚（Jean Deschamps）设计。大概其中最古老要数克莱蒙—费朗大教堂，它的建造工程始于 1250 年前不久并一直延续到 1262 年之后。它的被大大拉长的歌坛、巴黎式的横厅以及带双重侧厅的中厅（西部为现代建筑）都是属于典型的辐射式艺术。从高墙的结构和坚实的体量，纳博讷大教堂部分呈巴黎式风格。除了粗糙的建筑材料和在使用大窗户方面缺乏力度之外，利摩日的大教堂（始建于 1273 年）仍可被当作是克莱蒙—费朗大教堂的仿制品。再往南，莱昂的大教堂是一件代表性作品，它始建于 1255—1258 年之间，虽然它被正式当作西班牙艺术，然而仍不失为一个非常法国化的作品。意大利也没有完全独立于这一潮流之外：在安

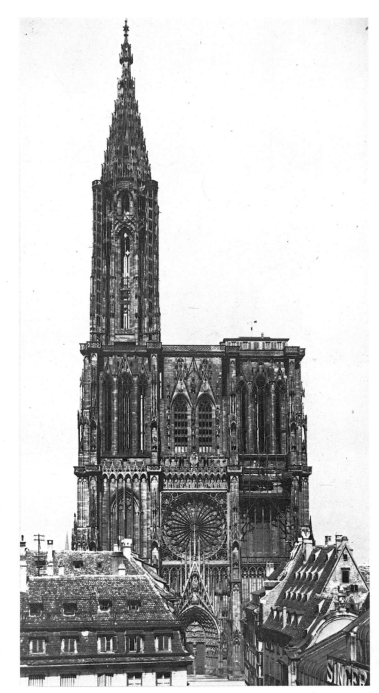

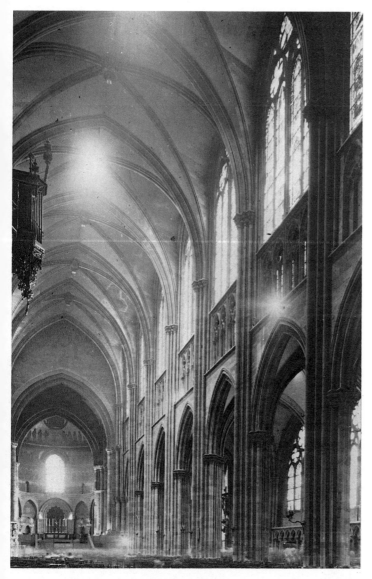

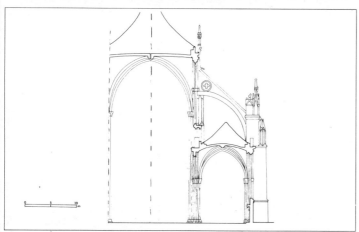

茹王朝的统治时期，这一风格的影响在南方地区可以特别感受到（例如，那布勒斯的圣劳伦佐教堂）。

在诺曼底和附近地区，所有辐射式艺术的形式都出现在勒芒大教堂的上部（1254年以前）和两座在这一时期改造的大教堂——塞大教堂和埃夫勒大教堂上。虽然并不确定，塞大教堂歌坛上部的建造工程发生在1260年前后，它展示了一种辐射式风格和典型的诺曼要素的混合，其中的诺曼要素是从巴约的歌坛演化而来的。在埃夫勒大教堂，高侧窗的建造（约1250年）改变了罗曼风格的中厅；歌坛的建造活动一定开始于1260年以后，并在14世纪初完成。在这里法国的形式和法国的结构体系被泰然自若地接受了，丝毫也没有向诺曼的传统退让。需要指出的是这座13世纪的教堂，在15世纪时被部分改动，16世纪初又对侧厅上的楼座、横厅和教堂中心的交叉处进行了修建工程。两个豪华的立面，是巴黎圣母院横厅立面的直系后裔，在1265—1270年以后，又加上了鲁昂大教堂横厅立面的做法。小而极为精巧的瑙尔瑞－恩－奥格教堂建于同一时期。在英格兰，反映这一风格的两座主要的建筑是伦敦的威斯敏斯特大教堂（早于1245年开始建造）和伦敦老的圣保罗教堂，它始建于1258年（已毁）。虽然法国的影响在威斯敏斯特大教堂的结构和空间设计上留下了痕迹，但它并不能取代典型的英国的用珀贝克大理石或其他彩色石材进行装饰的趋势。不过，法国的潮流仍反映了在建筑比例上对艺术的和谐的追求。在北方，图尔奈大教堂的歌坛始建于1242年，但进展得非常缓慢，它模仿了圣德尼修道院教堂的中厅。另外乌得勒支大教堂（始建于1254年），除了中厅高侧窗位置上的窗户和回廊的屋顶保留了较早的风格以外，也表现了它受到的辐射式哥特的支配。

第五节　盛期哥特的结束；对辐射式风格艺术的抵制；修道院建筑（寺院建筑）

在1260—1280年间西欧的部分地区在不同程度上出现了违背被称为经典时代的哥特艺术的占主导地位的形式原则的建筑。在英格兰，这种倾向以装饰风格的出现为标志；在莱茵地区，以斯特拉斯堡大教堂立面的最初的建造工程为标志；在加泰罗尼亚，以巴塞罗那大教堂歌坛的设计为标志。在法国，两座建筑，虽然是巴黎地区的辐射式艺术的作品，但仍可被看作是反映这种发展的最清楚的实例：特鲁瓦的圣乌尔班教堂和卡尔卡松的圣纳泽尔教堂。在这里，我们需要指出的是不同地区

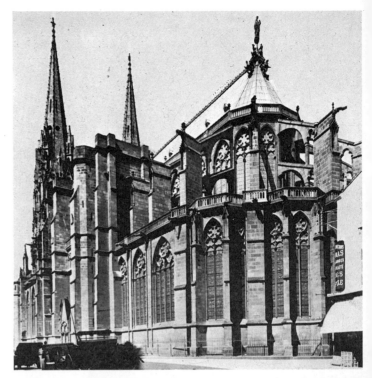

图 117 克莱蒙－费朗大教堂，后殿室外
图 118 纳博讷大教堂，歌坛上部
图 119 埃夫勒大教堂，塔楼穹顶

哥特艺术的发展并不完全一致。恰如前面所提到的那些建筑使哥特转向某种矫饰主义（形式主义）风格。辐射式风格，这种风格最先导致了这些建筑的出现，但并未流行于整个西欧地区。同时在法国南部、巴伐利亚和萨克森却仍处在使辐射式风格适应更具古风的设计的过程之中，波西米亚和奥地利刚刚从它们的罗曼时代当中走出来（除了源于法国的修道院建筑以外）。甚至在法国，在勃艮第仍使用着传统的建造技术（例如在第戎的圣贝尼涅教堂），而辐射式形式仅仅用于一些细部。可以推断对辐射式艺术的抵制一直持续到 13 世纪末。无论怎样，1260—1280 年间构成了最具革命性的时代。

这一革命的实质是什么？看来有三个基本原则必须考虑。第一，采光系统的根本性变化导致了对室内空间重要的重新定义。第二，按层划分的空间体系由于建筑尺度的减小以及追求室内空间的统一而改变（最好的实例出现在西班牙和德国的集中式教堂）。最后，醉心于装饰——室内外的绘画、雕刻、线脚——那些我们已在圣沙佩勒教堂和巴黎圣母院看到的做法，现在已优先于那些建筑的逻辑原则，并影响了 13 世纪中期所有的教堂建筑。在这方面，玻璃与墙之间的关系的变化特别典型。那些保留了彩色玻璃的教堂——圣沙佩勒教堂、勒芒教堂和特鲁瓦教堂的歌坛——被名副其实的色彩鲜艳，有时是深色的墙所环绕。大约从 1260 年开始，室内空间明亮的、色彩斑斓的效果转变为乳白色的效果。这是由于在原来彩色玻璃的部分采用近乎白色的灰色调的装饰画法而形成的浑然一体的效果。总之，精致的线脚和装饰被突出，空间的划分也由于新的、过分充足的光线［格罗德茨基（Grodecki）］而在一定程度上失去它原有的效果。甚至，虽然在德国和西班牙这一趋势更为普遍，但在这里增加了亮度的彩色玻璃窗在 14 世纪晚期和 15 世纪基本上仍发挥着如同在法国和英格兰采用的灰色调装饰画法那样相同的作用。

这一形式发展的完美实例是特鲁瓦的圣乌尔班的牧师会教堂。它由教皇乌尔班四世（Pope Urban IV）于 1262 年在他的出生地建造，教堂以很快的速度盖起来，到 1266 年歌坛和横厅都已建成了。在这一年，一场火灾减缓了建设速度，工程缓慢地持续到 15 世纪末。中厅直到 20 世纪也没有完成。它的平面和立面的尺度都很有限，圣乌尔班教堂以一个明确的两层式立面为特征，其中高侧窗占了整个高度的一半。在后殿，完全通透的彩色玻璃的高侧窗使人联想到辐射式艺术风格的通廊。另外在高侧窗位置上，在室外沿着墙垛布置了一圈通道。辐射式艺术固

图 120　特鲁瓦，圣乌尔班教堂，南
　　　　侧外景

图 121　特鲁瓦，圣乌尔班教堂，室内

定的韵律不再受到尊重：歌坛的每个正开间中尖券窗的数量都不相等，券廊也采用了不同的体系。铺装在一起的彩色玻璃组成灰色调装饰画法装饰的玻璃屏使建筑显得极为精致。在圣沙佩勒教堂室外所采用的装饰系统近乎夸张的发展中，圣乌尔班的建筑师增加了三角形山尖和缩微的建筑形象的数量。每一部分都构成一个圣物箱的样子，令人联想起同时代的首饰匠的做法。这一现象也可在 1260 年以后添加在巴黎圣母院歌坛上的礼拜室上看到。在圣乌尔班教堂横厅的边入口——长期以来使人们把歌坛的建造时间错误地推迟了一个世纪——设计与制作风格的刻板，与在券廊的柱子上去掉柱头的做法，令人产生仿佛是一块木头的联想。作为一种矫揉造作的例证，它似乎并不过分。

　　同样的标签也适于 1269—1329 年之间建于卡尔卡松的圣纳泽尔教堂。可能是路易九世自己发起的对旧的罗曼教堂的歌坛和横厅的改造，并从法国北部招来了建筑师。教堂的尺度受到了限制：横厅的宽度稍稍超过 30 英尺（9m），拱顶的高度大约为 53 英尺（16m）。这座建筑真正值得注意的是它的平面。它有一个与礼拜室比例相近的小歌坛，它的横厅附有高度相等的侧厅，依次排列着的 6 个相互贯穿的礼拜室。它们与侧厅的空间相互呼应。整个室内效果非常接近于集中式教堂；甚至矗立于室内空间中心的高柱在划分开间和小空间方面也不成功。墙面和束柱形成的线条状的网格引起的线条的相互影响不再起到在圣德尼修道院教堂或图尔大教堂所起到的那种表达情感的作用。不仅横厅的玫瑰窗令人想起伟大的北方建筑，而且它的东窗——向上升腾的近乎充满整个立面的巨大的玻璃窗——也反映了建筑师参考了圣沙佩勒教堂的做法。像在特鲁瓦的圣乌尔班教堂，支柱和基座的线脚非常讲究，雕像更使歌坛入口处的墩柱生色。虽然最近的添建改动了彩色玻璃窗，但室内光线仍然十分充足。由于横厅侧廊的高度，它为中厅提供了一个反推力，外部支撑系统因此而得以简化并减少了墙垛。使用完全暴露的金属杆件连接内墩柱和拱顶底部，这种做法已经出现在亚眠大教堂，特别是在圣沙佩勒教堂中。由于内柱要根据墙来定位，哥特对建筑透明效果的追求最终破坏了哥特建筑空间的内部逻辑关系。甚至，虽然圣纳泽尔教堂的设计，严格地说，没有导致任何确切的模仿，但它仍然不仅在 14 世纪加泰罗尼亚的哥特建筑中，而且在普罗旺斯语系地区和加斯科尼地区（巴扎斯大教堂）都起到了无可争辩的重要作用。

　　一些属于同一趋势的二流的实例可以加上我们曾经提到的两个关

图 122　卡尔卡松，圣纳泽尔教堂，横厅南端
图 123　阿尔比，圣塞西尔大教堂，外观

键的纪念性建筑：在香槟地区，塞纳河畔米西教堂；在勃艮第，圣蒂耶博－昂诺克西奥教堂；以及其他英格兰和西班牙的建筑。整个 14 世纪都经历了第二次辐射式风格的发展，特别是在法国以外的地区。

同时，辐射式艺术仍然遇到了非常有力的来自地方势力的抵制，这种抵制不仅由于对经典的空间原则顽强的坚持，而且也由于对根深蒂固的地方传统顽强的坚持。因此，甚至虽然辐射式的窗户在第戎的圣贝尼涅教堂（重建工程开始于 1281 年）被采用，但教堂的基本结构和效果却模仿了建于半个世纪以前的第戎的圣母教堂。在普瓦捷，无论是大教堂中厅的工程，还是圣拉德贡德中厅的重建——两者都进行于 13 世纪后半叶，也或许是 13 世纪最后的 30 年——都没有完全遵循法国辐射式哥特的方向。特别是，整个法国南部，如普罗旺斯地区发展了一种高度创造性的建筑风格，它并非源于北方的形式，而且只是在非常勉强的情况下接受了辐射式风格的要素。

从罗曼时代起，法国南部就经历了交叉肋拱拱顶的实验（摩伊斯卡的圣皮埃尔修道院教堂的钟塔和圣吉尔－杜－加尔修道院教堂的地下室）。西多会僧侣在法尔伦和西尔瓦内的修道院建筑上加上了一些哥特艺术的基本要素。在 13 世纪初，开始了图卢兹大教堂的重建工程，这座单中厅的建筑被加上了交叉肋拱拱顶和北方地区式的装饰。之后，阿尔比派改革运动与盎格鲁－法兰西人的斗争的灾祸终止了这一发展，建筑活动直到接近 13 世纪中期时才恢复。其结果是，虽然对主要的建筑趋向也有十分微弱的回应，例如在加亚克的圣米歇尔教堂（晚于 1271 年），但基本上法国南部没有受到第一次哥特盛期的沙特尔风格的影响。与此同时，由于让·德尚（Jean Deschamps）对各大教堂建造活动的影响，使北方辐射式艺术到处繁荣发展。从克莱蒙－费朗和利摩日到纳博讷、巴约纳的大教堂，以及 1300 年以后又影响到波尔多的圣安德烈和图卢兹大教堂的歌坛。总之，南部法国艺术以它自己的基于单一中厅原则的教堂对抗北方艺术的扩展。另外一些由托钵僧团建造的修道院建筑的重要实例在这里得到了好于法国北部的保护。

首先在罗曼时代，然后在西多会艺术中，单一中厅的教堂在法国南部已十分普遍。方形的位于侧面的礼拜堂通常直接通往中厅，就像西尔瓦内的修道院教堂的做法那样；在西南部在单一中厅的教堂上冠以一些穹顶的现象或许有助于使建筑师适应这种设计。我们会简略地观察一下托钵僧团——特别是方济各会——如何从他们开始发展之时便

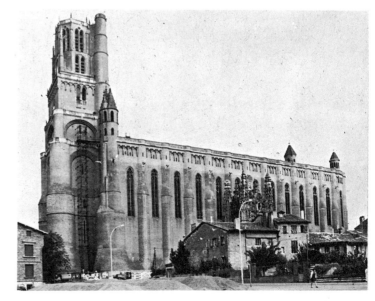

图124 阿尔比，圣塞西尔大教堂，中
厅轴测图
图125 图卢兹，雅各宾教堂，室内

采取这种平面形式的（例如阿西西的圣弗兰西斯科教堂）。因此，或植根于罗曼的传统，或受到方济各会的影响，一些伟大的和著名的法国南方建筑的设计都依据了这一结构原则。虽然最早的实例之一仍可从图卢兹大教堂中厅保留下来的开间中看到，但最有创意的实例是阿尔比的圣塞西尔大教堂。这座教堂设计于1247年，工程直到1276年才开工并缓慢地持续到14世纪。给人深刻印象的建筑尺度、中厅中充足的光线、外形的纪念性，所有这些都由于结构的原因而成为可能——实际上，建筑的主拱顶由侧面的礼拜室的拱顶支撑，礼拜室的拱顶又落在通廊上。而且，砖——一种轻、坚实、又易于加工的材料——被用作这些建筑的建筑材料。12个开间长的教堂室内空间由长方形拱顶的拱肋和延伸出券脚的束柱强烈地勾画出来。中央空间的墙壁因礼拜室和它们的通廊而打开，因此，创造出与辐射式哥特的精巧完全不同的风格。只有窗户的轮廓和分格——虽然它们较窄，而且没有充满拱肋下的整个墙面——使人联想到北方哥特艺术的形式。阿尔比大教堂的重要性源于它作为一系列法国南部教堂中的第一座的位置：其他的教堂是圣贝特朗－德－科曼热的圣母院大教堂和贝济耶、佩皮尼昂和米尔普瓦的大教堂。这些建筑都与诸如巴塞罗那的圣卡特琳娜及赫罗纳大教堂卓越的中厅等重要的哥特建筑有着十分密切的关系。在某种意义上，巨大的单一空间的趋势也对加泰罗尼亚教堂的设计产生了影响，这种影响表现在诸如巴塞罗那的圣玛丽亚·德拉·马尔、帕拉马·德·马洛尔卡的大教堂等的高侧厅上。

与这种地方性的建筑变化密切相关的是法国南部托钵僧团的建筑活动。事实上，这种现象非常类似于在这一世纪的中期建造起来的主要的多米尼克教派建筑在决定阿尔比教派建筑设计的发展中所起的作用。除了一些古老的文献以外，我们对巴黎和法国北部托钵僧团的建筑发展的了解是十分有限的。在1250年，巴黎有四座重要的多米尼克教派的教堂；最著名的是雅各宾教堂，它是设在茹·圣雅克的城门处的巨大的女修道院的礼拜堂。根据老的设计，我们知道这座教堂有两个平行的由一排位于教堂中部的非常高大的墩柱承托的中厅。它或许是图卢兹的雅各宾教堂、圣托马斯·阿基纳教堂等法国多米尼克艺术杰作的范例。在一定程度上，雷蒙德·雷（Raymond Rey）的关于这一类型教堂的源流的理论应当被接受，无论它表面上并不合乎逻辑，这种双中厅是由早期的单中厅教堂加上侧厅发展而成的。这也是最初的图卢兹的雅各宾教堂的实际情况：它初创于 1227 年，开始建造于 1240 年，现状是经 1260 年后重建形成的。它作为多米尼克建筑的杰出作品不仅仅是由于它巨大而统一的空间效果（尽管在建筑的中部有一列墩柱），而且也由于它的拱顶所形成的那种动人的线的效果。后一种效果在歌坛尤为突出，在这里仿佛生长出来的成组的拱肋形成了一个棕榈树式的设计。结构与之相类似的还有阿尔比大教堂，有一点不同的是，礼拜室通廊被强有力的室外墙垛所取代，在墙垛的顶端用拱券相连，以使建筑牢固。在这方面，雅各宾教堂与图卢兹的奥古斯廷纳教堂和阿让的雅各宾教堂（1254—1281 年）可以算作一类。在图卢兹的雅各宾教堂有着一种独特的采光效果：近乎所有的光线都是来自高侧窗并集中于教堂上部。上面提到的现象中没有一个涉及到任何 13 世纪中后期的法国北部的辐射式风格建筑的形式趋向。

在法国南方（例如，在佩皮尼昂和贝济耶）仍保留了相当数量的 13 世纪晚期法兰西斯教堂和多米尼克教堂。无论怎样，要得到一个与托钵僧团开始于 13 世纪的发展同时出现的建筑风格更为准确的概念，就要特别注意德国、莱茵河流域和意大利的建筑。如果比较一下佩皮尼昂或阿让的那些伟大的单一中厅的教堂和德国的多米尼克僧团建筑，它们在设计上的差异会马上呈现出来。典型的德国教堂——如在雷根斯堡、埃斯林根或斯特拉斯堡（已毁）的——都是基于带侧厅的巴西利卡平面。作为接纳众多礼拜者的场所，这些巨大的建筑可以很容易地与辐射式艺术的建筑模式相对照。但无论怎样，这种比较不能——至少在 13 世纪——适合第二辐射式风格时期的那种复杂的设计和丰富的形式，我们需要转向意大利矫饰哥特建筑，对它来说，反映了 13 世纪末和 14 世纪初的那些不可思议的法兰西斯和多米尼克修道院的建筑活动。在这里我们还可以看到一个依据自己的节奏进行发展的地区实例，这是一个我们要在后面的章节中涉及的问题。

第四章　地区风格：英格兰

图 126　坎特伯雷大教堂，平面
图 127　坎特伯雷大教堂，鸟瞰

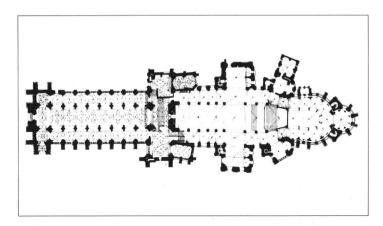

如果说我们已经把哥特建筑作为一种统一的建筑潮流——尽管也包括了它某些模式的转化、地方性的抵制以及主流之外的各种支流和逆流——对它的起源和最初的发展作了阐述的话，这是因为这一风格的发展从根本上是基于一种特定的建筑技术的推广，以及特别是一种组织空间和使空间概念化的方法的推广。这一导致了后来得到极大发展的建筑理念诞生于法国北部和英格兰。无论怎样，从 13 世纪开始，在英格兰甚至更早，各种民族、地区的建筑活动使他们所接受的这种模式发展成一系列的地方性的哥特风格［桑德哥梯克（Sondergotik）］，它们中每一个都值得做专门的分析。有时，我们会有机会去探寻这种地区性变化的根源。无论怎样，这种技术的变化不能被单单归结于简单的原因。1300 年前后复杂的政治、经济和社会条件导致了法国霸权的变化。一方面，法国的建筑活动放慢了步伐：在 14 世纪和 15 世纪的部分时间中，这个国家遇到了严重的不断发生的冲突。另一方面，意大利和德国的城市迅速崛起，这些城市逐渐发展成为兴旺繁荣的艺术中心。现代国家逐步形成，新的世界秩序——即我们所说的文艺复兴在文化和经济的领域迅速发展。

我们把关于中世纪晚期建筑趋向的研究分成三个部分。第一部分涉及到英国建筑，大约在 13 世纪初，它作为一种独特的形式出现（早期英国哥特）；第二部分涉及到德意志国家和它们的从属国，直到 13 世纪末它们的做法尚未定型；以及在第三部分要讨论意大利和西班牙的拉丁哥特，它产生于特定的气候条件和传统技术。

第一节　英国早期哥特建筑

再次考察哥特建筑的盎格鲁-诺曼源头是没有意义的，但我们应当注意到它并不源于英格兰。也许有人会说这一风格首先出现在巴黎地区和法国北部，然后在 1174 年由纪尧姆·德·桑斯（Guillaume de Sens）在坎特伯雷大教堂的歌坛中把这种风格带入了英格兰。在此之前没有一座值得贴上哥特标签的宗教建筑出现在海峡那边。当它一出现，无论怎样，新的英国潮流立刻适应了法国的建筑技术中双重墙或厚墙的体系［博尼（Bony）］，就像适应传统的罗曼建筑的空间原则那样——表现出了获得无可争辩的原创性的富有希望的征兆。而且，英国艺术特别从这些建筑，如有着良好光线效果的努瓦永的横厅中寻找灵感，他们自己根据新的建筑方式解释了盎格鲁-诺曼的双重墙体系。

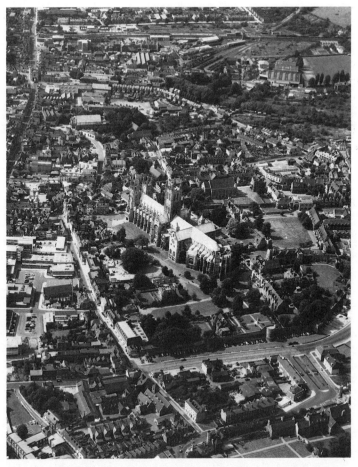

图 128　坎特伯雷大教堂，室内

图 129　坎特伯雷大教堂，特里尼蒂
礼拜室

在坎特伯雷大教堂的特里尼蒂礼拜堂，它的后殿和回廊是在 1179
年到 1184 年间由英国人威廉（William）建成的，它以已经出现在拉昂
大教堂横厅朝东的礼拜室中的那种位于首层的通道为特征（博尼）。虽
然，在英格兰罗曼建筑中从未放弃过使用假间层的做法，但同样那种独
立的，环绕着中心墩柱的独立的假间层式柱也是源于拉昂。法国北方哥
特，如拉昂和巴黎，一直喜欢采用凸出的支柱强调结构的线条并赋予墙
面一种突出的韵律感。这种造型和光线的效果非常适合于英国罗曼传
统的厚重、有力的造型趣味。因此，英格兰从欧洲大陆有选择地借用来
的手法仅仅局限于那些符合它自己在风格上的偏好的做法。

坎特伯雷大教堂的后殿表现了来自海峡另一边的极大的影响，这
种影响不仅凭借它双重式墙、假间层和彩色大理石，而且也凭借了它的
双横厅和单一的轴线上的礼拜堂。坎特伯雷大教堂是英格兰大主教的
大教堂，被称为"贝克特之冠"的轴线上的礼拜堂被用来供奉一位早期
的大主教，殉教者圣托马斯·阿·贝克特（Saint Thomas a Becket）。在
以后的大教堂中，这一礼拜堂被固定用来供奉圣母玛丽亚（女士礼拜
堂）。总之坎特伯雷大教堂并非哥特艺术进入英格兰惟一的登陆点。在
北部各郡，如约克郡，许多西多会的建筑成了一种中介。例如罗什修
道院（现仅存遗址），如同坎特伯雷大教堂的后殿，也是始建于 1175 年
前后。在它的端部是一座带矩形回廊以垂直线条为特征的歌坛。虽然这
一设计的时间可能要回溯到 12 世纪初的英格兰（拉姆西修道院，老萨
勒姆），在西托（建于约 1155—1160 年）的"四儿女"之一的莫瑞芒德
可以看到一种哥特的景象。罗什修道院的立面由带暗通廊的三个层组
成；它回廊的带圆柱顶板的墩柱有着环绕着它的壁柱，用许多线脚装饰
的横券非常突出。由约克大主教罗歇·德·蓬—勒埃韦克（Roger de
Pont-l' Eveque）建造的里彭的教堂大约也是同时期的建筑。只有两个
西端的开间保存了它原来的非拱顶的中厅；它的三层式立面有着很尖
的尖券，另外根据罗曼传统，在高侧窗位置上设有室内通道。

哥特在英格兰南部最早出现在大约 1175 年，很可能是由于西多会
僧侣的活动，在伍斯特大教堂西部的三层的开间和格拉斯顿伯里的原
本笃会修道院教堂的矩形的位于轴线上的礼拜堂中首先出现。在 1184
年到 1186 年间，这一礼拜堂直接与罗曼的要素混杂在一起——圆券的
窗户和雕刻着折线形纹饰的拱肋——与尖墙券上的交叉肋拱的拱顶出
现在一起。与格拉斯顿伯里同时代的韦尔斯圣戴维的圣戴维大教堂，有

图 130　伍斯特大教堂，中厅
图 131　格拉斯顿伯里修道院教堂，
　　　　遗迹

一个带单侧厅非拱顶的中厅。圆券的拱廊由方圆交替布置的墩柱支撑，每个墩柱附有四根带凹槽的壁柱。除了它们沉重的比例之外，这些墩柱几乎与沙特尔大教堂的墩柱完全一样。深深的圆券标志出上层：每个开间包括四个侧厅上的楼座的券洞，上面是两樘高侧窗，所有这些都从拱券的平面上凹进。这看来似乎与发生在 12 世纪法国北部的那些对叠层式处理进行简化的探索相同。不管怎样圣戴维教堂的英国建筑师发展了双层墙的想法，把结构构架、多层式立面建构在这重重分离的墙体上。另一个附带的结果是深深凹入的侧厅上的楼和高侧窗在都柏林，以及在以后和其他风格的建筑中，如利奇菲尔德、约克和温切斯特被重复采用。在圣戴维教堂的侧厅上的楼座开间之间环状的叶形雕刻是西英格兰早期哥特艺术的典型装饰模式，而且在 13 世纪的诺曼底（圣米歇尔山修道院）被模仿。

　　北部和西部地区的建筑反映了到 1180 年英格兰的哥特建筑已经成熟；但是在坎特伯雷大教堂的影响下，东部和南部地区在向哥特艺术发展的方向上迈出了真正决定性的步伐。1187 年，奇切斯特大教堂毁于火灾；它的东端按照三层的罗曼式中厅瘦高的比例重建。主券廊保留了圆券，但券廊支撑在由独立的黑色大理石柱围合成的墩柱上，这是坎特伯雷大教堂墩柱的精确的复制品。装有直棂的通廊洞孔，像在高侧窗高度上的走道外部的拱券一样，是尖券。

　　从 1192 年开始建造的林肯大教堂的歌坛在重建之前也是源于坎特伯雷大教堂。它有两个侧厅和一个带回廊的有三个面的后殿，回廊开向一个多边形的位于轴线上的礼拜堂，它的形式令人想起贝克特的冠冕。侧厅的有五条肋的穹拱是坎特伯雷大教堂东横厅南半部做法的回响；两个横厅的六肋穹拱，如同由独立的柱子环绕的墩柱也遵循了这一模式。尽管如此，从 12 世纪末开始，林肯大教堂表明它的富有革新性的特征与欧洲大陆无关。圣休教堂的歌坛，以及它的三层式的单侧厅在两道横厅之间展开。不同于坎特伯雷大教堂，中间层不是拱廊，根据罗曼时代和其后所经常采用的技术，拱廊采用了开敞的方式代替了它的屋顶。中厅的墙很厚，并由于大理石柱身而显得色彩丰富，这些大理石柱身也同样使侧厅上的楼座券洞的柱墩光彩夺目。墙体在高侧窗处变为双层，令人想起罗曼式的做法：外层开有成组的简单的尖券窗，而内层由被假间层式的大理石束柱承托的券廊构成。虽然整个歌坛是哥特风格，而且它的建筑师也没有感到要被迫尊重罗曼的比例——就像在

图 132　圣米歇尔山修道院，回廊
图 133　奇切斯特大教堂，立面

奇切斯特的情况一样——高侧窗相对较矮，而柱券廊则相当窄长。它所导致的空间效果可与罗曼式的中厅相比，如达勒姆或桑斯大教堂的中厅。侧厅与中厅空间合并创造出一种总体窄而高体量的印象。这一传自于先人的空间观念在 13 世纪的英格兰成为一种流行的观念。

圣休教堂歌坛的拱顶从高侧窗下的支柱上开始发券，拱顶牢牢地支撑在厚重的墙体上。因此，通常用来稳定屋顶的飞扶壁实际上是多余的。虽然在林肯大教堂有这些飞扶壁（就像是坎特伯雷大教堂的衍生物），它们仅仅稍高出侧面的屋顶。同时出现的双重墙体和降低了高度的上部结构实际上在 13 世纪的英格兰建筑中也消除了作为支撑体系的飞扶壁的发展。建筑的体量保持着十分简单的形态，仅仅通过屋顶的做法表现出建筑的标志性。另一个对认识这种建筑来说是必不可少的方面是：由于墙体的厚度，荷载产生的推力的分布方式会发生改变，圣休教堂歌坛的拱顶就提供了表现这一过程的最早的实例，这是一个与哥特的理性和结构的明晰性相矛盾的实例。

所有的拱肋都按照固定的、有规律的分布方式从高侧窗间的券廊墩柱的顶端延伸出来。但是，并不像欧洲大陆所采用的早期哥特建筑的拱顶技术一直采用的做法那样，拱肋的分支并不都汇聚于一个顶点或凸起的花饰上。在这里，拱肋从一组组的窗户的两侧伸展出来、交叉在一起，构成三角形的拱顶单元，在这些拱肋中只有最短的一支达到拱顶的最高点。于是这一三角形是一个由从墙体上延伸出的拱肋构成的"脱节"（out of joint）的部分。其他的拱肋则划分出狭窄的、斜三角形的随窗户位置而变化的拱顶单元。醒目的边拱拱肋使拱顶显得十分突出，拱顶的顶点还通过在拱肋的交叉处加一个雕刻的花饰来强调它的位置。这些做法所产生的效果，用 W·R·莱萨贝（W. R. Lathaby）的话说是一种"对线条的效果的强调"。开间通常的结构方式在这里已被连续的屋顶所取代，这种由拱肋划分的屋顶创造出的表现线条的模式更多地侧重于装饰，而不是结构功能［弗兰克尔（Frankl）］。

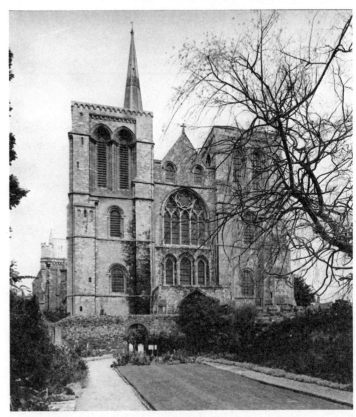

圣休教堂歌坛的第二个创造是它的侧厅下部墙体的装饰。内墙下部的窗户由两个交叉的拱来装饰。两个拱前后相叠。这种做法的一个可能的来源是在英格兰罗曼建筑中常见的交叉的圆拱拱廊，这种拱廊甚至被用在了格拉斯顿堡的轴线上的礼拜堂上。圣休教堂歌坛真正创新的是把这种小拱廊安排在两个分离的面上：后排由突出在墙面上的壁柱和尖券构成，前排由与后排错开的支撑在独立的黑色大理石支柱上

图 134　林肯大教堂，建筑群平面
图 135　林肯大教堂，立面
图 136　林肯大教堂，天使歌坛和东
　　　　端券窗

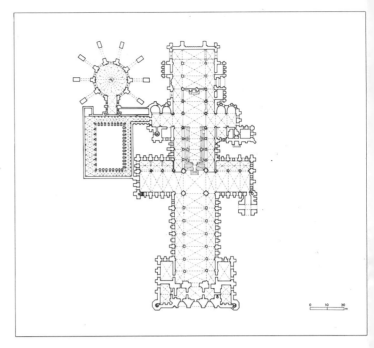

三叶形券廊构成。三叶形券之间的角落处装饰着高浮雕的天使。这一创造反映了英格兰在双重墙体和丰富、多彩的造型效果方面的趣味；这种做法在始建于 1225 年的贝弗利大教堂的侧厅上的楼座和伊利大教堂的轴线上的礼拜堂中得到了进一步的发展。而且，这可能是圣米歇尔山的修道院的源头。

　　虽然坎特伯雷大教堂和林肯大教堂的影响可以在罗切斯特大教堂东部（始建于约 1200 年）看到，但在东英格兰（在圣休教堂歌坛之后）最具原形特征的无疑是彼得伯勒大教堂的西段。它的始建时间不详：根据 C·皮尔（C. Peev）的说法，始建于 1190 年；根据 J·庇尔森（J. Bilson）的说法，大约始建于 1205 年。两座没有完成的钟塔被拆除以按照伊利和贝里的圣埃德蒙大教堂的方式建造西端横厅的拱顶。在一个稍后的建造过程中，一个庞大的门廊被加在了主立面上；它的三个与横厅的高度相等的尖券似乎又重现了林肯大教堂罗曼式立面上的壁龛。三个装饰着雕像和玫瑰窗的山尖由小尖塔环绕。由于教堂的主入口设在北立面上，这一立面并不意味着要给大教堂一个具有纪念性的入口。在门廊后的西横厅的墙壁由仿凹窗造型的券廊来装饰，这令人回想起那种从巴黎地区辐射式哥特发展而成的处理方式。它的完成时间早于 1220 年到 1230 年之间。它的效果是异乎寻常的：巨大的拱券处于并列的两个钟塔之间，水平的线脚把山墙连在一起。因而，取代对立面垂直感的强调的是券廊营造的那种横向扩展的印象。在这里，双重墙体又一次成为造型效果的基础，而且就像林肯大教堂的拱顶，结构的可读性因对装饰的兴趣而被牺牲，这种兴趣无益于对结构逻辑的清晰表达。像欧洲大陆的情况一样，早期英格兰哥特建筑的一个目标是增加采光。由于对厚重的墙体的熟悉，英国的这种变体通过熟练地处理双重墙体的空间以及大量的极为精彩的装饰获得了精致透明的效果。

　　当建造林肯大教堂的歌坛时，在西英格兰韦尔斯大教堂歌坛的工程也开始了。这座建筑只有最西端的开间被保存了下来。它那可以上溯到 13 世纪早期的中厅则要相对晚一些。

　　从侧厅上的楼座上部延伸出的短柱支撑着拱顶；以及两个低的层次，一个连续的上下不相连的券廊，让人想起"渡槽"式的罗曼建筑的侧面（索斯韦尔）。像在彼得伯勒和林肯，这种处理与结构逻辑相矛盾，这与法国哥特的情况非常接近。与彼得伯勒相同，北门廊是教堂的主入口，这一入口是在双重墙基础上的变化，它的山墙部分由降低了高度的

图 137　贝弗利大教堂，横厅北部
图 138　贝弗利大教堂，歌坛

券廊而形成夹层。多边形扶壁柱上的尖塔也可以在诺曼底的哥特建筑的横厅上见到［库唐斯（Coutances）大教堂、巴约（Bayeux）大教堂］。

　　大约建于 1230—1240 年间的韦尔斯大教堂的西部沿着宽度的方向发展：它的两座巨大的钟塔矗立在中心部分的两侧（这种做法可能源于普瓦捷大教堂的立面处理），装饰遍布于两层式的立面之上。三座并不很大的门处于立面的中部，立面的下部由券廊和带山尖的两个一组的窗户作为装饰，上面壁龛中放置着雕像，这些放置着雕像的壁龛构成很高的券洞设置在向外凸出的墙跺上。所有券洞和券廊的柱子作为一种时尚采用了比墙的颜色要深的石材。尽管建筑师威廉·温福德（William Wynford）在 14 世纪时修饰了建筑的上部，这些雕饰甚至直到今天都得到了十分引人注目的良好的保护。韦尔斯的西立面是保留下来的横向的、带有丰富装饰的从索尔兹伯里到埃克塞特的英国式立面的原形。这一对墙和墙跺的偏爱与法国对骨架式窗户的关注背道而驰；只有一些纹饰的神韵（雕像的华盖、凸出的雕饰造型、四叶形母题的雕饰和山花）提供了与法国建筑相互影响的证明。

　　同样的装饰纹样出现在伍斯特大教堂的东部（其中很多是经过修复的），这种纹样同样构成了底层窗户高度上的内部通廊的特征，这种纹样可能来自兰斯大教堂。在同时建于 1225 年左右的林肯大教堂的中厅和贝弗利大教堂中也可以看到这样的纹饰。这一时期的建筑还可以包括始建于 1220 年，建成于 1266 年的索尔兹伯里大教堂，盖恩斯伯勒（Gainsborough）的绘画使它驰名世界。实际上，统帅着整个建筑轮廓的位于中部高耸的尖塔的建造时间则晚至 14 世纪。根据 J·埃文斯的说法，这是一个表现教堂之美的独一无二的最重要的元素。林肯大教堂与韦尔斯大教堂之间的关系随处可见：比例较矮的三层式立面；开有矮而简单的窗户的双重式墙体；大理石色彩丰富的效果；充满力量的线脚和三叶形或四叶形装饰。艺术史家对索尔兹伯里大教堂有着特殊的兴趣：它位于中轴线上的矩形礼拜堂（建于 1220—1225 年间）带有与中厅同样高度的侧厅，这一侧厅又与矩形的回廊相结合。对透明、精致的追求，导致了空间的融合和各部分间的统一，这种融合与统一由于极度细长的大理石柱而得到加强。另外这一礼拜堂提供了第一个小尺度的英国集中式教堂的实例，它的出现或许是受到了昂热的圣塞尔日大教堂的启发［J·哈维（J. Harvey）］。它直接影响到温切斯特大教堂

图 139　韦尔斯大教堂，教堂与附属
　　　　建筑平面
图 140　韦尔斯大教堂、立面

中轴线上的礼拜堂。

第二节　威斯敏斯特大教堂

　　从 13 世纪 20 年代到 13 世纪 50 年代，英格兰大多数宗教建筑表现出类似的特征。但是在亨利三世的赞助之下在西伦敦城的威斯敏斯特大教堂的重建工程给英格兰建筑注入了新的活力。1220 年时，曾在这座当时为罗曼风格的教堂上加建了一座位于中轴线上的礼拜堂，这座礼拜堂在新的设计中被保留了下来。回廊的墙壁和放射状的礼拜室可能甚至在 1245 年拆除罗曼式的后殿之前便开始建造了［G·韦布（G. Webb）］。新的威斯敏斯特大教堂的设计放弃了设置一个单一的轴线礼拜堂的英国传统：它的多边形的后殿由一个回廊和五个放射状礼拜室环绕，这种做法是从法国的模式演化而来的。在威斯敏斯特大教堂之前，这种模式的后殿仅见于另一座 13 世纪的英国建筑——比尤利的西多会修道院教堂。在歌坛处，三个缩小了进深的开间使人想起兰斯大教堂的歌坛。像在巴黎圣母院那样，它后殿的墩柱围合成类似直线式的开间那样空间；但这种设计早在 11 世纪的英格兰已经出现了（格洛斯特和蒂克斯伯里）。横厅的侧廊从沙特尔大教堂和兰斯大教堂获得了灵感，它立面的韵律和比例也可与那些法国伟大的建筑相比。它的歌坛延续了它那辐射式风格高耸的中厅的高而窄的空间（布兰纳）。它的窗户是兰斯大教堂窗户的变体——玫瑰窗下布置两个尖券窗，它们之间是镂空的拱肩——而且它们一直延伸到屋顶之下。上部的墙体薄而且以法国的方式砌筑，从券脚石上向上砌筑。贴附在墩柱上的柱子沿着墙壁不间断地延伸直到拱顶，并因此营造出一种连绵不断又富有节奏的开间效果。

　　威斯敏斯特的第一位大匠是雷内斯的亨利（Henry of Reynes），人们一直猜测他也许来自兰斯。尽管如此，莱萨贝（Lethaby）的研究认为：虽然这位亨利曾在法国旅行，但事实上他是一个英国人。的确威斯敏斯特大教堂的一些特征显然是英国式的。墩柱和附柱用普尔贝克大理石，创造了一种多彩的效果，覆盖主拱廊的两种色调的装饰主题也产生了同样的效果。拱廊自身包括了造型沉重的很尖的尖券，它们大大地高于高侧窗的高度。中间层包括一个能够从室外采光的典型的通廊，而不是一个封闭的侧厅上的楼座；室内的每个开间包括了位于一个轮廓鲜明的拱券之下的尖形双券，以及在整个这组拱券之上的玫瑰形的窗

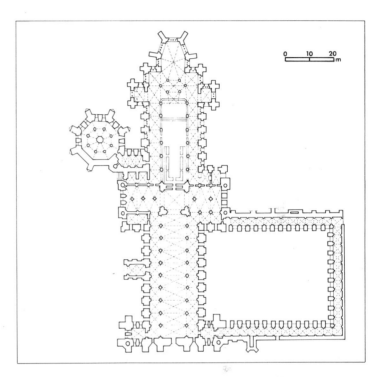

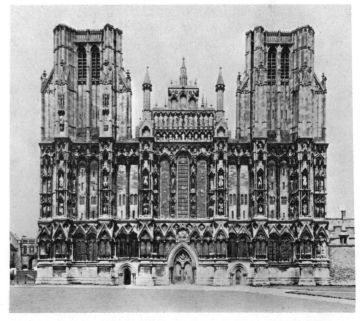

图 141　索尔兹伯里大教堂，平面
图 142　索尔兹伯里大教堂，立面
图 143　索尔兹伯里大教堂，牧师会
室拱顶

洞。这一设计除了缺少高浮雕装饰之外，与亚眠大教堂中向中厅开敞的
侧厅上的楼座十分接近。像高侧窗一样，它们从墙肋之间凹进形成一种
与法国的设计非常不同的效果。由于窗户间的通廊，除了玫瑰窗的形式
是从巴黎圣母院的北玫瑰窗演化而来之外，横厅北端甚至表现出更为
典型的英国做法（布兰纳）。

　　威斯敏斯特大教堂是借用的法国手法与地方传统的巧妙的融合。
辐射式哥特的富有特征的要素可以通过窗户和通廊开间的处理看到，
这种现象在 1253 年建成的牧师会会堂中甚至更为明显。根据英国的习
惯，这是一座独立的建筑，它的八边形造型直接影响到索尔兹伯里的牧
师会会堂。而且，它的立面包括了尖顶的小券廊（并非尖券），以及十
分巨大的窗户，每个窗户由组合在两个尖券中的四个尖顶窗构成，它们
的上面是六瓣形的玫瑰窗。这种组合形式来源于巴黎圣母院侧厅外侧
礼拜室的窗户（布兰纳），同时它也证明了威斯敏斯特的大匠非常了解
刚刚完成的路易九世的皇家工程。我们甚至可以注意到通廊的窗户由
曲线构成的轮廓，令人想起巴黎圣母院横厅北端环状的三角形雕饰。

　　虽然威斯敏斯特大教堂没有在 13 世纪内全部建成——只有后殿、
横厅和东端的四个开间建成于这一时期——但在整个英格兰都可以深
刻地感受到它的影响。从它的牧师会会堂开始流行组合式花窗格的窗
户，这种做法有着丰富的实例。北面的辐射式风格的装饰纹样（尖的顶
端、多重叶形装饰、曲线的形式和镂空的拱肩）的玫瑰窗被大量仿制。
后殿兰斯风格的通道被复制到了达勒姆大教堂中厅的东部（始建于
1242 年）。但是，威斯敏斯特大教堂后殿不可否认的法国式设计只有不
多的模仿者——这种设计的垂直方向的视觉引力和它的由飞扶壁支撑
的拱顶系统大胆地把它们自己融入空中。但是或许利奇菲尔德大教堂
中厅和林肯大教堂的天使歌坛（它的直线式效果的东端重建于 1256 年
到 1280 年）追随了皇家教堂的做法。天使歌坛的比例可与圣休教堂歌
坛的比例关系相比，但前者用三叶形雕饰装饰了券肩，而侧厅上的楼座
的券肩则装饰着高浮雕的天使。两者的高侧窗和室内券廊都组合在一
起。从威斯敏斯特的牧师会会堂的做法演化而来的巨大面积的玻璃窗
使后面的歌坛得到采光。由于双重墙体，出现了对英国拱顶传统的回
归，这种回归由造型独特的拱顶拱肋表现出来。

　　另一座伦敦的建筑老圣保罗教堂或许也在英国哥特的发展中扮演
了主要的角色。虽然它已不复存在，但我们仍可通过霍拉（Hollar）的

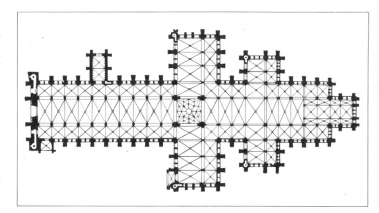

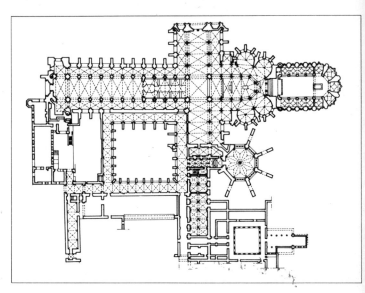

图 144　伦敦，威斯敏斯特大教堂，教堂和附属建筑平面

图 145　伦敦，威斯敏斯特大教堂，亨利七世礼拜堂，剖面

图 146　伦敦，威斯敏斯特大教堂，中厅

版画了解它（莱萨贝、布兰纳）。它的强调垂直线效果的后殿建于1280—1285年左右。在它的东墙上并列着七个尖券窗，它们的顶上是一个巨大的玫瑰窗，形成了一个有着镂空券肩的方形构图。这种组合给人以一个巨大的朝向歌坛后部的窗洞的印象。窗户（在外部三角形山墙之下的尖顶窗）和花格玫瑰窗（它的分隔采用凹券和四心拱的形式）的轮廓被辐射式风格的花格和具有创造性的装饰设计所打破，这种设计直到辉煌时期才在法国有了相对应的风格。在这里同样开始使用叶脉式的窗格，它虽然被认为是从辐射式风格艺术演化而来的，但在英国它经历了新的装饰的改造。因此，在所有曾在威斯敏斯特大教堂出现过的来自法国的影响中，最后英国的建筑师们仅保存了两个基本的特征：窗户的比例（例如在林肯大教堂，得益于双重墙体支撑的拱顶）和源于复杂的窗格的新的装饰设想。

第三节　装饰风格

　　传统观念中英国哥特新阶段的起始点称作装饰风格或曲线风格，它大约出现于1290年。这时正是爱德华一世（1272—1307年）为纪念他的王后的随从，死于1290年的卡斯蒂尔的埃莉诺（Eleanor of Castile）建造起被称为埃莉诺十字（Eleanor Crosses）的建筑的时候。这些建筑中的三座保留了下来；其中的一座位于沃尔瑟姆，由尼古拉·戴芒吉·德·雷内（Nicolas Dymenge de Reyns，来自英格兰或是兰斯？）建造。这些建筑的基座覆盖着竖向雕刻的植物纹饰，连续的拱券勾勒出后面山花的形状，然后是小尖塔（装饰着顶部）和逐渐升起的带叶状装饰的拱券。装饰着三角形山花和小尖塔的拱券凹入基座部分，并在形成的壁龛中陈列着雕像。这些十字形建筑既有助于强化新的建筑风格在皇家建筑中所占有的位置（如在伦敦），也有助于加强这种风格与法国的辐射式风格的联系。无疑埃莉诺十字并不是新的哥特阶段的惟一的源头，但它们却标志一个在威斯敏斯特大教堂之后已由若干建筑实践——特别是老圣保罗教堂孕育了的新的发展阶段的到来。

　　也许把装饰风格仅仅看作是一种关于装饰的新的趋向是不正确的。哥特建筑各个阶段的特征是在19世纪中叶根据窗户的形式和相关的设计确定的。应当认识到，无论怎样，所有的这些装饰要素都是与特定的结构相对应的。例如，由于英国建筑师迷恋于有巨大玻璃窗的建筑外观，他们更愿意采用直线风格的，而不是曲线式的后殿。或许这种品

图 147　布里斯托尔，圣玛丽亚·雷德克利夫教堂，南侧室外

味使他们保留了厚重的墙体，因此也使他们能够十分容易地挖空墙体上部［埃文斯（Evans）］。但它同时也意味着对欧洲大陆的飞扶壁体系的拒绝。英国人对法国交叉肋拱拱顶的改造并非仅仅是由于他们使用了厚墙的体系，而且也由于他们的岛国并不盛产石材。英格兰主要的自然资源是木材；而且像所有的海洋型国家那样，英格兰的造船业造就了优秀的木工。在 13 世纪和 14 世纪的英格兰，见到用木制的假拱顶覆盖的巨大教堂是很普通的事情（利奇菲尔德大教堂、伊利大教堂、约克大教堂、温切斯特大教堂）。由于木构屋顶比石拱顶更轻，跨度也更大，木料的使用促进了对拱肋和拱顶富于想像力的装饰作法。

英国人也不喜欢威斯敏斯特大教堂瘦高、狭窄的比例。当艺术史家们遇到不同于这一规律的现象时（例如贝弗利大教堂），他们马上推断是法国的影响。在整个哥特时代，英国的宗教建筑始终保持着伸展、宽阔和相对较矮的特征。总而言之，它们的比例大多比法国相应的建筑更接近于正方形。甚至当英国建筑师采用外国的装饰元素时，他们也仍然要使这些元素适应他们追求丰富的整体效果的趣味。反映这种态度的一个最好的实例是他们接受来自巴黎地区（开始于 1210—1220 年间的巴黎圣母院的主立面）的自然主义的叶状雕饰的方式。法国的设计转化成了一种重复出现的模式（如小花环、被称为铃状花的形式化的玫瑰花苞）或者变成了一种更为厚重、更多起伏的强调海草或其他源于海洋生活的装饰图案（伊利大教堂的女士礼拜堂）的叶状雕饰。他们罗列这些富有活力的有机的形式，并构成一种几何式的设计，这些形式包括大量的三角形、菱形、玫瑰形和叶状雕饰。而且，无数的线脚也表达了对有着高浮雕的建筑表面的偏好。在 13 世纪末轮廓鲜明线脚边缘和凸出在墙面上的纵向拱肋的增加使光影的变化更为突出。

一些学者一直想知道是否"装饰风格"的出现与和东方接触的增加同时发生：证据是拱顶拱肋呈星状的排列方式令人想起某些伊斯兰的穹顶。这一现象最古老的实例无疑是 1288 年火灾后重建的老珀肖尔修道院的歌坛。大概在这些建筑中最奇怪的一个是布里斯托尔的圣玛丽·雷德克利夫教堂的北入口门廊（14 世纪早期），一座两层的六边形建筑，贴着一座 13 世纪早期的矩形门廊。它的装饰非常复杂，而且，在门窗上使用曲线和东方风格的叶状装饰方面，的确呈现出辉煌的效果。哈维（Harvey）指出爱德华一世的使臣在波斯的旅行进一步强化了业已存在的英格兰和蒙古皇帝之间的接触。我们不应该忽略那些由航海

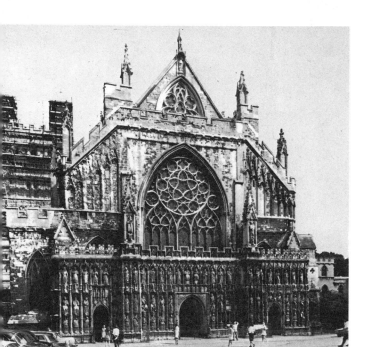

图 148　埃克塞特大教堂，立面
图 149　埃克塞特大教堂，室内

者带回的借用来的题材和图案，这与葡萄牙的曼纽林风格（Manueline Style）的情况是相同的。

　　装饰风格关键性的作品包括埃克塞特和约克的大教堂、利奇菲尔德大教堂和韦尔斯大教堂的歌坛，伊利大教堂和索尔兹伯里大教堂的塔楼，以及诺里奇的修道院。埃克塞特大教堂的建造工程略早于约克大教堂，大约开始在 1280 年到 1290 年之间。虽然中厅大约完成于 1300 年，歌坛又用了 25 年以上才完成，而主立面的建造活动一直持续到 14 世纪后半叶前期。它的平面表现了典型的早期哥特式布局：包括两道横厅、矩形的后殿和回廊、以直线式造型为特征的位于轴线上的礼拜堂。它的三层式的立面，虽然很传统，但处理方式却富有创造性。拱顶的支撑部分由位于券廊墩柱上的枕梁承托，它们垂直地刺穿室内空间，形成节奏清晰的开间关系。由于拱肩部分没有装饰，以及侧厅上的楼座像诺曼风格的高侧窗栏杆一样，处于一个单一的平面上，而且上层没有凹入的通廊，它的墙面显得比前面提到的其他建筑平整。无论怎样，贴附在墩柱上的壁柱、券廊的线脚以及从栏杆处凹入的高侧窗都表明了一种对浮雕式的表面效果特殊的关注。完全由脊肋和居间拱肋编织而成的拱顶轮廓鲜明地把它的拱肋伸展到高侧窗栏杆上部的墙面上，仿佛棕榈树的枝叶从树干上生长出来一般。带尖拱的侧厅上的楼座、四叶形栏杆和没有纹饰的、相互交叠的尖券形窗格都表明了来自辐射式装饰风格的影响。主立面上的建成较晚的窗户，通过一组 S 形曲线把数量为单数的尖拱与玫瑰窗相结合，标志着老圣保罗教堂的在尖券窗上设置玫瑰窗式作法方面所达到的最高水平。

　　约克大教堂的建造时间可以表述得更为准确：它的大横厅始建于 13 世纪；牧师会会堂始建于 1290 年，中厅则开始于 1291 年；主立面大约完成于 1340 年；而它的中厅在 1346 年时装设了木制的顶棚。直到 1361 年，歌坛工程还没有开始。像在威斯敏斯特大教堂和索尔兹伯里大教堂那样，牧师会会堂呈八边形；它的采光由许多由数量为单数的尖券窗和用多叶式窗格分隔的玫瑰窗组合而成的窗户解决。在窗户的下面设有一道券廊，它的拱券错开了内墙。在牧师座位的上面是三角形山花下呈尖状的有三个面突出墙面的华盖，它们的顶部做成一种连续的波纹效果。窗户间走道的墙体呈倾斜式布置而不是垂直的，这种做法使墙面的起伏得到了强调。虽然内立面由三层构成，但中厅看上去似乎只有两层：侧厅上的楼座和高侧窗相互融合，窗户的直棂一直延伸到连拱

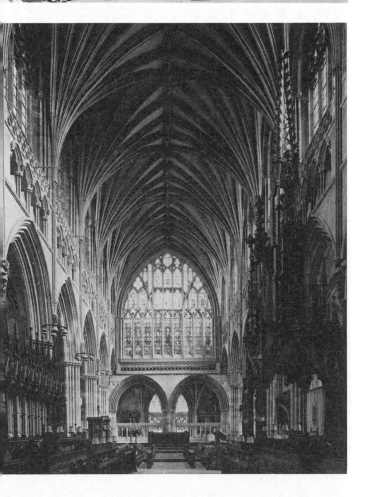

图 150 约克大教堂，平面
图 151 约克大教堂，鸟瞰

过廊的基部。这里的确有辐射式风格的痕迹（圣德尼修道院教堂），但在西立面巨大的窗户上却展示一种从中心部分窗棂像树枝般延伸而出的呈正反曲线并带有装饰性线脚的窗格。

这种墙体的波浪式韵律还可以在利奇菲尔德大教堂歌坛的高侧窗处看到，在那里，券廊上设有一道栏杆，立面的上两层从深入墙壁雕刻而成的壁龛后面向上砌筑而成（以获得一个空间，并形成走道）。在 14 世纪初加建的中轴线上的礼拜堂有一个由巨大的窗户构成的立面，窗户的窗格呈三叶形图案。上部，山花呈曲线形，两层的放置在壁龛中的雕像装点着建筑的基部（像韦尔斯大教堂的立面处理那样）。韦尔斯大教堂的女士礼拜堂更古老一些：它的建造时间是根据后殿建造的时间及完成的时间确定的，它完成于 1306 年。它西端的多边形墩柱与相对低矮的回廊相互贯穿，形成一种类似于索尔兹伯里大教堂的奇特的空间效果。像棕榈树树叶般展开的拱肋令人想起伊克斯塔大教堂的中厅，而窗户的花格则令人联想起利奇菲尔德大教堂。稍晚一些的牧师会会堂的拱顶同样强调了拱肋束。这一时期最值得注意的位于轴线上的礼拜堂无疑是始建于 1321 年的伊利大教堂的女士礼拜堂。它下部的券廊已经演变成了名副其实的壁龛，它的装饰是源于林肯的圣休教堂歌坛的之字形装饰。壁龛的顶上是三角形山花，它依次与小尖塔和浮雕上的雕饰相连。壁龛开口处的拱券不仅采用多叶式装饰，而且向前倾斜，它的每一个突出的部分都是由不对称的 S 形曲线构成。另外的曲线处于山花和壁龛开口之间，山花下面是以不对称的方式编织在一起的雕刻成叶尖的形式的雕饰。叶状雕饰、山花和斜拱之间的空隙都雕刻了海草或叶状的雕饰。透雕的栏杆位于整个部分的顶端，它所具有的那种力量、高浮雕和装饰的繁复标志着这种以曲线为特征的英国装饰风格的胜利。

1322 年——伊利大教堂的女士礼拜堂动工的后一年——罗曼风格的十字交叉处上部的方塔塌毁了。在 1328－1340 年间对它进行了重建，但却依了一个新的空间设计方案：十字形的角部被取消或被改造为巨大的窗户。在它的上面是完全用木材建造的八边形高塔，上面有大量的小尖塔和栏杆［木工大匠威廉·赫尔利（Willian Hurley）的作品］。伊利大教堂的木塔相当于索尔兹伯里大教堂的由法利的理查德（Richard of Farleigh）在 1320 年前后建造的石塔和尖顶。同时在韦尔斯大教堂的十字交叉处加建高大的中心塔的工程证明了对交叉处的墩

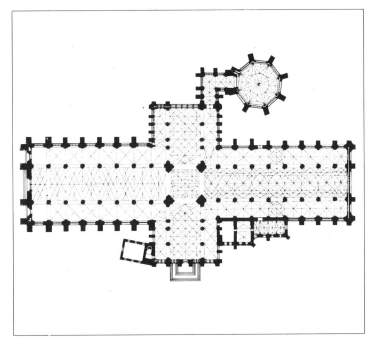

图 152　约克大教堂，室内

柱而言这样的重量实在是太大了。作为补救，在1340年时在十字交叉处的墩柱之间支撑上了厚实的尖拱。同样坚实但反向的拱又被加在了它们的上面，所有这些部分构成了两个巨大的孔洞。它所形成的正反曲线营造了一种与它令人惊异的空间划分同样特殊的强有力的效果。在那些改变了英国大教堂长而水平延伸的造型特征的塔楼的名单上，还需要加上利奇菲尔德大教堂的塔楼和尖顶、约克大教堂和贝弗利大教堂以及威斯敏斯特大教堂主立面上的优雅的塔楼。它们的灵感可能源于曾经非常著名的伦敦老圣保罗教堂的尖顶（已毁）。

这一风格的另一实例是诺里奇大教堂的回廊（始建于1297年）。在这里拱顶带有边拱肋和居间拱肋，以及许多处于拱肋交叉处的装饰性雕饰，它的开间单元也组合了位于三角形曲线下的三叶式尖券窗，在尖券窗中还出现了非内接的三叶式雕饰和波浪状的四叶式雕饰。无论怎样，这种装饰的繁杂、自然主义装饰的发展、曲线拱、尖拱和扭曲的拱券所具有的那种力量引起的震撼是以后的历史中所没有的。

第四节　垂直式风格

通过重建结构的精确性和对直角的自由运用，英国哥特的这一新的形式使它自己成为一种名副其实的民族风格——像埃文斯（Evans）对它的评价那样：一个真正的"盎格鲁作品"。尽管如此，由于它大致同时出现在伦敦和西英格兰地区，它的起源也是一个讨论的话题。根据埃文斯的观点，这种风格的诞生处是建成于1341年的布里斯托尔大教堂（圣奥古斯丁教堂）。哈维（Harvey）和韦伯（Webb）把伦敦当作这一风格的起源地，把威廉·拉姆齐（William Ramsey）当作它的创始人。他是一个土生土长的诺里奇人和从1336年到1349年一直为国王服务的建筑师，拉姆齐也是14世纪中叶蹂躏英格兰的黑死病的无数牺牲者之一。1332年，他设计了老圣保罗教堂的牧师会会堂，他还在温莎工作，不久便在那里建造了教长修道院。M·黑斯廷斯（M. Hastings）也把伦敦看作是发源地，但这次作为起源的建筑却是圣斯蒂芬礼拜堂（威斯敏斯特的皇家礼拜堂）。最后，19世纪的历史学家R·威利斯（R. Willis）提出了一个折衷的假设：虽然，新的风格可能在西部各地形成——例如在格洛斯特大教堂，罗曼风格的歌坛和横厅的南臂在1330年间被重建，但这种风格的创意还是来自伦敦。

它们出现的时间是如此接近，以至于难以排出先后的顺序，特别是

图 153　利奇菲尔德大教堂，外景
图 154　韦尔斯大教堂，中厅

由于具有这一风格所有特点的伦敦的建筑都已不存在了。无论怎样，新风格的发展在伦敦受到了欢迎，皇家建筑师和宫廷的气氛从总体上都可以看作是促进装饰风格和垂直式风格发展的重要因素。人们相信那种使垂直式哥特得名的矩形的造型是从法国的模式演化而来的，而这种法国模式当时要么已经被介绍到伦敦，要么已被伦敦所了解（即圣日尔曼昂莱的皇家礼拜堂的窗户、圣叙尔皮斯－德－法维耶尔教堂的侧厅上的楼座，以及特鲁瓦的圣乌尔班教堂的后殿）。我们或许还要加上这一点：这一风格也包括了窗户花格的设计，这种设计通常采用了矩形的玻璃分块。进而狭窄的并列设置的尖券窗，例如像老圣保罗教堂的那些窗户，一般采用垂直的中梃和水平的分隔来划分，而上部的玫瑰窗也是置于一个方形当中。教堂主立面上一排排的券廊和壁龛（如韦尔斯大教堂）也营造了一种墙面单元的效果。因此，在那种带有偶然的竖向的重点处理的呈横向延续的划分中，英国艺术已播下了垂直风格的种子。

但这只是一种可能性，在英格兰西部新建筑形式的早熟是不能否认的；在这里最早出现了扇形拱顶和单拱顶技术。虽然还不是真正的垂直式——甚至哥特在某种意义上也不再坚持拱顶支撑在拱券上的概念——但这是垂直式语汇中富于特征的拱顶形式。在赫里福德大教堂（建于约 1360—1370 年间，已毁）这种拱顶被用来覆盖牧师会会堂而且很快又被应用在格洛斯特修道院上。扇形拱顶用墙作为支撑部分，墙体排列成连续的扇面形，它们的上沿与近乎平直的拱顶部分结合在一起。这种做法形成的波浪形的内表面追随了 14 世纪早期"波浪形墙体"的手法。对角线布置拱肋的所有痕迹完全消失了，让位给了不断增加的多样的装饰构件所产生的真正意义上的装饰——线脚、玫瑰窗（在格洛斯特大教堂）、S 形曲线、三叶饰和四叶饰等。在这里我们又一次看到了装饰风格的墙壁装饰和花格所表现的想像力。例如在窗户的做法上，尖顶的叶形窗不再被放置在尖券之中，而是处于一个矩形的框架内。

由于没有被完全放弃，交叉肋拱采用了更多的枝肋（边肋）、居间肋以及像在坎特伯雷大教堂的中厅中出现的大量的拱顶雕饰。这些拱肋对拱顶的划分导致了一种网状效果的出现，这与网状拱顶的效果十分相近。最主要的差异在于：支撑在拱券上的构成拱顶的各块拱面之间相互分离，它们仅在拱顶顶部雕饰处或通过横向的拱券相连（骨架拱）。这些拱券仿佛构成了一个室内飞扶壁的系统，就像在巴黎圣沙佩勒教堂底层侧厅中的做法那样，特别是韦尔斯大教堂的用来加强中厅与横

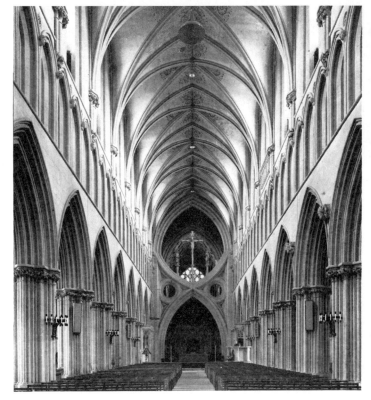

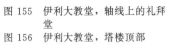

图 155 伊利大教堂，轴线上的礼拜 图 157 布里斯托尔大教堂，边侧厅
堂
图 156 伊利大教堂，塔楼顶部

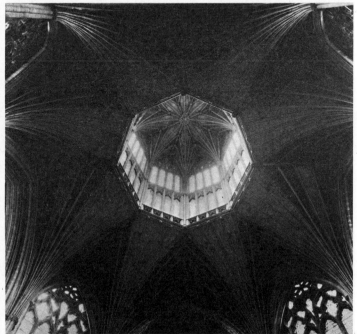

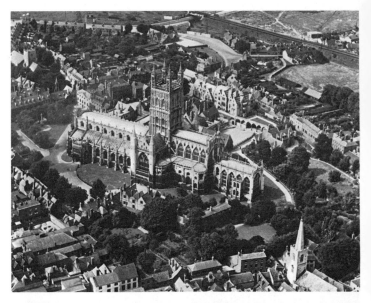

厅交叉处的拱券更是起了这样的作用。在 14 世纪早期，可以在布里斯托尔大教堂、集中式教堂，以及 14 世纪末期的沃里克的圣玛丽教堂中发现这样的拱券。像布拉格大教堂的南门廊所表现的那样，这种拱顶系统有着与之相对应的德国做法，但扇形拱顶则保留了英国特有的风格。

从 1330 年左右到中世纪结束一直支配着英格兰的哥特建筑的 垂直式风格分为两个不同的阶段。第一个阶段包括了 14 世纪的后三分之二。在随之而来的 15 世纪，国家间的战争（百年战争）和内乱（约克家族与兰开斯特家族之间的玫瑰战争）中断了一些建筑项目，其中包括威斯敏斯特大教堂的中厅。直到爱德华四世从逃亡中返回英国之后，工程才得以继续（约 1480 年），于是出现了主要的垂直式建筑的第二个建设高潮。这一风格最后在 1525—1530 年间消失，这并非出于其自身的原因，而是亨利八世对修道院的遏制和重整行动的结果。

大量的文献为我们提供了关于中世纪晚期英格兰建筑活动以及在这个岛国中皇家建筑师所起的作用的资料。在 14 世纪的大匠当中，我们已经提到过了威廉·拉姆齐，我们还必须加上威廉·温福德（William Wynford）以及和他一起负责威斯敏斯特大教堂大厅建造的亨利·伊夫利（Henry Yevele）和木工休·埃兰（Hugh Herland）。尽管在西部地区和约克活动的建筑师们没有留下什么记录，但他们或许与宫廷建筑师发生了接触。尤其是，哈维已经注意到格洛斯特大教堂（1337 年以前建成）横厅南臂的巨大窗户是威廉·拉姆齐 1332 年为老圣保罗教堂的牧师会会堂设计的窗户的翻版。1327 年爱德华二世被暗杀，随即安葬在格洛斯特，而到他的墓前追念的人群无疑是导致恢复罗曼风格大教堂建筑工程的原因。事实上，这可能为在格洛斯特和来自伦敦的皇家建筑师之间建立直接的联系提供了一个基础。甚至虽然没有拆毁 11 世纪的歌坛，但内立面三层式的墙面、有通廊的中厅都被由矩形图案统帅的尖券或有 S 形曲线的尖叶状装饰构成的网状造型所装点。这些矩形的图案或者由墙面上的盲券构成，或者由如同没有玻璃的窗框般独立地突出在券廊前面的框架构成。整个后殿的后部回廊以上部分全部开成了由三部分组成的巨大的窗户，窗户的分隔方式恰如前面提到的构图的形式。由于这些图案处于单一的平面上，所有的线脚都处于同一个断面上，这样如果要使每一个线脚都清晰可辨，它的周围必须是平面。这种做法彻底打破了传统双层墙体和在高浮雕上做线脚的方式，约克大教堂上部的做法实际上已经预示了这种对传统的背离。而

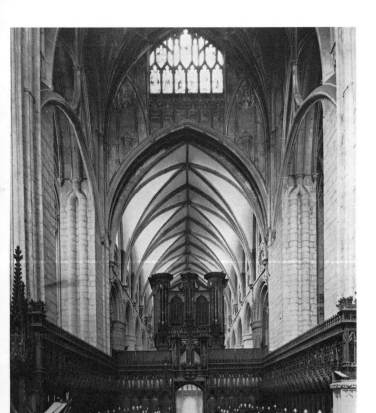

图 160　格洛斯特大教堂，歌坛
图 161　格洛斯特大教堂，回廊

且，它也是辐射式哥特的一次迟到的生长。壁柱从地面延伸到拱顶的券脚；两根巨大的柱子把后殿的窗户分成三个部分，垂直的窗棂从每个开间框格的中部伸出，不为横向分隔所中断——所有这些特征创造出了一种垂直向上效果，就像在约克所给人的印象那样。这种平展和垂直是这一风格的结构形式和空间处理的创造性的标志。墙和窗户的连续的框式划分与拱肋的密集网状结构相结合，创造出一种不同凡响的统一的空间体量，它仿佛是一道可以透过空气与光线的坚硬的网。格洛斯特大教堂的歌坛以其无与伦比的精巧成为垂直式风格的杰出作品。几年以后建造的修道院以扇形的拱顶、设有壁龛的墙壁和以使刻板的垂直窗棂变得生动活泼的密集的 S 形曲线为特征的窗格和同样的完美，与歌坛相得益彰。

　　除了布里斯托尔大教堂（与格洛斯特大教堂的歌坛同时代的建筑）以外，我们还要提到蒂克斯伯里修道院教堂，在 1340 年左右为了建造一个两层的后殿，它的上层被拆除了。特别别致的是它的拱顶，它把格洛斯特大教堂的三角形线脚与星形拱肋结合在一起。在伦敦，威斯敏斯特大教堂的圣斯蒂芬礼拜堂的一些部分被保存了下来，在 16 世纪时它被改为下议院，雷恩（Wren）对它进行了修复，之后这座建筑在 1834 年时又毁于火灾。由于它的两层式立面和它的高耸的、顶部饰有山花的高侧窗——无疑是按照老圣保罗教堂的牧师会会堂窗户的模式——它被用来与巴黎的圣沙佩勒教堂相比较。窗户以垂直式的方式处理，拱肩用狭窄、竖向的拱券形的花格装饰。室内充满了彩色玻璃和绘画的鲜艳色彩，并使用了前一个世纪一直弃之不用的双色大理石。整座建筑大约在 1360—1370 年间完成。

　　1376 年亨利·伊夫利（Henry Yevele，他从 1360 年起一直为国王服务）和另外两个建筑师一起重新开始了威斯敏斯特大教堂的中厅的工程，但却留下歌坛没有加以处理。无论怎样，他证实了在坎特伯雷大教堂 11 世纪的中厅的重建是具有创造性的。它的尺度与兰弗朗斯的诺曼教堂的尺度相同，但是，像格洛斯特大教堂，它的垂直特征被沿着墩柱从地面向上伸展到拱顶肋的壁柱所强调。墙壁并没有隐藏在花格后面；事实上，它们占据了大部分的立面，并通向侧厅。侧厅上的楼座与券廊平滑相接，它们的分隔呈细长形构图，好像是下面拱肩上的装饰的延续。只有高侧窗从墙肋处凹进，它们的柱子一直向下延伸到地板，并不为柱头所中断。

图 162　蒂克斯伯里修道院教堂，后
　　　　殿外景
图 163　温切斯特大教堂，立面
图 164　温切斯特大教堂，中厅

伊夫利的工作经常被拿来与他的竞争者威廉·温福德（William Wynford）在温切斯特大教堂的中厅的工作相比较。温福德没有完全拆除罗曼风格的中厅，但他通过改变墩柱的造型、更新券廊和重建建筑的上部，对它进行了彻底的改造。壁柱的竖向造型和拱肋的轮廓是一种标尺。"平整"的原则被放弃了，墩柱和拱券上出现了充满力量的线脚。而且上两层——侧厅上的楼座和低矮的高侧窗——也被放置在一道栏杆的后面，这道栏杆使券廊被框在了一个巨大的矩形当中。没有高塔的主立面在中央开着一个巨大的窗户，它的垂直式图案的窗格仿佛是山花下小券廊窄券的延续。

约克大教堂从 13 世纪一直延续的建造活动，最终以它的东端从 1361 年到 1373 年的建设工程的结束而告完成。除了约克大教堂的装饰更多地令人联想到装饰风格以外，它的有着巨大窗户的直线式造型的后殿可以和温切斯特大教堂的主立面相比较。

作为形式创新时期的先行者，垂直式风格的第二个阶段是由少数杰出人物领导的：威廉·奥查德（William Orchard）、约翰·华斯泰尔（John Wastell）、罗伯特（Robert）、威廉·弗图（William Vertue）兄弟和亨利·雷德曼（Henry Redman），雷德曼是沃尔赛的托马斯红衣主教的建筑师。大概是奥查德在 1379 年第一个使用了垂花式拱顶（在牛津神学院），这一形式完美的实例是威斯敏斯特大教堂的亨利七世礼拜堂。奥查德还是英国世俗建筑的关键性作品——牛津的马格达伦学院的建筑师。

作为 14 世纪高塔传统的继续，约翰·华斯泰尔（John Wastell）从 1493 年到 1505 年在坎特伯雷大教堂的横厅上建造了高耸的贝尔—哈里塔。他大概还负责了连接彼得伯勒大教堂的横厅和罗曼风格的后殿的工作（约 1500 年）。这里的扇形拱顶令人想起格洛斯特大教堂的修道院，除了在彼得伯勒大教堂中处于拱顶中部拱肋的交叉点上的花冠形雕饰以外，边肋也装点上了纯装饰性的凸起的花饰。华斯泰尔最著名的作品是他在 1508—1515 年完成的剑桥的国王学院礼拜堂，这座建筑是在 14 世纪由雷金纳德·伊利（Reginald Ely）开始建造的。庞大的中厅是伊利的设计：巨型的窗户直达基座，基座向侧厅中低矮的礼拜室开敞。华斯泰尔建造了巨大的扇形拱顶，拱顶由粗大的横厅尖券严谨地标志出来，这些尖券的券由处于窗户一半高度上的枕梁承托。他在这里同

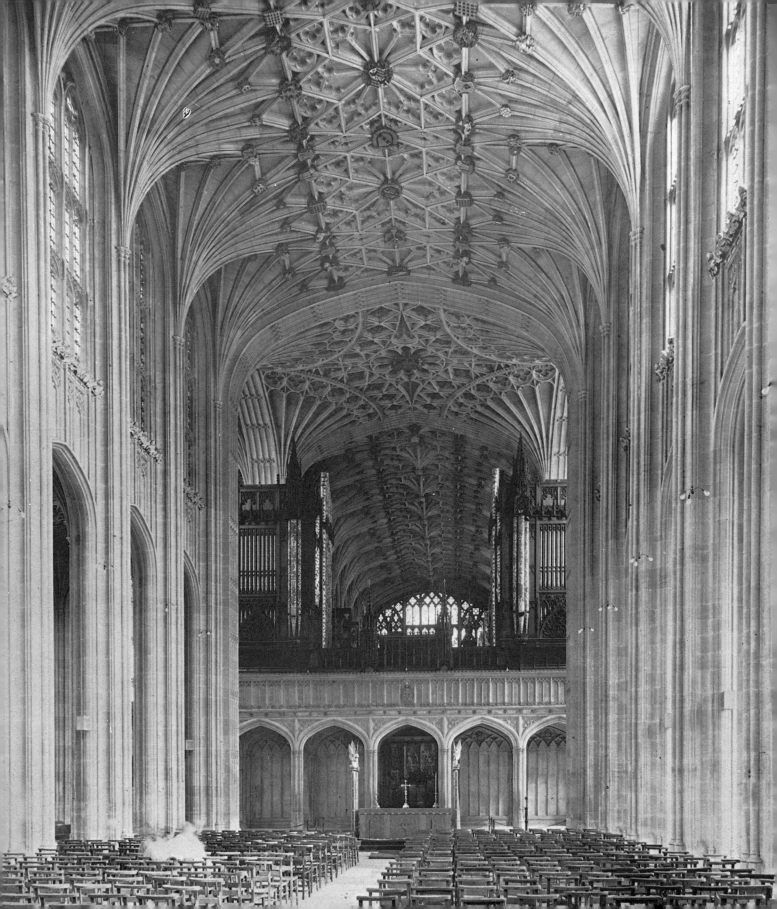

图165　温莎，温莎城堡，圣乔治礼拜堂

样也采用了突出的券顶雕饰（与在彼得伯勒大教堂的做法相同），这些雕饰清晰地标志出了每个开间的中心点。分隔主立面上窗户——令人想起格洛斯特歌坛的窗户——富于力量的中梃使人们注意到内部空间壮丽的完整性。沿着不间断的基座更大的明亮绚丽的彩色玻璃窗取代了上部的墙体。或许没有其他地方能够像在这里如此明确地表达喜爱高大、宽阔的窗户的英国品味。这种用骨架式结构框出半透明的墙体的做法，虽然已非常不同于13世纪的设计，在精神实质上仍然是非常哥特化的。

罗伯特（Robert）和威廉·弗图（William Vertue）是亨利七世和亨利八世的建筑师。他们一起建造了巴斯的新修道院教堂和威斯敏斯特的亨利七世礼拜堂（后者取代了1220年建造的轴线上的礼拜堂）。礼拜堂的建造活动进行于1503年和1519年间，这是一座小教堂的尺度，它有单侧厅，尽端是一座五边形的后殿。宽阔、平展的券廊把中部空间和侧厅分隔开，五个呈放射状排列的礼拜室的券洞门似乎是券廊的券洞的延续。礼拜堂的窗户由矩形的单元构成，这些矩形的单元呈倾斜排列，好像百叶窗一般。一系列放置着雕像的壁龛取代了侧厅上的楼座，雕像上的华盖沿着高侧窗的基座形成了一条起伏的波浪线。垂花式拱顶是对扇形拱顶进一步的改进：在垂下的锥形柱一半的地方是拱顶与墙的交界线的位置，再加上一段锥形柱，它的顶端做成垂下的花饰。它们似乎悬挂在半空中，这些构件表面覆盖着密集的拱肋近乎没有空隙，甚至横厅拱券的券顶都被它们所隐没，只能看到从墙面上凸现出来的拱券的下部。这是扇形拱顶与骨架拱相结合所产生的效果。它的不同寻常的石化了的叶状结构创造出了一种神奇的充满光线的点缀着钟乳石的洞穴印象。

威廉·弗图单独建造了温莎的圣乔治礼拜堂，这座建筑最后由亨利·雷德曼完成，就像在牛津的圣体学院的情况一样。他的垂花式拱顶是英国富有想像力的悠久的拱顶技术最后一代的作品。伴随着这一最后的对其独特性和创造性的展示，英国哥特建筑走到了它的尽头。可以确信，英国哥特建筑有着许多源头，存在着英国与欧洲大陆之间的接触与交流。但是由于有着深厚的传统（如双重墙体）和统一那些相互贯穿的空间的愿望，英国哥特创造了许多独特的艺术作品。它在窗户安排上的发展导致了高度创造性的、复杂的屋顶系统的出现。最后我们应当强调：根据最终的分析，对丰富的装饰、明亮的光线和多种色彩的爱好，意味着对光线效果的掌握与控制。

图 166　明斯特大教堂，中厅
图 167　海斯特尔巴驰修道院教堂，
　　　　歌坛废墟
图 168　毛尔布龙修道院，回廊

第五章　德意志和神圣罗马帝国的哥特建筑

第一节　传统和地方性的抵制

在 12 世纪，当法国北部和王国的建筑师们正在逐渐发展哥特艺术的要素的时候，神圣罗马帝国的一些更为活跃的地方却在形成一种根本不同的建筑审美观。这些地区主要分布在帝国的西部，沿莱茵河盆地，从巴塞尔到科隆的部分。从查理曼时代起，这里的建筑师们就充分地利用他们想像力的源泉。在奥托大帝统治下，科隆出现了大量的宗教性建筑。这期间萨利族人建造的施派尔大教堂是西欧最宏伟的巴西利卡式建筑。在霍亨斯陶芬王室统治的一个世纪里，作为接触和交流的枢纽的普法芬（Pfaffensse）地区产生了尤为华丽的作品。

帝国的西部边陲长久以来一直对哥特风格有着强烈的抵制。正是在这国际交往的十字路口，人们首先感受到了来自西方的新的建筑风格的入侵。这种抵制迟至 1230 年仍然根深蒂固的原因也许是因为这里的建筑思想不屑满足于模仿来自沙特尔或兰斯的"进口的"哥特风格。科隆的一些教堂为说明莱茵河地区这一特有的现象提供了明显的例证。圣杰尔昂教堂里保存的 4 世纪的旧神祠本来是建在椭圆形的平面上的。虽然 1219 年开始的修建工作将其改变成十边形，而且外面有石砌的壁龛，它的支撑结构、拱顶和窗饰却采用了哥特风格的形式。

圣使徒教堂重修时建有奥托式的大拱廊。不过，这位 13 世纪早期的建筑师采用了奥托建筑早就使用过的盲拱廊来使建筑生动起来，而不是用上层拱廊。

1215 年起，圣库尼贝特教堂开始采用交替变换支撑结构和六分拱的法则。因此，这些建筑表明它们并非完全不受法国哥特风格的影响，但是其结构和立面的基本原则从未受到质疑。

新的风格在北方以及殖民地区也遇到强烈的抵制。不过在这里，对立的审美观并不是建立在预先确立的建筑传统上，而是出于对砖这种建筑材料的偏爱。砖结构的坚实感和哥特风格趋向极度轻盈的倾向截然相反。只有到了该世纪的下半叶，这些地区才出现哥特式的结构：这个时候建筑师们试图将这种新的建筑语言和砖的使用相结合，产生出德国学者们称之为红砖哥特式的地方风格。

这两个例子表明当遭遇到至少是一开始看上去似乎与德意志建筑思想有抵触的创意时，抵制将会是多么的顽固。

图 169　毛尔布龙修道院，餐厅
图 170　毛尔布龙修道院，礼拜室

第二节　12 世纪的西多会建筑

德国最早的西多会建筑物是阿尔滕坎普（1122 年），哈尔茨山的瓦尔肯里德（1127 年），弗兰科尼亚的埃布拉赫（1127 年），莱茵根（Rheingau）的埃伯巴赫（1131 年），不伦瑞克附近的阿姆兰堡（Amelungborn，1135 年），海里根奎乌兹（1136 年）和毛尔布龙（1138 年）。这个教派的势力的扩张促使像交叉肋拱这样一类的建筑概念广为流传。因此，虽然一些最早的教堂建筑的中厅仍然使用平屋顶，埃伯巴赫教堂（1186 年重建）的中厅却用了拱顶。同样的，波恩附近的海斯特尔巴驰大教堂的中厅在 1202 年至 1237 年间接受了十字拱顶。

实际上，交叉肋拱大约在 1120—1230 年（也就是比诺曼底晚了一代人）传入帝国：即在彼得斯堡（爱尔福特附近）、赫斯菲尔德、马格德堡和阿尔萨斯。然而，以阿尔萨斯或我们所知道的莱茵河式建筑为例，虽然采用了这种拱式，但是没有发展出像在法国和皮卡第（Picardy）那样的结构形式。在穆尔巴驰的修道院教堂里，方形和没有拱心的肋支撑在与十字形墩柱凹角结合在一起的柱子上。虽然关于穆尔巴驰的建造年代仍有争议，它的建造者们和海里根奎乌兹（1187 年）的一样肯定已经熟知伦巴第拱的做法。罗塞姆和圣让－萨韦尔教堂在 1150 年以后很快采用了交叉肋拱；拱肋断面的形状则发展成一个凸曲线叠加在扁平条上。在波恩的大圣堂里，拱肋同样地延伸至与墩柱柱角结合在一起的圆柱上。在洛林及受其统治的地区则采用了另一个不同的设计（如圣迪耶和塞勒斯达）：交叉拱肋是支撑在一个简单的枕梁之上。这个技术有的时候在人们可以全面衡量它的效果之前只被运用在有限的空间内。因此，在特里尔大教堂（1196 年）、辛齐希教堂（莱茵地区）和威斯特伐利亚的明斯特大教堂，只在东面歌坛的后殿里建有拱肋。

在 13 世纪，来自勃艮第的影响借助西多会建筑流传进德国。在不同程度上和出于不同的目的，勃艮第风格的哥特式设计首先被结合到布戎巴赫、海斯特尔巴驰、贝本豪瑟和阿恩斯堡的教堂中，随后在毛尔布龙和瓦尔肯里德（奥地利的利林费尔德、茨韦特尔和海里根奎乌兹地区）。

由于海斯特尔巴驰教堂的中厅毁于 19 世纪，这座修道院教堂现今只保存有歌坛的废墟。环绕着圣坛的回廊敞向一圈翼室。除了希尔德斯海姆教堂之外，这个极可能是仿效了克莱尔沃样式的设计原则对德

图 171　巴塞尔大教堂，内部
图 172　沃尔姆斯大教堂，内部
图 173　沃尔姆斯大教堂，壁龛外观

图 174　马格德堡大堂，向西的内部
　　　　景观
图 175　兰河畔林堡大堂，外观

国建筑来说是完全陌生的。另一方面，其内部空间的划分，以及其大量
的并置或重叠的纤细的立柱产生出的明显的脆弱感与从外部看上去甚
为坚实的景象不符。海斯特尔巴驰的例子说明西多会哥特风格是如何
被强大的地方传统所改变。

　　1201 年至 1255 年间，毛尔布龙的修道院不断得到加建：门厅、修
道院的北翼、餐厅和礼堂。多数的假壁柱用饰带环绕，柱头用卷叶花饰
装饰。在内院回廊里，六分拱的拱肋支撑在束柱或枕梁上。如果不是因
为略微的沉重感破坏了整体的效果，人们几乎会以为这个结构是勃艮
第式的。奥地利也感受到了勃艮第艺术的影响：例如，利林费尔德教堂
1230 年落成的歌坛重现了西托第二的设计。（1193 年）

　　上面提到的建筑都没有采用完整一致的哥特风格的系统。只是有
选择性地借用，即便如此，也没有怎么改变整体的比例。新的建筑"语
法"尚未能响应新的建筑思维。

第三节　过渡期

　　我们想用一个不那么精确的术语来替代狄翁和阿尔宾·波拉切克
发明的过渡风格这个术语。当谈到 1190 年至 1220 年这段尝试性年代
中建造起来的巴塞尔、沃尔姆斯和斯特拉斯堡等教堂时，很难说它们真
的有统一的风格。与其说审美观从罗马风有条理地进步到哥特风格，倒
不如说是一个明显的风格的"空缺"。

　　让我们先来看一下巴塞尔大教堂（1185 年至 1229 年以后），教堂
侧廊的上部有楼座，歌坛则是多边形的。楼座的想法很可能来自法国的
北方。中厅的墩柱仍是十字形的，而教堂中心的墩柱则由束柱组成。在
巴塞尔大教堂最值得注意的创新是带回廊的多边形歌坛：它的渊源可
能可以追溯到特里尔和凡尔登地区的歌坛，尤其是法国北部圣热梅和
拉昂的歌坛。这个平面以后就逐步取代了当时在莱茵河上游地区广泛
使用的折线形和半圆形的后殿。另外，一个简化了的甚至有点薄弱的巴
塞尔大教堂布局的版本被一部分莱茵河流域的建筑所采用——像弗赖
堡大教堂、圣乌桑教堂和普法芬海姆教堂。巴塞尔大教堂的另一个独到
的特征是沿横厅有一排高柱廊，并因此成为中厅的楼座和歌坛之间的
过渡联接。沃尔姆斯大教堂尚未能满意地确定其建造年代，该教堂甚为
威风的西立面仅有一个带穹顶的开间，并连接一个五边形的后殿。这是
一个在相对凝重的建筑框架内有复杂的比例关系的例子。奥托式的遗

图 176 兰河畔林堡大教堂，面对中
　　　　厅的横厅南翼
图 177 波恩大教堂，中厅

迹（后殿的外侧廊）和典型的后期罗马风的特征（大量的玫瑰花窗）相伴出现。这座三层高的中厅是在 1170 年至 1210 年间由东向西建造的，厅内交替使用十字形和简单的墩柱。虽然隔了一个世纪，沃尔姆斯大教堂的中厅让人想起施派尔大教堂的中厅；它的空间设计实在无法让人联想到哥特风格。

斯特拉斯堡的横厅最能清楚地说明我们目前正在讨论的这个时期所特有的矛盾性。在 12 世纪最后的 25 年内，建筑师们开始提出一系列变化。歌坛和横厅的平面是根据奥托式的体系设计的。但是，原先的横厅被分成三个相等的部分。中间的部分由于下面有高地下室抬起的缘故，比两侧高。北边的横厅里，一个巨型的中央墩柱承接椭圆形肋拱的起拱线。整个拱券系统对于这里所使用的石砌墙体来说是不协调的；在短短若干年的时间里，人们相继提出了一些不同的解决方法。

有可能是马格德堡的大主教阿尔布雷克特在一次从巴黎返回的途中产生了要使用带回廊的歌坛和放射型布置的礼拜室的想法。总之，那位在 1209 年根据这个平面负责建造马格德堡大教堂的歌坛的建筑师不是法国人。在后殿墙壁所形成的角落里建有小柱，这些柱的基座过于纤细而柱顶却过于沉重。这些支柱的笨重的基座和檐口破坏了室内的整体效果。跟拉昂家族的建筑相比，这些元素显得笨重而过时。尽管有尖拱和大胆的平面，马格德堡大教堂仍受罗马风和拜占庭传统的束缚；它对哥特风格的传播没有起决定性的作用。

自 1211 年起，兰河畔林堡修道院的教堂（现在的大教堂）建造在一块遍布岩石的高地上，俯视着兰河。1235 年时已起用教堂的歌坛和中厅。这座教堂在接受新的思想（其西端的玫瑰花窗借鉴了拉昂大教堂）和忠于旧的法则（其西立面抄袭了昂德纳赫大教堂）两方面都很典型。其中厅和歌坛各由四层组成：拱廊、过廊、上层拱廊和高侧窗。"强"和"弱"的墩柱形成交替变化的韵律；起始的那些柱子不是圆形的（像拉昂大教堂那样），而是十字形的。为了支撑六分拱中间过渡的横券所使用的技术显示出当地传统的影响力。小柱的基础从上层拱廊中部升起，在墙壁的上部和其他柱体汇合在一起。人们的目光被吸引集中到这些细部上，到这一堆破坏了整体协调感的元素上。当一个观察者从远处眺望这个雄伟的胜迹时，这座巴西利卡上众多的尖塔使他联想到拉昂大教堂。

尽管其平面为 11 世纪的结构所约束，波恩的大教堂混合了莱茵河地区的要素和新的影响。拱廊由圆拱组成，墩柱是十字形的；侧廊的窗令人想起科隆的圣杰尔昂教堂。然而，其上层拱廊和墙面上部大量的高侧窗已经反应了哥特风格的倾向。从外面看，横厅的尽端是多边形的，并且中心塔楼异乎寻常的高。正如圣杰尔昂教堂和曲尔皮希教堂，波恩的教堂（1221年正在建造之中）超前地使用了飞扶壁。

第四节　传播法国艺术的中心

在过渡期内哥特风格的系统的整体影响被当地的反对势力所削弱，但1230年以后，这种抵制逐渐平息。像特里尔大教堂和马尔堡教堂之类的建筑对于采纳新的观念有相当程度的热忱，并更有条理地使用了法国哥特风格的空间概念。

观察墩柱支撑的结构就可以看出帝国境内的建筑师们对哥特风格日益增加的偏爱。在巴塞尔教堂的中心部分，我们看到十字形的核心逐步为成束的墩柱所取代。然而，这个对以后的建筑至关重要的问题远没有被解决。1225年建造斯特拉斯堡工程的指挥权不是掌握在莱茵兰人的手中，而是一个熟谙沙特尔艺术的年轻建筑师手中。结果，横厅南翼的中央支撑结构模仿了沙特尔的八边形中心，由八根小柱组成，而不是四根。支柱、拱顶和洞口之间完美的平衡所演奏出来的和弦是日耳曼艺术中迄今为止未曾听闻过的。即便是茨韦特尔和毛尔布龙的修道院也试图将小柱组合在一起，但这种安排在此处没有充分实现其潜力。同样地，洛桑大教堂前廊墙上的支柱无法控制观看者的注意力，这完全不像斯特拉斯堡教堂横厅的中央柱，最后审判柱那样。

另外，斯特拉斯堡教堂是柱头上叶状雕刻装饰的发源地。虽然这些卷叶花饰以前确实在班贝格出现过，但是在斯特拉斯堡它们获得了对德国来说是全新的新鲜感。很自然，德国的建筑师们没有放弃自查理曼时代起就存在于帝国西部地区的中央式平面。不过，它作为哥特表现形式的过渡生涯是短暂的。除了埃特尔（14世纪），在日耳曼土地上仅有的根据这个平面设计的地道的哥特式建筑是特里尔的利布弗劳恩教堂。但是，另一座建筑，科隆的圣杰尔昂教堂确实告诉我们在处理旧结构改造的难题时德国建筑师的态度。

这个古老的、椭圆形的神祠被九个翼室包围，西侧有前廊。虽然，1219年进行的工程尊重原有的平面，建筑的立面完全被改变了。前廊和歌坛都被加大了。外部翼室间三角形的部分用砌砖填满，建筑采用了

十边形的外表。这部分砖结构反过来支撑飞扶壁的墩柱。与哥特艺术不相称的元素——伦巴第式的连续拱饰带和八角厅（octagon）上的回廊（Zwerggalerie）仍是次要的。

室内的立面有四层：壁龛；以两个或三个一组的洞口朝中央空间开放的过廊；两层的高侧窗（上面有过道的一层做有叠涩）。支撑体系的处理将立面分成几层，造成了整体的统一感。与底层壁龛相连的砖石结构前有一根柱子升至侧窗的过道，以承接对角的拱肋。然后，一边一个的两个小柱子支撑着位于过道下的那部分拱。这清晰地表达出一个第二层的结构，其尺度被缩小，以尊重第一层的结构。

在特里尔的设计是很不同的，因为中央平面的选择是有意识的。利布弗劳恩教堂于 1235 年开始动工，修建在大教堂的边上，本来打算用于次要的礼拜仪式。它的平面比圣杰尔昂教堂的更含蓄：四个对角边每边有两个耳室，穿插着三个大礼拜室和一个突出的歌坛。其外墙为一个圆的内接多边形，室内的壁龛构成一个希腊十字形。支撑中心塔楼的柱子被小束柱所包围，从中部起绕以环饰。柱头被做成簇叶式花环的样式——它们的顶板几乎看不到——墙上面沿窗下缘一条连续贯通的细线脚勾画出楼层的轮廓。与海斯特尔巴驰教堂相比，支撑与实体的分配比例极为恰当。尽管一些窗户有四分之三被侧廊顶上的坡屋顶所遮挡，这两层窗户仍允许大量的光线进入室内。所有的窗户都由两扇顶着玫瑰窗的尖拱窗组成。歌坛中的窗内退，窗台线处设过道。结果是名副其实的石质感的"消失"。利布弗劳恩教堂足以和法国北部的建筑相媲美——布赖讷的苏瓦松和圣耶夫德教堂——这些都是它灵感的源泉。

与利布弗劳恩教堂汇集体量的做法截然相反的是兰河畔马尔堡的伊丽莎白教堂的向外延展的空间，这是帝国境内另一个法国哥特风格的典范。和在特里尔一样，它的建筑师没有选择典型的法国式的平面；事实上他摈弃了巴西利卡的方案而采用集中式教堂的布局。总之，其比例、支撑和窗洞实际上来源于法国。

伊丽莎白教堂始建于 1235 年，在匈牙利的圣伊丽莎白受封之后不久。因为它既是陵墓又是朝圣的教堂，所以它为容纳大批参拜者而作了准备。圣贤的遗体安葬在歌坛和横厅中：东边的这一端没有回廊——其三叶形的平面先前曾用于莱茵河地区罗马风的教堂上（如科隆的圣马里安·茵·卡皮托勒教堂）。两层窗户间的划分被一条同时环绕在室内外的凸脊醒目地强调出来。墩柱和壁柱的竖向线条为看似后退的水平

图 181 洛桑大教堂，前廊的拱顶
图 182 兰河畔马尔堡，伊丽莎白教堂，外观
图 183 兰河畔马尔堡，伊丽莎白教堂，中厅

线条所衬托。窗户由两扇尖拱窗和上面的圆窗（oculus，牛眼窗）组成；根据在兰斯盛行的做法，窗花装在窗框里。窗户的比例更精致，造成更好的照明。

横厅、中厅和横厅的交叉点和歌坛均抬高至相同的高度，并且建筑师将三个中厅——同样，很自然地高度是相同的——从中厅和横厅的交叉点和横厅向西延伸。这个曾经在威斯特伐利亚使用过的体系在此以一种创造性的方式被实现了。墩柱的组织显示伊丽莎白教堂的建筑师是从"法国式"的平面入手进行设计的：即宽阔的中厅，中间是狭长的开间跨，两侧是正方形的开间跨。并且，他不得不增加侧廊拱的高度，以弥补他拒绝提高起拱点（即拱墩）所造成的影响。中厅的支柱由巨大的柱子附以四根与横拱和廊拱相对应的壁柱组成。这些兰斯式的柱子排列得相当紧密，这个做法和威斯特伐利亚的传统截然相反。通过强调中厅的轴线，建筑师探索使用与厅式系统所要求的空间延展性相对立的法则。平面和立面之间的这种矛盾性在该世纪末的四个集中式教堂中得到彻底的解决：明登教堂，其侧面的拱稍稍降低，支柱间隔进一步加大；圣托马斯教堂，尤其是在索斯特和施瓦本－格穆德两座教堂中（14世纪初）。

教堂西段和中厅的外立面是连续的；一系列的拱座延展至墙面的整个高度。照亮中厅的两层窗户提醒人们这个立面仍深受巴西利卡形制的影响。努瓦永大教堂的横厅和拉昂大教堂的翼室无疑启发了拱座紧密的韵律，而苏瓦松的圣莱格尔教堂则是双层窗排列的原型。伊丽沙白教堂和利布弗劳恩教堂均是法国北部的哥特艺术在传播道路上的中转站。其实，这一地区的影响力遍及德国全境：瑙姆堡的塔楼（1237年），班贝格（1250年），马格德堡大教堂和哈尔贝施塔特都是从拉昂大教堂演变而来。和建造伊丽沙白教堂的能工巧匠一样，克桑滕的圣维克多教堂的建筑师熟悉苏瓦松。新的和传统的建筑艺术思想之间的摇摆状态由于有来自法国的"进口货"而逐渐从帝国的这些地区中消失。从此开始了德国哥特艺术的第二代。

第五节　第二代哥特艺术

13世纪中后期出现了一大批建筑，虽然比不上同时代香槟和法兰西岛的宏伟的工程，不过它们不再囿于当地的传统。这些建筑在所有的方面均得益于伟大的法国经典之作：斯特拉斯堡教堂参照了圣德尼修

Schwerhörige
nehmen im Mittelschiff rechts
Platz und stellen ihr Gerät auf
„Induktiv"

图 184　明登大教堂，内部

道院教堂和特鲁瓦教堂，阿尔滕贝格教堂和科隆教堂则参照了亚眠教堂。法国的建筑语言变得时髦起来，尽管说起来带着德国腔；它被看作是有高雅品位的标志，所以修道院院长们和主教们都应当通晓它。总之，布尔夏德·冯·哈勒在日记中不无自豪地称赞了柏德温普芬的建筑师熟知各种做法，并表示了他对建筑师的尊敬。

不过，柏德温普芬的建筑师很可能不是受巴黎的影响，而是受了斯特拉斯堡大教堂这一巴黎艺术的中介的影响。斯特拉斯堡大教堂的中厅建于 1235 年至 1275 年间。正当鲁法克教堂的中厅（始建于 1210年）仍为交替支撑所主宰的时候，斯特拉斯堡大教堂采用了圣德尼修道院教堂和特鲁瓦大教堂的体系（布兰纳）。它的三层格局——拱廊、开洞的上层拱廊和高侧窗——极其匀称。支柱结合以厚度根据承重功能而变化的壁柱。通过利用框架和沿墙一系列的壁龛"雕刻出"的空间，使各楼层之间变得更加均衡。所有的构件就是这样根据理性的次序组织在一起。中厅里最早的开间跨和横厅南翼的相似之处证实了从沙特尔大教堂的模式到辐射式的过渡是平稳和不受干扰的，因为有一班经常驻扎在工地上的建筑师。斯特拉斯堡大教堂的体系只孕育出平淡的模仿者：例如布赖斯高河畔弗赖堡教堂，其西面的开间始建于 1240 年。可能由于它最早的建筑师对中厅的设计采取了谨慎的做法，该建筑中没有上层拱廊。但这也是其他次要建筑（如格罗斯，苏伦博格）共同的特点，即把它们极负盛名的原型建筑的立面加以简化。法国建筑对一些东部地区的影响力是持续不断的：试看斯特拉斯堡大教堂的圣坛屏风，那是特鲁瓦的圣乌尔班教堂的翻版；斯特拉斯堡大教堂的"A"字型平面；以及柏德温普芬教堂和科尔马教堂的立面和横厅，这些均模仿了巴黎圣母院的横厅。

哈尔贝施塔特大教堂西段 13 世纪 60 年代始建的所谓兰斯式的开间跨只有两层：中厅的高度是侧廊的两倍。上层拱廊被取消了。飞扶壁的斜梁（与斯特拉斯堡大教堂的一样开有圆窗洞）一直延伸到侧墙的顶端。结果，它们倾斜的角度和中厅的屋顶连续一致。

科隆及受其影响的地区对法国的模式有相当不同的反应。1248年，在康拉德－冯－霍褐施泰特主教英明的管辖下科隆大教堂的建造才在经济上成为可能。首先根据法国带回廊和放射形翼室的设计建造歌坛。至 1304 年，它达到 43m（141 英尺）这样一个令人惊叹的高度。可以说在很多方面科隆大教堂超过了它的原型——亚眠大教堂。总之，

图 185　柏德温普芬,圣彼德教堂,看向歌坛的内景

可以肯定的是科隆大教堂显示出对哥特艺术的法则完美的理解和充满想像和创意的运用。支柱是束状的：面对圣坛的壁柱直接升到拱顶,没有被拱廊的柱头打断。和亚眠大教堂相比,这里的高侧窗更狭长;紧邻博韦,主要的拱廊拱券和上层拱廊被赋予更尖锐的顶角。精致的上层拱廊所造成的张力确实超过了法国的"原作"。放置在支柱前的巨大的使徒雕像(令人想起巴黎的圣沙佩勒教堂)起到装饰和平衡这个几乎是超人尺度的建筑的作用。

雷根斯堡教堂始建于 1275 年的歌坛丝毫没有跟随在科隆已被接受的法式体系。圣坛由三个平行的壁龛室组成:中间突出的一个在东端以一个多边形的后殿收尾。两层窗户的安排仿照了兰河畔马尔堡的伊丽莎白教堂,但是雷根斯堡教堂的窗户更加丰满。外面,上层窗户顶的山墙突出来,撞到屋顶栏杆上。叠加在上面的窗户给人造成一种假象,似乎两层拱座之间的空间充满的是一个完整的洞口。

亚眠大教堂还启发了阿尔滕贝格的西多会修道院的建筑风格。尽管科隆的大主教感到法国艺术的辉煌成就,而试图超越他的榜样,恰恰相反,阿尔滕贝格的西多会修士们则通过将亚眠式的立面推溯回更远古的方向来表达他们忠于追求朴素生活的理想。窗饰被加以简化;他们摒弃了繁复的法国飞扶壁做法,而回到前一代的风格。没有彩色玻璃的窗户和墙面的白色突显出室内高雅的简洁感。除了中央交汇处的支柱,其他所有的支撑体都被削减为简单的柱子,支撑着没有装饰的枕梁。沿过廊和高侧窗之间的墙面贯穿的一条饰带清楚地勾划出这些楼层。

这座在阿尔滕贝格始建于 1255 年的教堂是怀旧雄伟墙面和关注通透性结构的混合物。其结果是完全没有多余的东西,即西多会修士精神最完美的表现。这样,阿尔滕贝格教堂成功地将哥特建筑引导到一条完全不同于法国大教堂所走的道路上。然而,最终分析起来,并不是这个古老的教派促使了德国的哥特风格表达出它自己特殊的空间概念。这将是更为年轻的多明我会和方济各会等教派建造的建筑所取得的成就。

第六节　托钵教派

德国多明我会和方济各会教派创造出一种建筑风格,它的发展和结果远超过在法国出现的情景。原因很简单,这些充满活力和雄心的教派从新兴的资产阶级那里寻求到支持,在城市中确立了它们自身的地位,其势力的扩张自 13 世纪起就一直没有受到阻碍。

图 186　布赖斯高河畔弗赖堡大教
　　　　堂，外观细部

这些托钵教派大规模的教会化运动为日耳曼建筑发展它自己的空间概念提供了一个框架。和西多会修士一样，这些教派追求一个冷静、朴素的建筑风格。尽管为修士们保留的唱诗席可能会用拱顶、中厅——他们向信徒们布道的地方——则往往用简单的木制平顶顶棚覆盖，教堂里既没有横厅也没有塔楼。

不过，不同于西多会修士，这些托钵教派取消了一切妨碍空间统一的东西——横厅、回廊和放射型礼拜室。这个现象在巴西利卡式的建筑中没有做到，而将由集中式教堂来全面实现。

雷根斯堡 1248 年从歌坛开始建起的多明我会教堂为分析日耳曼建筑正在发生的形态变化提供了一个完美的实例。我们应当稍稍注意一下科隆大教堂也是在 1248 年开始建造的。但是这两个建筑走了根本不同的道路：科隆大教堂标志着大教堂时代的结束，而雷根斯堡的教堂为新的美学打下基础。前者只是发展了一个"引进"风格；后者宣布了——虽然有一点犹豫不决——一个独立的方向。

雷根斯堡教堂的歌坛是中厅的延伸部分。圣坛中的支撑体只是从墙的半中间升起，但那些在中厅中的则完全延伸至地面。后殿的双扇尖拱窗占据了整个墙面的高度。在中厅中，一面大光墙充满了侧廊和高窗之间的空间，并且上层的窗户被限制在墙肋和两侧拱座所围合成的三角形地带中。这个设计反映出复兴 12 世纪开敞的、不受妨碍的墙面（希尔绍学派），以及将立面简化为两个楼层的愿望。根据 R·克劳特海默，这个结构是晚期哥特风格的先驱，而格罗斯则认为其"简化了"的立面系统把它推向法国哥特风格的对立面。在雷根斯堡，任何无助于空间和体积稳定感的东西都被取消。中厅在西端以一个不复杂的山墙作为结束。无论是科隆大教堂的压迫感，还是斯特拉斯堡大教堂中厅结构的复杂性都和哥特风格的这个分支背道而驰。

在别的地方，托钵教派为他们的教堂安上拱顶：例如，科隆的小兄弟修士教堂，斯特拉斯堡的多明我会修士教堂。科隆的小兄弟会教堂于 1260 年正式落成。与雷根斯堡相比，这里的窗户被扩大到这样的地步，以至墙现在起着窗玻璃外框的作用。在建造过程中放弃了集中式教堂的平面。除了四根依附在圆形支柱上的壁柱暴露出一些兰斯的影响，这座巴西利卡式的建筑令人想起雷根斯堡。

用简单的木制顶棚覆盖中厅的情景远远多过用拱顶。康斯坦次的多明我会教堂（1236 年以后）显示出和罗马风的建筑有一定的相似之

图 187　布赖斯高河畔弗赖堡大教堂，中厅
图 188　布赖斯高河畔弗赖堡大教堂，中厅的拱顶

处：它的两排支柱（每列十根柱子）承托八角形的柱头——和在斯坦－安－莱恩 11 世纪的教堂里的一样——并且有顶棚覆盖中厅。一道连续的檐口从侧廊上方穿过，使人想起希尔绍学派罗马风的建筑。就算如此，在康斯坦次感受到的，纯粹是由空间延续所造成的庞大感是史无前例的。

　　临近 1300 年，这些托钵教派开始放弃他们追求简朴生活的誓言，转而喜欢上越来越奢华的项目。其建筑的规模大大地扩大，华丽的彩色玻璃可以和宏伟的大教堂相媲美。

　　对巨型结构的喜好可以从两个爱尔福特的建筑物中看出来——爱尔福特大教堂和圣塞弗兰教堂。多明我会修士们从 1300 年开始使用八边形的支柱。拱顶的拱从置于侧廊拱肩上的连续的小拱处起拱；拱顶就像横跨在中厅之上一面张开的巨大的扇子。支柱和拱面的边缘创造出棱角分明的光影界限。

　　最美丽的 14 世纪早期的建筑毫无疑问是莱茵河上游盆地的教堂。首先布赖斯高河畔弗赖堡的方济各会教堂；其带顶棚的中厅建于 14 世纪的前 25 年间；高大的没有柱头的柱子支撑侧廊，其线脚直接从柱身上生长出来；每个照亮中厅的圆窗底下都有两个向屋顶开敞的拱廊；虽然这个安排很像上层拱廊，但是它的空间感觉和同时代的法国建筑没有多少相似之处。在科尔马的多明我会教堂的中厅里（约 1330 年），由于高侧墙实际上的消失，空间被进一步放大。这个带顶棚的假集中式教堂也许是托钵教派建筑中最具原创性的作品。比较一下雷根斯堡教堂和科尔马教堂将可以看出朝空间统一的方向发展的渐进的趋势。墙和支柱的新功能，加上取消了开间的组织，将我们带进后来终于发展成为晚期哥特风的建筑风格。

　　托钵教派对发展和传播加高加长了的，仅开有狭长尖拱窗的歌坛起了很大的作用。13 世纪和 14 世纪出现了长度超过五个开间跨的歌坛的做法。（在曼恩，科尔马教堂和巴塞尔教堂）。巨幅连环叙事画，以及如前所述，大片的彩色玻璃面弥补了缺乏雕刻装饰的不足。托钵修士们最先重新强调窗户的重要性，这就解释了他们极富创造性的几何窗花造型（盖布维莱尔、维也纳等）。

　　通过其为布道而设计的简朴的聚会厅式的空间，托钵教派的建筑给倍受盛赞的哥特式大教堂提供了另一个选择。这些杰作无疑最明确地表达了南方哥特风格的精神（格罗斯、格斯藤伯格）。

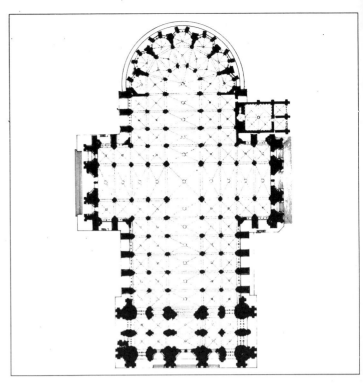

图 189　科隆大教堂，平面
图 190　科隆大教堂，后殿细部

第七节　13 世纪末的新流派

在来自西方的风格流派蜂拥而入的情况下，出现了一段成熟的德国哥特风格的时期，产生出好几个值得注意的建筑。吕贝克在红砖哥特式风格沿北海海岸传播的过程中起了关键的作用。在帝国的西部边陲地区，这成了斯特拉斯堡大教堂的立面所承担的任务。最后，弗赖堡的教区教堂的西塔注定了要对中世纪后期德国南部的建筑设计起决定性的影响。

吕贝克的玛利亚教堂不是一个大教堂，而是一个大的教区教堂。人们可能会被它的尺度所蒙骗。事实上，该教堂是这个汉萨城市的富人们希望和西部庞大的大教堂一争高下的一项建设项目。玛利亚教堂的结构表明，对哥特式大教堂的风格进行简化是当时的趋势。在某种程度上，这受到建筑材料本身的影响：砖很适合用于大片的平整墙面，而对过分精细的造型没有太大的帮助。然而，砖材的使用不能完全解释这座教堂的建筑原理。歌坛的支柱是组合式的，而中厅里的巨型方柱似乎更适合材料的特性。

吕贝克的教堂的中厅立面由两个等高的楼层组成：侧廊直接承接高侧窗（这些窗户的下面部分被侧廊的屋顶遮挡住）。纤细的几乎看不见的小壁柱叠加在和拱肋相对应的支柱上——它们的可塑性是显而易见的。但是吕贝克的教堂中厅最引人入胜的地方是它丰富的彩饰同时也起着建筑表现的作用。每一跨的双层拱廊的拱腹均以不同的饰带进行装饰。墙面的抹灰模仿砌石的灰缝。因此，空间结构化的趋势和法国的大教堂一样明显（如格罗斯）。

一种可塑性很强的材料——红砂岩——的使用极可能和斯特拉斯堡大教堂的立面设计中惊人精湛的技巧有关。它是根据我们很幸运地保存至今的图纸建造而成的（大约始建于 1257 年）：它们无疑构成了中世纪最美丽的遗产。除了成为不折不扣的哥特形式的集成之外，它们还展示了"双层"立面的概念。在墙的前方立有一片连续的拱廊其竖向的运动感是哥特艺术最纯正的表现。

斯特拉斯堡大教堂的建造在该世纪末不可避免地落入市政府的控制之中，它坚持了和谐立面的设计思想。但是就在莱茵河对岸隔河相望的弗赖堡的市民们修建的教区教堂却重新采用了在中厅轴线上植入一座塔楼的古老的设计意念。从 13 世纪中期开始，该教堂形成了正八边

图 191　科隆大教堂，歌坛上部
图 192　科隆大教堂，歌坛和横厅

形的平面（大约在 1300 年），开以高大的带山墙的窗户。它的塔尖是雕刻艺术的杰作——塔楼在上升过程中逐渐消隐。

斯特拉斯堡大教堂没有带来什么值得注意的模仿者，而弗赖堡教堂则有。它的设计可以从埃斯林根教堂，以及在乌尔姆，在于伯林根和斯特拉斯堡自己的由乌尔瑞迟·冯·恩辛根和约翰·赫尔茨建造的塔尖等的盖世无双的"技艺化"中找到。

第八节　14 世纪上半叶

尽管由于政治上的原因，这个世纪的上半叶，特别是在东南部地区可以看到一些建筑活动（士瓦本和奥地利），斯特拉斯堡和科隆的大教堂仍然是帝国内最宏伟的工程。修建斯特拉斯堡大教堂立面工作仍在继续着，但已明显减少了建造门廊部分时的那种创造的激情。然而，圣凯瑟琳礼堂的建造是大教堂建造史上最复杂的时刻。斯特拉斯堡的影响在阿尔萨斯和沿莱茵河上游的地区都直接感受得到，甚至在一些完全原创的作品中也一样，诸如尼德哈斯拉赫（Nierderhaslach）的中厅，以及鲁法克、塞勒斯达和罗伊特林根的立面。

建筑师琼安（Jonann）完成了科隆大教堂的歌坛，并且在 1322 年落成启用。他在 1300 年就已开始建造南侧的主立面，并采用了明确的古典体系的布局。拱座将西立面分成与中厅和四个侧廊相对应的五部分。室外下部的两个楼层允许观察者"读出"室内立面上的拱廊，上层拱廊和高侧窗。这个立面一直到 19 世纪民族主义突然盛行的时候才建造完。它在 14 世纪期间的影响主要限于莱茵兰的奥彭海姆和巴哈拉赫等地区。

奥彭海姆教堂的中厅的南门廊（始建于 1317 年），可以看作它的主要立面。通过增加窗花饰的数量和将玫瑰窗嵌放在窗洞里，获得了一种窗中窗的效果。沿窗间墙的假拱廊造成一个窗户的连拱和墙位于两个不同的平面上的印象。这个立面真正突出的特点是它的窗饰。从风格演变的观点来看，奥彭海姆教堂通过将墙"溶解"进几何分格中（弗兰克尔），尝试使用了科隆大教堂发明的所有形式。

巴哈拉赫的韦尔纳卡佩尔（Wernerkapelle，1293—1337 年）拥有莱茵河上最美丽如画的景观之一。它从河对岸奢华的邻居处学到的所有东西就是安装窗花饰的技巧，使之看上去像金属做的一样。

科隆大教堂和巴黎的圣沙佩勒教堂的共同影响促成了 1335 年修

图 193　雷根斯堡大教堂，壁龛外观　　　　　　　　　　　　　图 194　雷根斯堡大教堂，歌坛

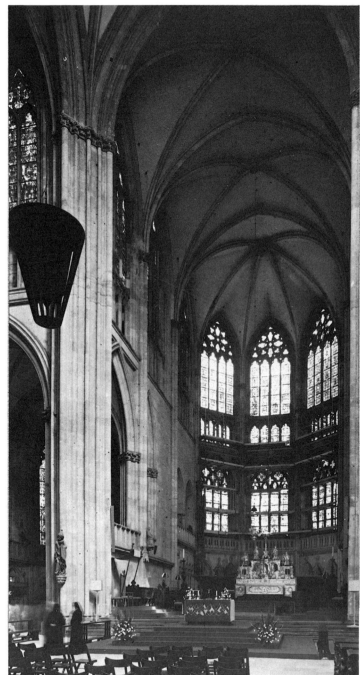

图 195　雷根斯堡，多明我会教堂，中厅

建阿肯教堂（八角厅）（octagon）东侧的巨大的歌坛。教士们的打算是这间大厅将可以容纳大批前来朝拜查理曼大帝遗物的朝圣者。就像圣路易教堂宫殿般的礼堂一样，阿肯教堂的歌坛被减到只剩下一个包含玻璃窗部分的框架。依据在圣沙佩勒教堂确立的并且在 13 世纪科隆大教堂保持下来的传统，室内的支柱上缀有圣母、圣徒和皇帝的雕像。

当 1304 年在阿尔伯特　世的赞助下开始修建维也纳的歌坛时，该市尚未取得教区的地位。维也纳的市民们一次性买下旧歌坛后面的土地，显示出他们的财富日益增长，并且他们清楚地意识到这一点。这个宏伟的大教堂拒绝了传统的法国教堂模式（即歌坛伴以下面回廊上面礼堂的格局）而采用了一种在奥地利成功地广为流传的形式——集中式歌坛。不同于它著名的原型——1295 年落成的海里根奎乌兹教堂——维也纳的歌坛在东端不是以一道直墙作为结束。相反，三个"中厅"被当作三个独立的要素来处理，中间部分的后殿比两侧的后殿突出得更多。西多会教士们很乐意地将集中式歌坛用在教堂中，例如茨韦特尔（1343 年）和凯斯贝姆（Kaisbeim）教堂（1352 年）。这两座教堂的建筑技艺完全是独创的，但是费尔登的集中式歌坛（大约建于 1300 年）是兰斯－亚眠大教堂直接的派生产物。

在威斯特伐利亚，索斯特的维森教堂的建筑师创造了一个完美的广厅（Halle）：其整体结构和每个开间跨的平面都接近正方形。立柱是由成束的梨形曲线组成，没有被柱头打断的等截面拱肋从这里起拱。这座直至 15 世纪才完成的建筑不仅将支撑和被支撑的元素混合在一起，而且取消了东西向的主轴线，形成极为统一和均匀的空间。索斯特是在德国集中式教堂漫长的发展过程中最成功的典范。

第九节　帕勒家族

帕勒（Parler）或帕利尔（Parlier）是中世纪用来指称大匠（magister operis）在建筑工地上的助手的职能。到 14 世纪这个词在莱茵河以东地区成为姓氏，这个事实使确认身份的工作变得更为复杂。

有资料显示该家族的第一个成员是老亨利希一世。他在科隆长大后，移居到施韦比施－格穆德并在那里建造了海利希克罗伊茨基尔希教堂的中厅。他的三个儿子彼得（布拉格大教堂的建筑师）、米迦勒一世和约翰一世。彼得的第一次婚姻育有两子：温策尔，他很可能就是 1400 年至 1404 年间应邀在维也纳（大教堂）工作的建筑师；另一个是

图 196　埃尔富特,圣塞弗兰教堂,中厅
图 197　埃尔富特大教堂和圣塞弗兰教堂
图 198　吕贝克,玛利恩教堂和市政厅
图 199　埃斯林根圣母教堂,内部

图 200　乌尔姆大教堂，外观
图 201　乌尔姆大教堂，中厅

图 202　乌尔姆大教堂，中厅的拱顶
图 203　乌尔姆大教堂，侧廊

图 204 阿肯大教堂，外观
图 205 阿肯大教堂，歌坛拱顶

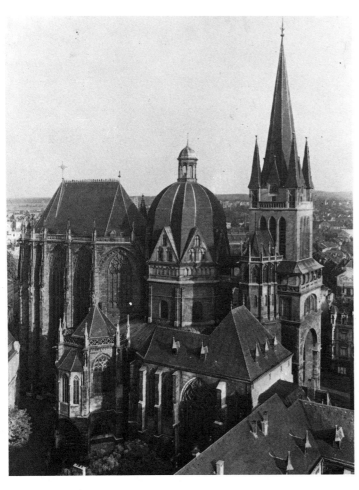

图 206 维也纳大教堂，平面
图 207 维也纳大教堂

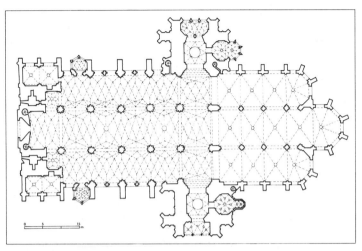

约翰四世，他是波希米亚的库特纳－奥拉(库藤贝格)的歌坛的创造者。从这个时候起，德国学者们区分出帕勒家族的一个南方支系。他包括约翰三世——布赖斯高河畔弗赖堡的城市建筑师（他在巴塞尔工作过），以及他的儿子米迦勒三世（他有一度当过一些斯特拉斯堡的工程的主持人）。

如果说这个建筑世家拥有一个独立演进、连贯一致的风格那将是大错特错。尽管不至于谈什么帕勒式的歌特风格，人们仍然可以从他们的建筑和雕塑中区分出足够的风格规律，并有理由称之为帕勒式风格。在 14 世纪下半叶，彼得·帕勒使用了新的语汇来表达自 13 世纪中期发展至今的南方哥特风格的趋势。从这个意义上讲，彼得·帕勒的建筑构成了朝着晚期哥特风格发展的过程中一个不可逆转的阶段。

和弗赖堡教堂和乌尔姆教堂一样，施韦比施－格穆德教堂是一个主教区教堂，它颂扬一种典型的在帝国境内的大城市中占主导地位的资产阶级精神的建筑概念。老亨利希帕勒在 14 世纪 20 年代开始修建这座教堂，并选择了集中式的格局，但它的支柱结构和总体的轮廓不再带有巨型的大教堂的印迹。中厅里只有简单的圆柱，这标志着它和托钵教派的美学观点一致。正立面也反映了西多会和托钵教派修士们的眼光——一面带有巨大的窗户山墙，装饰着十分精美的窗花饰。因此这里的口号是简化，但是并不是依据宗教上的理念。取而代之的是一个新兴的思想，是将会直接导致中世纪末期的一系列剧变的资产阶级人道主义。集中式的平面也用于歌坛的设计中（始建于 1351 年），并围绕以用拱座分隔开的礼拜室。它和茨韦特尔一起确立了一个新的歌坛设计的概念。施韦比施－格穆德教堂的建筑观念传播给了其他的建筑，尤其是纳德林根的格奥尔格斯教堂。

1356 年在阿拉斯的马提亚过世后，亨利希 23 岁的儿子彼得被任命为布拉格大教堂的建筑师，直到此刻，该教堂一直是根据法国式大教堂的平面在修建，帕勒没有改动到习惯上回廊和附带的礼拜室。有意思的是，随同马提亚带入布拉格的纳博讷和图卢兹的潮流一起（例如高侧窗明确的装饰性处理），彼得帕勒将科隆的影响带给了布拉格。另一方面，圣文采斯劳斯教堂的圣器室和礼拜室——分别在歌坛的南北两边——没有显示出依赖原型的迹象。圣器室内的方底星状穹顶采用垂饰拱心。晚期德国哥特风格的基本特征就是在布拉格大教堂生根发芽的：即没有柱头，并且不考虑功能上的差异而在拱顶和支柱中全部使用形

图 208　维也纳大教堂，外观细部

图 209　海里根奎乌兹修道院教堂，
　　　　　歌坛

状完全相同的构件。窗户的数量很少，并且宽度受到限制。总之，这是一个装饰华丽、不落俗套的风格，其效果完全集中在室内立面上。

取消歌坛中的横拱使得开间之间可以互相贯穿，并且拱肋交叉的方式消除了空间的限制。上层拱廊部分沿高侧窗栏杆所形成的断层水平地连成一个整体，而且它看上去似乎像突入室内空间一样。通过这个方式，彼得·帕勒得以强调该空间的不确定性，因为它实际的边界很难判断。

由于深得皇帝的赞誉，彼得·帕勒还修建了哈德堪尼（Hradčany）的诸圣堂（始建于 1366 年）、横跨伏尔塔瓦河的查尔斯大桥（建于 1357 年）及其令人难忘的桥门，以及库林教堂始建于 1360 年的歌坛。作为一名雕塑家，他设计了奥托卡尔一世的坟墓（1377 年）和大教堂的座位（已毁）。

目前还不能肯定彼得·帕勒是否负责修建过纽伦堡的弗劳恩教堂。当皇帝传召士瓦本的建筑师来接替已故的法国设计大师时，教堂的基础早已由查理四世在老犹太人聚居区的土地上修建好了，并在 1358 年正式落成。和施瓦本－格穆德教堂一样，弗劳恩教堂是一个集中式教堂，并且有些元素（例如在窗户下沿内外两侧连续贯通的飞檐）是典型的帕勒式的。著名的帕勒式艺术的源泉——普鲁士、科隆、斯特拉斯堡，在某种程度上还有英国——没有完全支配帕勒式的风格。帕勒氏把它们当作指导原则，将它们改造成个人的作品。他的建筑语言标志着与法国哥特风格明确的绝裂，而且这个分裂发生在一座由法国建筑师开始的建筑上，这就尤其具有讽刺意味。

第十节　砖结构建筑

哥特建筑中砖结构的使用局限于两个专门的地区：巴伐利亚和德国北方界于北到北海和沿波罗的海诸省分（普鲁士东部的弗里斯兰，西至荷兰，东南至波兰之间的部分。这种结构还出现在丹麦、瑞典和芬兰。

在 13 世纪和 14 世纪期间，主要是在沿波罗的海的一些大城市中建造了巨型的主教区教堂。吕贝克的几座建筑，包括前面提到过的马里安教堂，展示了罗马风时代之后，砖结构建筑的几个发展阶段。有一组建筑物尤其受马里安教堂的中厅立面和歌坛平面的影响：如斯特拉尔松的圣尼古拉斯教堂、德伯恩（Doberan）的西多会教堂（建于 13 世纪

图 210 索斯特，维森教堂，外观

末)，和苏威林大教堂（建于 1327 年）。

在很多情况下，方济各会和多明我会的修士们在将哥特艺术引进这个区域中起了一定的作用(例如，单中厅或集中式教堂在诺伊马克和乌克马克两地的使用)。人们吸收了规定中厅一样高的法则在波美拉尼亚和梅克伦堡的几个内陆省分(格赖夫斯瓦尔德的弗劳恩教堂，始建于1250 年)，以及在斯德哥尔摩(利达霍尔摩教堂)和吕贝克本身(圣雅各布教堂)特别流行。最值得注意的"集中式歌坛"的设计可以在斯德丁教堂中找到（14 世纪晚期）。

普鲁士在红砖哥特式的发展过程中起了创新的作用。戈卢布教堂(王宫的礼拜堂，大约建于 1300 年)和马尔堡教堂（1286 年)的彩色釉面砖和美丽动人的星状拱顶创造出类似东方艺术的别致的效果。

不过，13 世纪和 14 世纪砖结构建筑在立面处理上获得了它最具创造性的表现形式。这种材料适用于大面积连续的墙面，而不适合做雕刻装饰，那通常是保留给质地更软的石材。通过增加主、侧立面上山墙的数量，建筑师们将教堂的轮廓与城市建筑风格的肌理和谐地结合在一起。肖兰教堂（1273—1335 年）和吕贝克的圣卡塔琳娜教堂(方济各会的，1280—1356 年)的立面好似"镶绣着"各种各样装饰性主题(玫瑰窗等等)的巨大的提花挂毯。伦巴第式的连续拱主题的重新流行指出了它们与伦巴第建筑之间不可忽视的关系。与奥彭海姆教堂或普伦茨劳教堂的东侧山墙一样，纽布朗顿堡的弗劳恩圣母教堂的立面满布极为丰富的、装饰华丽的窗花。事实上，立面通常会像施瓦本 — 格穆德教堂或塞勒姆教堂那样做成山墙形，以便充分发挥建筑材料"如画般"的潜质。

第十一节　1400 年左右的一代建筑师

我们知道许多 14 世纪中后期出生的建筑师的姓名和作品。他们中间包括(以去世日期为序)迈克尔·克纳布（Michael Knab，1418 年之前)，乌尔瑞迟·冯·恩辛格和文佐·罗瑞克泽尔（Ulrich von Ensingen and Wanzel Roriczer，1419 年)，亨利希·布隆斯伯格和马登·哥特那（Heinrich Brunsberg and Madern Gertener，1430 年)，以及汉斯·冯·布格豪森（Hans von Burghausen)，其别名斯特海墨（1432 年）更出名。不像 1000 年那个关键的年代或 1150 年左右的那代建筑师那样，1400年前后的这段时期没有产生出一个完全统一的建筑风格。正相反，它有

图 211　施瓦本 — 格穆德，圣十字
　　　　教堂，歌坛

意思的地方恰恰来自它那形形色色迥然不同的各种倾向，无论它们是以法兰克福、兰茨胡特、斯特拉斯堡、米兰还是但泽为中心。

哥特那·马登参与了 1409 年开始的法兰克福大教堂的修建工作：他的创造力最有力地表现在建筑画和雕塑中。他设计的法兰克福圣巴托洛梅乌斯教堂的塔楼在神圣罗马帝国的建筑中占有特殊的地位。它暴露出同勃艮第和贝利公国的"宫廷"风格的联系，这是一种对 13 世纪法国形式的怀旧风格。与乌尔姆大教堂或斯特拉斯堡大教堂的尖顶相反，这座塔的顶上冠以带肋的穹窿。1419 年，在乌尔瑞迟·冯·恩辛格去世之后，马登（与约尔格·冯·和来自塞勒斯达的埃拉尔·金德兰一起）应召作为顾问继续修建斯特拉斯堡的大教堂尖顶。这些建筑师中的某些人被邀请前往沙特尔和米兰提供专家意见，这一事实证实了他们的声望具有真正的国际性。

从迈克尔·克纳布的作品中也可以观察到 1400 年这一代建筑师的"装饰性"风格：如维也纳新城的斯布林·阿姆·克罗伊茨(Spinnerin am Kreuz)（一座塔）和维也纳的玛丽亚岸（Maria-am-Gestade）（始建于 1394 年）。他和哥特那（Gertener）一样，喜欢维也纳大教堂那样的复杂性，这是路易九世的圣沙佩勒这一分支的特点。

除了 1391 年在米兰有过较为短暂的供职外，乌尔瑞迟·冯·恩辛格几乎整个一生都居住在他的故乡士瓦本境内。他的建筑是平德称之为哥特式（Burgergotik）的最具代表性的作品，这是一个盛行于 1400 年左右，回到 13 世纪法则的风格返祖现象。他在 1392 年开始改建乌尔姆大教堂的中厅，用巴西利卡式的平面代替集中式教堂的形制。不过，与 13 世纪的建筑理论相反，这里结合了一个单独的立面塔楼，放置在从中厅延伸出来的位置上。西入口被由厚重的拱座所形成的门廊所遮盖。塔楼的修建工作由乌尔瑞迟的女婿汉斯·库恩继承下来，但直至 1890 年才依照马陶斯·伯布林根（Matthaus Boblinger）的设计完成。乌尔瑞迟去世后对其设计（根据乌尔姆和伦敦的图纸）的这个阐释将他严谨的建筑构思淹没在一片装饰的汪洋大海之中。我们在乌尔姆大教堂、斯特拉斯堡大教堂（建于 1399 年至 1419 年）和埃斯林根（始建于 1399 年）看到的立面塔楼，实际上是弗赖堡大教堂的塔楼（始建于 13 世纪）启发了乌尔瑞迟的构思。

第三个其生平及作品值得注意的人物是汉斯·冯·布格豪森，在当时的文献中称作斯特海墨。他将他最直接的源泉——士瓦本和波希米亚的帕勒式建筑（如施瓦本 — 格穆德教堂）——重新塑造成新的要素，构成了德国哥特风格最后一个阶段完美的表现形式。他的建筑活动持续了四五十年，并且主要以巴伐利亚公国为中心。

他在兰茨胡特的两个教堂，圣马丁教堂（始建于 1387 年）和施皮塔尔教堂（建于 1407—1461 年），表达了相同的建筑构想：一个大的开敞空间包含在集中式的中厅之中，优雅的大跨度支柱支撑着延伸覆盖整个教堂的拱顶，实际上消除了开间之间的分隔。

汉斯·冯·布格豪森对统一的室内空间以及增加其高度的追求促使他将构造设计的可能性推到了它们的极限。例如，圣马丁教堂的支柱间隔为 1m（39⅜）英寸，大约 22m（72 英尺）高。萨尔茨堡始建于 1408 年的方济各会教堂的歌坛将集中式教堂的立面和由拱顶围合礼拜室的想法结合在一起。其设计显示拱顶发挥了本身内在的形式作用：拱肋在这里蜕变成纯粹的形式，而不再符合特殊的结构要求。

对装饰的共同偏爱是亨利希·布隆斯伯格风格的特点，他曾在德国的普鲁士工作过，之后在 1401 年承担了布兰登堡的圣卡塔琳娜教堂的重建工作。教堂中厅的西边升起一个巨大的、点缀着山墙的带窗饰的窗户，这一设计稍后被布隆斯伯格用在唐格明德的市政厅中（大约建于 1430 年）。在宗教和平民建筑中使用相同的设计主题，这一愿望促使形成了和谐的城市天际线。

第十二节　晚期哥特建筑风格

1400 年代的建筑常常被称作"圆润的风格"（weicher stil），这是一个从绘画和雕塑借用过来的评论术语。恩辛格在乌尔姆和斯特拉斯堡规划的带内凹边界的尖顶当然应该得到这个标签。但是如果说斯特海墨的作品也是如此，就会引起很大的争议。同样地，"坚硬的风格"（eckiger stil）这个表述，可以合理地描述绘画或雕塑艺术演进过程中的一个阶段，但是它不能完全概括 1450—1460 年间的建筑艺术。由于它仅仅关注形式，这个术语没有涉及到空间方面的考虑。我们再一次看到这个时期建筑艺术的丰富在于它的多样性。

在很多情况下，15 世纪中期或后期建造的结构仅是将前几代人经验的进一步精致化。纽伦堡的洛伦茨教堂是根据孔拉·海因策尔曼的规划建造的，并由孔拉·罗瑞克泽尔继承；该教堂的集中式歌坛重现了一个世纪前建造的施瓦本 — 格穆德歌坛的某些主题。带栏杆的过廊

图 212　讷德林根，格奥尔格斯教堂，
　　　　内部
图 213　布拉格大教堂，内部

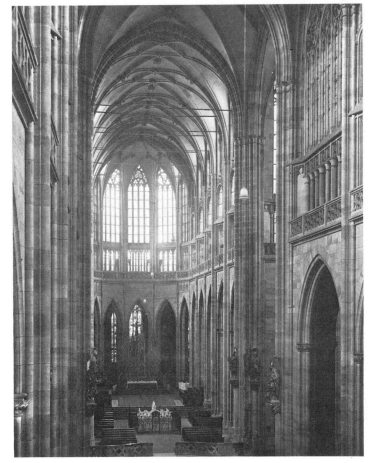

勾画出立面上两个楼层的轮廓，罕见的雕塑感使墙面大为增色。在巴伐利亚出现了各式各样的砖结构建筑（如万德普法伊勒教堂），特点是一个单中厅的立面，侧翼紧密地排列着在室内拱座之间的礼拜室。

在修建了斯戴尔（奥地利）和唐纳斯马克（匈牙利）的主教区教堂之后，汉斯·普克斯潘（Hans Puchspaum）在 1446 年接替他在维也纳的前任上司汉斯·普拉卡提斯成为维也纳大教堂的主建筑师。这座建筑的修建工作（始于 15 世纪 30 年代）显示出普克斯潘个人风格的形成过程，其风格在维也纳的影响传播至整个中欧的过程中将是非常关键的。教堂的北塔反映了他的艺术构思：通过重新组合窗花，新的活力被注入了火焰式的形式中。在建筑的核心和连续拱的垂直性以及盖在其上的山墙之间出现了一个新的关系。安娜贝格的主教区教堂是最完美的德国集中式教堂。这个在萨克森新成立的市镇因为有银矿而变得富裕起来。安嫩教堂八边形的支柱在棱角处做成圆弧状，拱顶的肋从扭曲的支柱上起拱，整个拱顶的设计跟支柱的形状相响应。可以说，在某种程度上拱顶的扭转和支柱上的凹陷使室内空间动了起来。建筑师对透视的操控使观察者变成为这个充满活力的建筑风格的一名积极的参与者。

阿诺德·冯·韦斯特法伦（Arnold von Westfalen），萨克森的库菲尔斯特建筑师是 15 世纪某些人的完美典范，他敢于闯入看上去似乎是不可能的领域。此人是一个不知疲倦的新奇空间组织的创造者，是一个无以伦比的熟谙建造奇妙拱顶的行家里手。1470 年他应召前往迈森，建造那里的市政厅、城堡和大教堂，并于 1481 年在那里去世。阿尔布雷克特斯堡虽然是从法国庄园演变而来，不过却是根据一个创新的平面布置的。其外墙给人以一个封闭体量的外表，完全掩饰了室内的结构：那里面的砖墙挖出许多壁龛，拱顶的多种形态强化了空间的破碎感。柱子有椎台形和螺旋形的柱础，对角的斜拱从沿柱身不同的部位起拱，有时非常靠近柱础。这样，消除了支撑和被支撑的元素之间通常的张力，产生出一种"运动"的空间。螺旋楼梯自己本身有一种动态，引起它的建筑构件间的扭转。

在哥特风时期中，维也纳、科隆、伯尔尼和斯特拉斯堡的大教堂在传播一些伟大的建筑思想潮流方面起了关键的作用（维也纳石匠会馆中保存下来的大量图纸足以为证）。另外，大量的次要建筑的图纸收藏在各主要会馆中。

图 214　兰茨胡特，施皮塔尔教堂，内
部

图 215　乌尔姆大教堂，尖塔细部

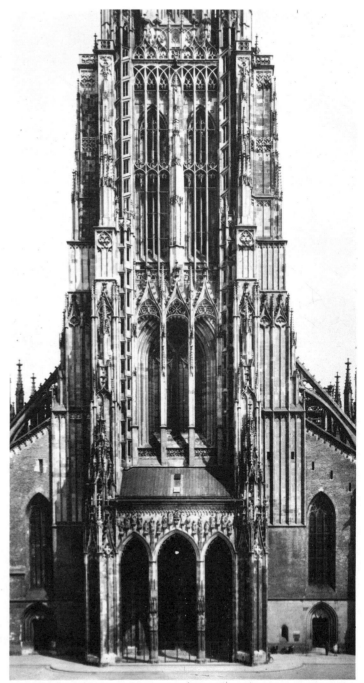

图 216　萨尔茨堡，方济各会教堂，歌
　　　　坛拱顶

图 217　纽伦堡，洛伦兹教堂，内部
图 218　纽伦堡，瑟巴杜斯教堂，歌坛
　　　　和回廊
图 219　安娜贝格，安嫩教堂，礼拜室
　　　　拱顶平面和主拱顶平面

在 1459 年雷根斯堡的石匠大会上决定无比强大的斯特拉斯堡会馆的权威性将主导其他的建筑项目。当时，各主要建筑的修建工作不是正在进行之中（如伯尔尼、维也纳），就是已经完成（如斯特拉斯堡），或者是停顿下来（如科隆、布拉格）。无论完成的程度如何，建筑师们感觉到需要订立和推行通用的规则，并且将理论知识传授给将来的建筑师和准建筑师们。马陶斯·罗瑞克泽尔 1486 年发表的《塔之书》（Puechlein von der Fialen Gerechtigkeit）相当有教益地解释了从平面到立面的过程（我们应当补充一点，即 1486 年这一年意大利还出版了维特鲁威的著作）。很难判断与城市的其他行会的地位相比，帝国境内的建筑师实际上享有多大程度的自主权。我们知道在某些情况下，城市在建设中行使着真正的财政和原材料的控制权。13 世纪末斯特拉斯堡就是如此。另一方面，大教堂的建筑师们显然也负责民用建筑项目（他们中就有普克斯潘、布隆斯伯格和阿诺德·冯·韦斯特法伦）。总之，石匠公会及其成员的特权地位很可能被浪漫的解释大大地夸张了。

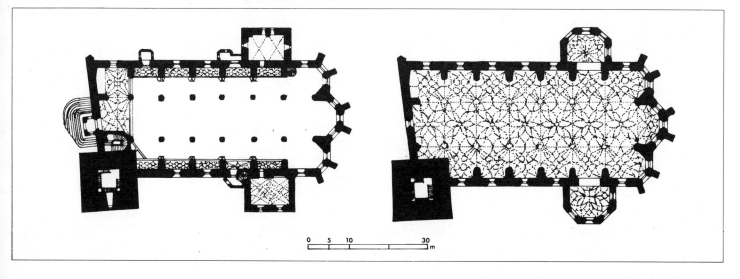

0 5 10   30
                 m

第六章　在意大利和伊比利亚半岛的哥特建筑

第一节　意大利

不同于英国，意大利半岛对 12 世纪导致产生哥特艺术的结构和空间的努力没有表现出多少兴趣。伦巴第沉重的交叉肋拱尽管本身十分引人注目，却没有被结合进一个可以传递哥特式空间概念的形式或技术的系统。确实存在着一些孤立的元素——如外墙的交叉拱（蒙雷亚莱）或大型圆洞口（特罗亚和图斯卡尼亚）——有可能启发了英国、诺曼或法国的处理手法，例如，1130 年至 1140 年间法国教堂中的玫瑰窗。不过，早期基督教或古典模式的强大的影响长久地维护了旧的建筑传统，因此阻碍了向哥特风格演变的过程。

这里我们将不再重复 12 世纪末西多会建筑中最早出现这个新风格的情景：它们是罗马附近始建于 1187 年的福萨诺瓦教堂和卡萨玛瑞教堂（1203—1207 年），其交叉肋拱仿照了比它古老得多的西多会教堂的样式。1219 年之后建造的韦尔切利圣安德里亚教堂是第一个证明借用法国风格会造成麻烦的建筑。它的平面基本上是传统的：横厅中心覆盖以架在帆拱（在穹顶和起支撑作用的砖石结构之间的曲面墙）上的穹顶，连续的墙身上开有小窗。但是尖耸的交叉肋拱和拱顶下留有细长壁柱的做法返回到了法兰西岛。没有上层拱廊和过廊的立面与西多会教堂类似。不过，方济各会和多明我会教派的建筑——尤其是阿西西的圣弗朗西斯科教堂——注定要成为哥特建筑在意大利的发展中更起决定作用的因素。

该教堂始建于 1228 年（圣方济各死后两年），虽然 1253 年才举行落成仪式，它极可能在 1239 年已经或多或少地完工了。由于它极为丰富的壁画和彩色玻璃，以及它不同寻常的宗教意义，圣弗朗西斯科教堂是重要的基督教胜迹之一。其建筑风格具有如此强大的创造性，以至于它的原形已不得而知了。就像罗马风之前或罗马风的主教制或皇室的礼拜堂，两个楼层构成了整个立面。其简练的平面——单中厅、外突的横厅、东边的单后殿——被教堂下部新加建的侧礼拜室和西横厅弄得有点复杂。在教堂上部的立面中，一个覆盖着壁画装饰的高底座位于一排狭长的双扇尖拱窗之下，这排窗户从基准面后退，使一条连续的走道得以在窗户下面环绕中厅。这个形态以及该教堂的基本平面与昂热大教堂相像，后者的重建工作于 12 世纪中期开始，并在 13 世纪头三分之一的时间里继续进行。然而，阿西西的中厅绝妙地协调效果与这个假

图 220 福萨诺瓦修道院教堂，立面
图 221 卡萨玛瑞修道院教堂，内部

图 222 韦尔切利，圣安德里亚教堂，
　　　内部

想的典范大相径庭。其方形的拱底和大胆地强调高耸的带壁柱的承重墙等手法创造出一个与哥特建筑的精神相一致的韵律。此外，这里窗户的形式类似于典型的法国式窗户。总之，在圣弗朗西斯科教堂里没有任何东西受罗马风传统的支配。这便是哥特艺术的适应特殊环境的一个例子：一座用于传道的教堂，有着统一的、分布明确的、比例宽敞和谐的体量，其拱顶由厚重的方形斜拱肋支撑。由于后来的加建，以及它本身较为沉重和矮胖的比例，教堂的下部没有产生类似的引人入胜的效果。然而，它的基本结构和圣坛上部一样具有创造性：它由教堂上部的室内拱座、巨大的圆柱形室外拱座和低矮的飞扶壁支撑，后者在形式和功能上与1225—1235年间的法国飞扶壁只有微弱的联系。

　　阿西西的圣弗朗西斯科教堂不仅仅是方济各教派建筑中为适应这个特定修会的需要而设计的一个伟大的作品。它为适合绘制壁画的墙面，它对扣挖墙体的极力反对，以及它逻辑的结构体系，所有这些促使该教堂成为意大利特有的哥特建筑的变种的典范之作。有人指出其高侧窗处的室内走道很像欧塞尔和第戎的圣母院的勃艮第式的处理手法。这个关系在阿西西的圣基亚拉教堂可以看得更清楚，后者屋顶的拱和平直的墙之间的分离比圣弗朗西斯科教堂更为明确。

　　意大利第二座重要的方济各会教堂是博洛尼亚的圣弗朗西斯科教堂，虽然和阿西西的属于同一个时代，但是平面却十分不同；它于1236年奠基，1250年落成，并在一次局部倒塌后重修。其平面是巴西利卡式的，有侧廊和歌坛，其回廊通向九个放射形的礼拜室。根据艾米利亚地区的习惯，该建筑用的材料是砖，中厅里的六分拱对13世纪而言明显是过时的。西多会建筑对其平面和立面的影响是同样有力的：矮胖的拱廊上方的墙体中开着细小的窗户。其室内空间无可争辩的美感来自清晰的体量分布和支撑要素，后者的红砖质感与墙体和拱底的抹灰表面形成反差。在超过一个半世纪的时间里，这座重要的大厦为博洛尼亚的宗教建筑提供了一个范例。

　　正是多明我会教堂中最重要的佛罗伦萨新圣玛利亚教堂成为13世纪中期和后期意大利哥特建筑最成功和最具前途的创作成就。该教堂于1279年奠基，它的平面受到西多会修道院的启发，有折线形的后殿和斜对着巨大的横厅开敞的礼拜室。它宽大的比例更多地强调了开间的宽度，而不是中厅的高度。这座教堂的特殊品质来源于它统一的室内空间：侧廊透过高柱廊向中厅开敞，柱廊则支撑在结合着半柱的纤细

图 223　阿西西，圣弗朗西斯科教堂，
　　　　下教堂平面
图 224　阿西西，圣弗朗西斯科教堂，
　　　　上教堂内部

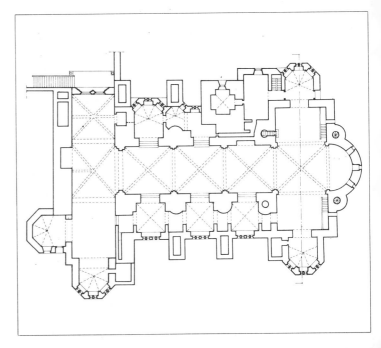

的方柱上。圆形的高侧窗穿透连片的素墙面。斜肋、横拱和支柱的涂彩突出了建筑设计的清晰性。就这样，以平直的墙围合起来的室内空间通过出色的材料安排被醒目地分割开来。陡峻的弧形拱顶的运用使建筑师们不用依靠飞扶壁就可以解决平衡问题。因此，在新圣玛利亚教堂中没有东西证明它与同时代的法国建筑有联系。正是在这里，意大利哥特建筑实现了它第一件成功的艺术作品。与 13 世纪下半叶托钵教派建筑的其他实例相比，佛罗伦萨多明我教堂的超群地位很快就变得十分明显：例如科尔托纳的圣弗朗西斯科教堂、墨西拿的圣弗朗西斯科教堂（1254 年之后），以及那不勒斯的圣洛伦佐教堂（后者因为有带回廊的歌坛布局而最具"法国味"）。它们是一些有高大的带木顶棚的单中厅的教堂；穹顶顶棚只保留给了歌坛部分。其结构简单，装饰朴素，这些因素点明了托钵教派最初的安于清贫的誓言，以及圣坛空间用于布道的功能。尤其值得一提的一个特点是侧面的礼拜室被设置在中厅旁的拱座之间。这个设计概念在法国南部和西班牙广为流传，而且在 14 世纪期间仍然如此。哥特艺术的精神体现在开洞的形状和比例之中，特别是照亮歌坛的高大的窗户，以及对空间统一性的关注。

　　然而，有些出色的 13 世纪建筑并不能恰当地划进哥特风格的这些分类之中。锡耶纳大教堂始于 1250 年的修建工作由于平面上多次的改动而持续了 150 年之久。尽管既大且高，它基本上是一座罗马风建筑：水平石缝的涂彩和支柱的体量完全抵消了哥特设计中典型的韵律效果。锡耶纳大教堂通过它的平面（包括一座带穹窿顶的中央塔楼）显示它与托斯卡纳（比萨）或法国（普瓦图）罗马风的典型建筑有着更密切的关系。混用不同时代的要素的做法也是另一项伟大的意大利建筑工程，帕多瓦的圣安东尼奥巴西利卡教堂（始建于约 1230 年）的特点。虽然，它和博洛尼亚的圣弗朗西斯科教堂一样包括了一个带回廊和礼拜室的歌坛，但是圣安东尼奥教堂的立面沉重得多。它的横厅和中厅是罗马风和拜占庭传统的分支。其室外轮廓显示出同样特别的风格混用。事实上，13 世纪的意大利大教堂中惟一可以被看作是典型的哥特风格的是阿雷佐大教堂（歌坛修建于 1277 年至 1289 年间）。尽管外墙的装饰以及没有飞扶壁和突出的拱座，使它显得对新潮流无动于衷；但是在室内，细长的比例、有力而逻辑的空间划分，以及光线在窗饰底下透过双扇尖拱窗的散布，这些合在一起产生出一个不同寻常的范例，说明辐射式的哥特风格是如何转变成高敞的侧廊、穹窿状拱顶（例如佛罗伦萨的

图 225 博洛尼亚，圣弗郎西斯科教
        堂，后殿外观

图 226　佛罗伦萨，新圣玛丽亚教堂，
　　　　内部

新圣玛利亚教堂），和结合在墩柱里的柱子等等的意大利建筑技巧。其
14 世纪的中厅是根据和歌坛一样的尺度和设计建造。在文艺复兴期间
增加了丰富多彩的装饰——壁画和生动的彩色玻璃——使整体的效果
更加接近法国式的室内效果。

　　这里应当注意的另一个独特的建筑是在托迪方济各会的圣弗图纳
多教堂，靠近奥维多，建于 1292 年至 1328 年。圣弗图纳多教堂是一个
集中式教堂；其高耸的支柱（一个环绕以壁柱的纤细的中心核）支撑起
三个等高的中厅。这个布置不禁让人想起 12 世纪晚期安茹的类型，尤
其是普瓦捷大教堂。（例如，简单凸圆截面的拱肋像 13 世纪安杰文的常
规做法。）室内需要斜撑来加固这座大胆地轻巧化了的结构。不过，有
一个特点显示了托迪的教堂和南方修道院建筑之间的亲缘关系。就像
前面提到过的意大利南方的建筑（例如那不勒斯的圣洛伦佐教堂），侧
翼的礼拜室是布置在沿中厅两侧的拱座之间的。歌坛朝着多边形的后
殿开敞；一条沿窗座贯穿而过的走道已经在阿西西的圣弗朗西斯科教
堂中使用过。这一复杂折衷主义手法表明在世纪之交，即新圣玛利亚教
堂主要的佛罗伦萨派生物诞生前夕，意大利建筑师摇摆不定的心态。

　　我们不能不提及民用建筑项目，否则就离开了 13 世纪的意大利。
在这段时期内，意大利的城邦比西边的一些国家在更大的程度上创造
了在豪华程度和手工质量方面可以与宗教艺术匹敌的建筑风格。霍亨
斯陶芬王朝的灭亡（大约 1250 年）很可能为"被解放了的"地方政治
势力"自从古代以来第一次"（J·怀特）向创造城市辉煌迈出决定性的
一步提供了动力。这些城市日益增长的独立性和野心反映在向外开敞
的底层拱廊和上层巨大的两分或三分的窗户上。阳台和宽大的露天台
阶与先前堡垒式建筑的军事化外观截然相反。旧的防御性功能惟一保
留下来的痕迹是雉堞状的屋顶和偶尔出现的水塔。在内部，二楼通常包
含有一个适合使用绘画装饰的宽敞的大厅。在这些建筑中有奥维多的
卡皮塔诺的波波洛府邸（1250 年之后），仍然部分地基于罗马风的设
计；1280 年之后修建的皮亚琴察的孔缪纳勒府邸；以及最重要的，佩
鲁贾巨大的普瑞奥利府邸，始建于 1290 年之后不久，并持续至 14 世
纪。玫瑰窗下带有窗棂的洞口，其韵律序列创造出一个和谐的构图，迟
至文艺复兴时期仍为城市建筑广泛地运用。奇怪的是，佛罗伦萨的卡皮
塔诺府邸（或称波德斯塔府邸，如今的巴尔杰洛博物馆）至少在外部形
式上恰好属于这一类建筑。最后一点，维泰博的帕帕勒府邸上层的交叉

主廊证实了它与北方辐射式艺术的联系。

第二节　14 世纪的意大利哥特建筑

　　如果以新圣玛利亚教堂为出发点，可以对意大利的哥特风格下一个定义。经过革新的佛罗伦萨的教堂结合了北方教堂的元素，并在宽度上设想出一个新的空间概念，即通过大量地向侧面敞开，将几个中厅连为一体。另一方面，歌坛，尤其是位于中央的后殿，却采用不同的手法。几个高大的窗子挨个排列的方式，并不同于法国哥特盛期或辐射式的设计，而与德国的霍克库（Hochchor）风格相类似，例如雷根斯堡的多明我会教堂（格罗斯）。到了大约 1300 年，由于佛罗伦萨方济各会的圣克罗齐教堂的兴建，才得以更全面地实现了哥特风格的这一变体。

　　这座教堂可能出自佛罗伦萨伟大的雕塑家，13 世纪佛罗伦萨大教堂的主建筑师（Capomastro）阿诺尔福·迪·坎比奥（Arnolfo di Cambio 卒于 1302 年）之手，但是没有明确的证据支持这一假说。事实上，圣克罗齐教堂与大教堂最初的规划并非完全不同。这一方济各会教堂是一座巨大的建筑物：正中的中厅宽 20m（66 英尺）[沙特尔大教堂是 16m（52⅓英尺）]，高度相当于北欧的一些大教堂[几乎 30m（100 英尺）]。除了壁龛及其礼拜室外，屋顶均为木制。和新圣玛利亚教堂一样，圣克罗齐教堂的规划也受到西多会建筑设计的启发。内部空间虽然互相贯通，但仍以多边形的墩柱、壁柱和楼座明确地划分开来，由枕梁承托的楼座勾画出立面的两个楼层。十个礼拜室（后殿两边各五个）提供了大量可供装饰的墙面。壁龛中高耸的双扇尖拱窗的竖向延伸使光线以哥特建筑特有的方式散布进室内。圣克罗齐教堂与卡尔卡松的圣纳泽尔教堂和锡耶纳的圣弗朗西斯科教堂的后殿有相似之处，但是它坚持非常独特地表现了一种独立的风格。

　　认为圣克罗齐教堂最初的设计可能是阿诺尔福·迪·坎比奥所作的根据是它与佛罗伦萨大教堂的第一个设计有很多相似之处（C·博伊托、W·帕兹）。大教堂始建于 1294 年，但在 1357 年至 1366 年间由弗朗西斯哥·塔兰提（Francesco Talenti）和其他建筑师完全重建。大教堂的建造史引出了一系列棘手的问题，其中一些尚待解决。1300 年的规划似乎在教堂的东端包括了一个覆盖在朝着三个后殿开放的八边形的基座上的穹顶。14 世纪教堂建造时采用的是该方案放大了的翻

版，15 世纪伯鲁乃列斯基著名的穹顶就是加在其上的。尽管它有着 19 世纪新哥特风格的立面，其外部展示了大理石和有色石材斑斓的色彩，与洗礼堂罗马风的佛罗伦萨风格协调地混合在一起（后者几乎没有被顶上带扁平的三角形山墙的尖窗拱所改变）。室外的拱座仅微微突出一点，因此与墙表面的处理结合得很好。圆拱和长方形框架的恰当运用预示了罗马风的"复兴"，同时，上层的穹顶和鼓座（穹顶下部一圈圆形或多边形的墙）又使其增加了初生的文艺复兴的要素。中厅的体量宽敞，呈四方形，歌坛则是多边形的。中厅由四个开间跨组成，其带壁柱的多边形支柱支撑着一个高大、宽敞的拱廊，因此形成与圣克罗齐教堂相类似的空间相互渗透。内立面同样有高侧窗下由枕梁承托的楼座（它们是圆形的，与新圣玛利亚教堂相似）。巨大而陡峻地内凹的交叉肋拱顶追随了在 13 世纪就牢固地建立起来的拱顶传统。尤其是每一个巨大尺度的构件使该教堂给人留下气势恢宏的印象：宽阔的拱廊，有力的支柱，以及最重要的，覆盖着伯鲁乃列斯基的穹顶的东翼。在 14 世纪空间群落交织严密的北欧建筑中，没有哪个能与佛罗伦萨大教堂相媲美的。窗子和周围墙面的关系赋予墙面明显的优势，摈弃了骨架结构的做法。结果由于不再需要外部的飞扶壁（除了歌坛中的拱座墙），结构问题大大地简化了。佛罗伦萨独特的审美观坚持忠实于本地的传统，它们是在各种专门的会议中被小心地构思确立下来的，而这些会议的纪要留存至今。它被认为是与哥特审美观的对立面（如狄翁），以及在 14 世纪期间逐渐成形的文艺复兴风格的最早探索（如 C·迦斯蒂、H·撒尔芒、怀特）。

　　在锡耶纳，佛罗伦萨的托斯卡纳竞争对手，多明我会和方济各会的教堂比大教堂更代表建筑的潮流。圣多明我教堂始建于 1309 年之后，是一座巨大的砖石结构，其严谨的正方形构图摈弃了一切建筑的装饰。虽然狭长的横厅中的矩形礼拜室原则上与圣克罗齐教堂的类似，但是实际的效果要朴素得多。另一座教堂，圣弗朗西斯科教堂，始建于 1326 年，并在 15 世纪当它的中厅高度增加时被改建。它的平面和立面与圣多明我教堂一样属于托斯卡纳建筑，并且建筑材料也是砖。不过，比例优美的木顶棚空间——即横厅对中央的中厅体量的从属关系——标志着常规布局的一种变体。另外，砖石工艺超凡的质量以及狭长、带有精美窗饰的窗户（尤其是歌坛的大窗）表明该教堂受到了所谓国际式的影响，而不是法国的辐射式的影响。

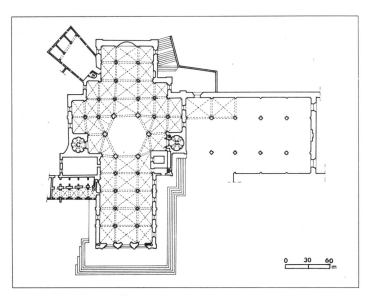

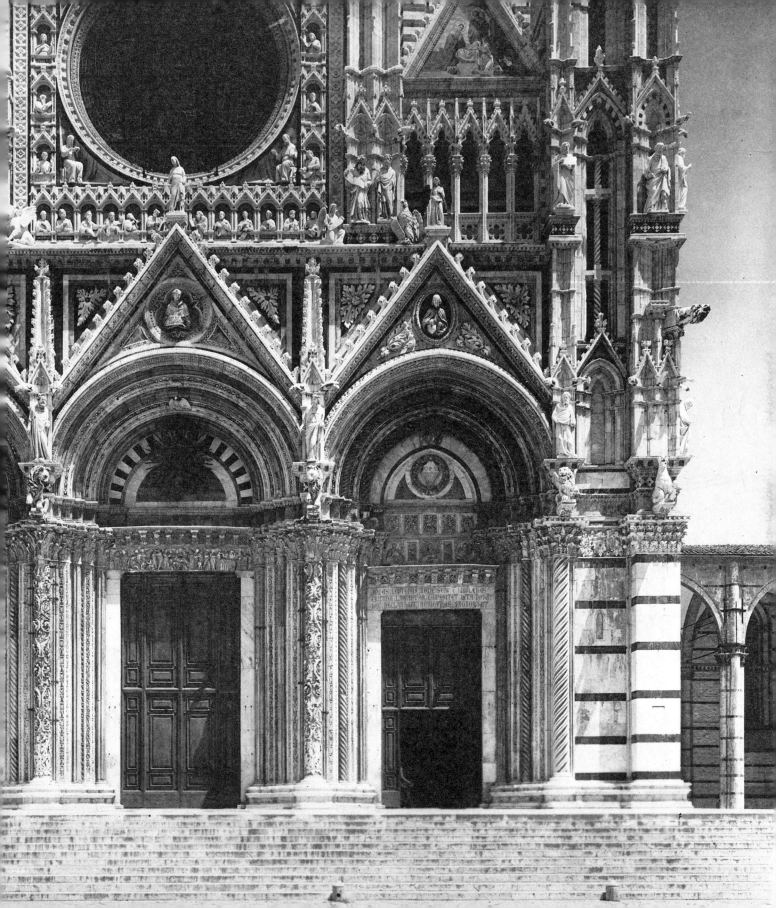

图 230 托迪，圣弗图纳多教堂，中厅
局部

14 世纪期间在锡耶纳建造的另外两个重要项目是大教堂和普伯利库府邸。扩大大教堂歌坛的重要决定是在 1322 年作的。其目的无疑是为了超过奥维多的大教堂，甚至是为了超过佛罗伦萨大教堂。经历过无数次规划上的改动和重新使用旧的设计，这项修建工作持续到 1359—1360 年。这项混乱的修建工程得到的结果是过时的风格，有着不可思议的技术矛盾性。锡耶纳的大教堂一直被称作意大利向哥特建筑转变的历史过程中最大的失败之一。

另一方面，普伯利库府邸必须被看作民用建筑中，大概也是中世纪所有城市设计中最辉煌成功的尝试之一。整个中心广场（半圆形的公共广场）是根据市政法令（1298 年）"按部就班"地实现的，这些法令控制着房屋大小和风格。府邸本身是分阶段修建的；1338 年至 1348 年间建造了芒基雅塔，它是意大利所有的市政塔中最高、最优雅者。尽管各个部分很不相同，府邸的立面仍被它那令人羡慕的和谐的楼层安排所主导，上面点缀着三扇开的哥特式窗户。保护得异常好的室内展示了一系列复杂的会客厅、门厅和走廊；在它们的装饰品中可以列举出中世纪意大利绘画艺术最杰出的一些作品。由于不知道它的建筑师是何人，很有可能该工程是集体努力的结晶，凝结着画家们（如利波·梅米）、雕塑家们（如阿古斯蒂诺·迪·乔万尼）以及整整一代锡耶纳建筑师们的各种贡献。

这样在 14 世纪的托斯卡纳发展出了一种真正原创的哥特风格的变种。虽然它对宽敞的体量和大片的平直表面的偏爱使它与辐射式艺术的结构复杂性大相径庭，但是这个风格确实自由地和创造性地借鉴了北欧的设计，例如窗户和山墙的形式。某些民用的或者宗教建筑有丰富的彩色雕刻装饰，而绘画和雕塑艺术大师们很乐意参与其中，这是意大利一个独特的现象。雕塑大师阿诺尔福·迪·坎比奥绘制了佛罗伦萨大教堂的规划，并且极有可能也绘制了圣克罗齐教堂的。乔瓦尼·皮萨诺提供了锡耶纳大教堂立面的模型（大约完成于 1360 年），而乔托则负责佛罗伦萨大教堂的钟塔的规划（始于 1334 年）。

意大利风格的"装饰性哥特建筑"的杰作是奥维多大教堂的立面。它的重建工作始于 1290 年，是根据纯粹的罗马风概念设计的，但有着异乎寻常的高度和宽度。在 1310 年或者之前，来自锡耶纳的洛伦佐·迈塔尼以大匠（universals caput magister）的身份被邀请来，用更先进的技术继续这项工程。但是真正受到人们关注的中心是立面和歌坛中

图 231 皮亚琴察，孔缪纳勒府邸
图 232 佩鲁贾，普瑞奥利府邸

的彩色雕刻装饰；它是中世纪艺术的最高成就之一。迈塔尼以一种学究
式的枯燥手法配置典型的哥特风格的装饰要素：带线角的拱座冠以高
耸的尖柱，门廊和中厅屋顶上加盖尖锐的山墙，楼座配以尖拱，以及在
方框中安装玫瑰窗。西墙上的装饰没有任何结构上的生命力。相反，它
外观看上去像是由雕刻和绘画饰板组成的象牙圣坛壁饰。歌坛的座位
和彩色玻璃有同样惊人的效果。奥维多于该世纪上半叶设计的装饰是
哥特装饰热潮的典型实例，在工艺和豪华程度上甚至连北欧的艺术创
作也无法与之相比。

佛罗伦萨大教堂钟塔的设计图原本是由乔托在 1334 年绘制的。在
他 1337 年去世后，该工作由皮萨诺·安德烈亚承担下来，1350 年之
后，则是佛朗西斯哥·塔兰提。其下面楼层的墙上覆盖以雕塑和饰面，
让人想起阿诺尔福 1300 年的风格。随着目光垂直地望上去，楼层逐渐
加大：它们装饰着成排的壁龛雕像和双扇或三扇开的尖拱窗。这些窗户
顶上又有纯装饰性的扁平的山墙饰，而且是在外墙表面上雕刻出来的，
而不是凸出于外墙之前。最初规划中的尖顶没有建造。那是一个有佛罗
伦萨"装饰性哥特"风格的传统钟塔，这个结构是意大利哥特艺术最精
湛的创作之一（帕兹）。另一个尽管不那么引人入胜，却仍属于佛罗伦
萨杰作的 14 世纪工程则是乌桑米切尔（Orsanmichele）商业廊，那里
的一张圣母画像曾在 1292 年数次创造奇迹。1337 年开始修建一个新
的大厅，它虽然后来成为教堂，但是没有停止过起粮仓的作用。它于
1360 年完工，并由 15 世纪著名的艺术大师，如吉贝尔蒂和多那太罗等
装修。尽管拱顶的形式和窗户的设计是哥特式的，这个矩形的大厅基本
上应该当作一个装饰着雕塑和绘画的盒子，并且以一种全新的方式建
造出来的（怀特）。

在佛罗伦萨有另外两座著名的建筑物，是 14 世纪建筑较为重要的
贡献。第一座是韦基奥府邸，1299 年开始以粗糙简朴的风格重建，彻
底摈弃了锡耶纳普伯利库府邸的复杂性。另一座是希诺利亚敞廊（或称
兰齐敞廊），修建于 1376 年至 1380 年间，其中没有任何哥特风格特有
的主题（尖拱、山墙等等），这清楚地说明了佛罗伦萨艺术正朝着文艺
复兴的形式演进。

在 13 世纪雕塑艺术复兴的过程中起了主要作用的城市是比萨。这
里最值得注意的建筑物是阿诺河畔的斯碧纳圣玛丽亚小教堂（礼拜堂）
（1323年后改建），仅次于引人注目但稍嫌单调的公墓（始建于1277

图 233　佛罗伦萨,圣克罗齐教堂,平面
图 234　佛罗伦萨,圣克罗齐教堂,内部景观

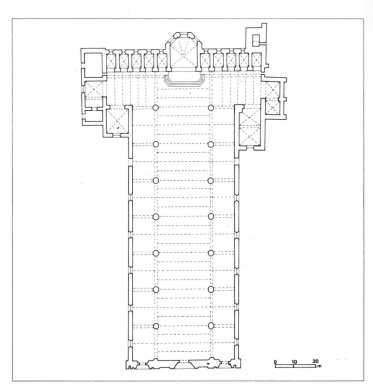

年)。这是一个木顶棚的大厅,其底层窗户的布置和双色调的壁画装饰暴露出传统的比萨罗马风大教堂的影响。不过,屋顶上不同寻常地汇集了众多的山墙和尖柱,形似缩小了的包含着雕像的圣坛,这种做法是哥特艺术最奢华的表现形式。比萨的装饰虽然演变自北方辐射式的模式,但是保持了彻底的雕塑感,就像在以前的金属制品、布道坛、圣坛屏和圣盒中可以见到的那类装饰。这种审美观表明了它受到托斯卡纳充满活力的雕塑创作活动的影响,同样的创作活动还创造出锡耶纳大教堂(乔瓦尼·皮萨诺)和奥维多大教堂(洛伦佐·迈塔尼)的立面。在翁布里亚地区不太容易找到具有重大历史意义的14世纪纪念性建筑。佩鲁贾庞大的圣多明我教堂始建于1304年,从外表上看,它仅仅是13世纪多明我会建筑传统的延续。不过,其室内(已跟最初的建设大为不同)是由三个等高的中厅组成的集中式教堂,就像德国和莱茵兰的多明我会集中式教堂。其效果是相当混杂的,特别是从外面看。这个有着沉重拱座的巨大的方盒体毫无辐射式建筑的活力。我们不应忽视城市建筑,尤其是古比奥。孔苏里府邸(1322年之后)和普略托里奥府邸可能是建筑师昂格鲁·达·奥维多的作品,它们通过仔细推敲和协调体量及立面的分布形成了一个极优美的单一综合体。然而,它的装饰从风格上讲属于13世纪。

在安茹王朝(安杰文)统治期间,在那不勒斯和意大利南部出现了一个独特的建筑现象。安茹王朝的安茹查理一世和他的继承者查理二世建造了一些在概念上与法国潮流相关的建筑。第一个这样的教堂便是那不勒斯的圣洛伦佐教堂,后来与它的歌坛(1270—1285?年)相联加建了一个木顶棚的中厅。14世纪早期的圣彼得玛耶拉教堂有折线形的后殿和没有拱顶的中厅及横厅,这重复了在意大利非常典型的西多会建筑的设计。但是线角的纯正风格(特别在侧廊的拱顶中)和窗户的形式反映出它对法国的依赖。该流派的杰作是那不勒斯圣克拉雷修会的圣玛丽亚多纳略姬那教堂,由匈牙利的玛丽(安茹王朝查理二世的妻子)在1307年建立。因为中厅中安置了一个巨大的楼座,教堂实际上由两个明确的楼层组成。开着五个双扇尖拱窗的壁龛,以及它线角和柱头的风格表明北方哥特风格的存在,但是也有一丝意大利化和古典化的痕迹,而彼得罗·卡瓦利尼动人的壁画强调了这些倾向。

那不勒斯最具纪念性的安茹王朝建筑物是罗伯特一世的妻子,马略卡的桑恰,大约在1310年为方济各会修建的圣基亚拉教堂。中厅巨

图 235 锡耶纳，中心广场和市政厅

图 236 奥维多大教堂，平面
图 237 奥维多大教堂，室内
图 238 奥维多大教堂，立面

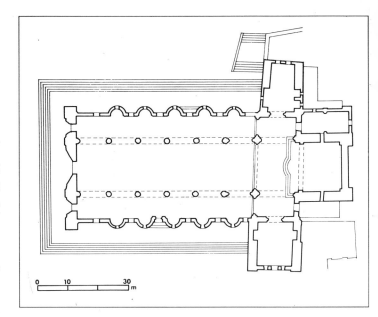

大而单一，侧旁有深陷在拱座之间的礼拜室，照亮中厅的狭长高侧窗切入墙体，这些窗户内侧是平的，外侧被拱座所打断。修女的歌坛与教堂分开，以圆窗和尖拱窗朝东西两面开敞。这幢奇特的建筑不同于任何其他的建筑，它结合了法国的影响和意大利方济各会教堂令人难忘的宽敞感。此外，圣基亚拉教堂还是王室的墓址：其中安茹王朝的罗伯特以及其他人的墓葬就位于这个巨大的中厅的最西端。14 世纪的西西里自成一体，固守于旧的诺曼式，甚至穆斯林的传统，因此大体上没有受安茹艺术的影响。

在意大利北部，尤其是伦巴第，情况就完全不同了，那里并没有出现托斯卡纳诸共和国和那不勒斯王国特有的那种艺术成长。当地的专制君主们很快就扼杀了会引起城市解放的运动。在这个地区，防御性的军事建筑尤其发达：帕多瓦西南的蒙塔尼亚纳的城墙，和维罗纳的维拉弗朗卡的城墙是中世纪最壮观，也是保存得最完好的城墙之一。事实上，这些城市经常将他们最大的精力花在这样的军事设施上。有些战略性的军事城堡，像斯卡利杰瑞在加尔达湖畔西尔米翁建造的城堡，其防御的复杂程度和风格质量可以与 14 世纪法国和英国最驰名的的城堡相媲美。这种封建制风格的另一个著名例子是由埃蒙·德·恰朗于 1340 年在瓦莱达奥斯塔的费尼建造的城堡。这个让人难忘的防御系统由塔和雉堞城墙组成，包围着整个居住区，其中所有的东西都是为了使领主的生活尽量舒适而安排和装修的。在该世纪末，当人们为让·德·贝利建造耶夫尔河畔默安城堡和为路易·多尔良建造皮埃尔方城堡的时候，伊布勒·德·沙朗则建造了韦雷斯的城堡。从其豪华的内院和楼梯中可以看出，这不仅是防御设计的杰作，而且也是艺术设计的杰作。

虽然不那么完整，但同样令人难忘的是那些由城市中的贵族兴建的城堡，这些房子被设计成既可以当作堡垒又可以当作华丽的住所使用。这些建筑物包括维罗纳的阿迪杰河岸上的韦基奥城堡（斯卡利杰瑞宫，约建于 1355—1370 年）、帕维亚的伯爵城堡、维斯孔蒂城堡（维斯康提奥城堡，约建于 1360—1365 年），以及费拉拉的埃斯登斯城堡（约建于 1370—1410 年）。维罗纳的城堡被一条道路分为两部分，用桥连接，每部分有它自己的内庭院。尽管它不规则的平面和相当单调的几排室内大厅可能赋予这个构筑物一个古老的外表，但是其向着河面的开窗数量和尺度使它更接近那些较为时髦的城堡。帕维亚的维斯康提奥城堡虽然有坚实的城墙和占据着战略位置的角楼，但是实际上是一个

图 239 佛罗伦萨、韦基奥宫

和平时期的府邸。两层宽大的外侧窗将大量的光线引入房间内。在宽敞的矩形庭院内,两层内廊通向内部的房间,而且上面一层内廊排列着精美的连续拱,每边有四个拱洞组成。没有其他地方如此忽视严酷的军事防御的必要性:保留下来的所有东西仅是动人辉煌的表面。费拉拉的埃斯登城堡建于1385年一场群众暴动之后,它保持了古老的堡垒式住宅的功能。不过,它那均衡的平面,其中四个塔楼各占方形中央庭院的一角,以及室内的格局(现在已有很大的改动),显示出几何构图的规则性和对居住舒适性的关心,同样这些手法被文艺复兴时期的城堡吸收并作为它们自己的指导原则。

14世纪在皮埃蒙特、伦巴第或艾米利亚没有真正重要的宗教建筑。只有到了该世纪最后几年才开始建造米兰大教堂(1386年)和博洛尼亚的圣彼特罗尼亚教堂(1390年)。不过,有些教堂也并非完全没有意思:例如,阿斯蒂大教堂和帕维亚的卡米纳圣玛丽亚教堂。前者建于1323年至1348年间,反映了意大利和阿尔卑斯山以北的国家之间交流革新的联系。它高大的侧廊让人想起像埃斯林根一类的德国集中式教堂(怀特);它的比例优雅;侧廊中狭长的窗户将光线引入室内。另一方面,其柱子的体量和结构,沉重拱顶,还有歌坛中墙体传统的安排方式都暴露出伦巴第的罗马风渊源的影响。帕维亚的卡米纳圣玛丽亚教堂始建于1370年,有矩形的壁龛和有方向性的礼拜室,是根据带西多会建筑特色的古典平面建造的。交替变化的支柱,穹窿式的方形拱顶和牛眼状圆窗的混合使用融合了托斯卡纳和伦巴第的元素。立面与极其简洁的室内相呼应,虽然没有雕刻装饰,但有着开洞和拱座之间的和谐互动[罗曼尼(Romanini)]。

米兰的圣葛塔多教堂和基亚拉瓦莱—米兰内塞的修道院教堂的比例修长的多层钟塔也可以被看作这一时期的典型。这些14世纪建筑物有意思的地方不是它们对哥特艺术的服从,因为它们的渊源几乎无一例外的是罗马风,而是它们与15世纪伦巴第建筑的早期文艺复兴倾向之间的联系。延续地方形式的一个有趣的例子便是帕维亚著名的切尔托萨教堂(加尔都西会),它是根据吉安·加雷佐小伯爵的指令初建于1396年至1402年间。在这座建筑中,罗马风的审美观朝着哥特精神的过渡尤其明显[阿克曼(Ackermann)]。

不像意大利北部的其他地方,威尼斯和威尼托地区在中世纪晚期表现出一种充满活力、敢于冒险的态度,这一精神从此以后经久不衰。

图 240　那不勒斯，多纳略姬那圣玛
　　　　丽亚教堂，室内
图 241　费尼城堡
图 242　费拉拉，埃斯登斯城堡

一系列内部危机和对热那亚的战争之后，随着而来的是有利于艺术发展的政治和经济条件。威尼斯不仅将自己从拜占庭艺术中解放出来，而且将它的哥特形式输出给了诸如达尔马提亚等的附属国。最著名的 14 世纪威尼斯建筑是圣约翰与保罗教堂（修建工程始于 1333 年）和佛拉瑞光荣圣玛丽亚教堂（约始建于 1330 年），分别是多明我会和方济各会的教堂。多明我会的圣扎尼波洛教堂以其广场中的柯里奥尼雕像出名，它的各个部分差异极大：立面和中厅先于歌坛建造。中厅的室内相当引人注目，高耸的圆柱支撑着穹隆状的拱顶。尽管有一套斜撑系统加固拱和屋顶的起券部位，这个巨大而空旷的室内空间基本上是很哥特化的。更惹人注目的是它的歌坛（约建于 1390 年和 15 世纪早期）。后殿从地面到拱顶开了三排窗户。这是一些狭长的双扇尖拱窗，顶上有多瓣的玫瑰窗；这些上面又有一排双扇开的窗户；这几层窗被一套斜撑系统所分割。当人们看到这个处理手法的时候会联想到佛罗伦萨的圣克罗齐教堂和德国高直的原则。实际上，这种手法很可能来自北欧：多明我会在特罗维索的圣尼古拉教堂（始建于约 1303—1305 年）有类似的设计（虽然不那么复杂，更接近于高直的类型）。这座建筑是逐步修建而成的，它的外部保留了罗马风雕塑感的痕迹。不用说，该教堂的歌坛有简明的效果及体量，与开有太多窗户的威尼斯的多明我会教堂的歌坛大相异趣。方济各会教堂—— 佛拉瑞光荣圣玛丽亚教堂（Santa Maria Gloriosa dei Frari）基本上和圣约翰与保罗教堂是同一类型，但是它比例优美的圆柱比多明我会教堂安排得更密。虽然建造时就已经作了改动，其歌坛遵循了和圣扎尼波洛（Zanipolo）一样的法则，两层窗户被斜撑构件和装饰性的窗花所分割。六个有朝向的礼拜室有同样的格局，但规模较小：每个礼拜室有两个双扇尖拱窗，每个窗分为四层。跟法国和德国的晚期辐射式艺术一样，这个风格成就了极为细致的空间处理手法，但是它们采用的是传统的平面，并且倚重意大利特有的技术和形式条件。

第三节　15 世纪的意大利哥特建筑

　　15 世纪，大部分意大利建筑并未受哥特艺术的影响。早在 13 世纪就已经出现的文艺复兴，此时得到了迅速的发展，并为 14 世纪早期的托斯卡纳建筑奠定了基础。伦巴第和佛罗伦萨两地的建筑不是通过对罗马风、早期基督教或古典形式的有意识的归复，就是借助在平面、比

图 243　帕维亚，卡米讷圣玛丽亚教
堂，内部

图 244　其亚拉瓦莱·米兰内塞修道
院，回廊和塔楼

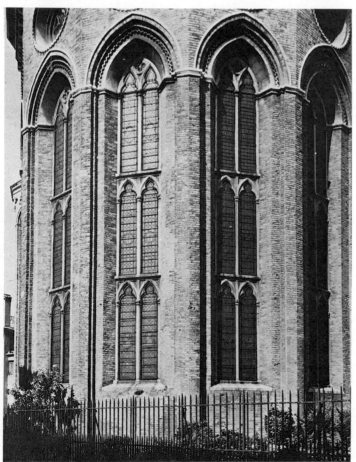

图 245 威尼斯，佛拉瑞光荣圣玛丽亚教堂，外观

图 246 威尼斯，圣约翰与保罗教堂，后殿外观

例或装饰上的创新想法，成功地突破了哥特建筑法则的束缚。迟至这个时候，一些个别的建筑，甚至整个区域，仍拒绝这些新的风格潮流。威尼斯就是这样，尤其是它的迪卡尔公爵府，以及 14 世纪末开始的两项重要工程，米兰大教堂和博洛尼亚的圣彼特罗尼奥教堂（San Petronio）。

中世纪建筑的设计和建造过程很少有像米兰大教堂那样被详尽地记录下来（在西墨内·达·沃森尼哥（Simone da Orsenigo）指导下，设计于 1386 年，始建于 1387 年）。从一开始就召集了许多专家进行咨询：有来自坎皮奥内的建筑师、巴黎的尼古拉斯·德·博纳旺蒂尔（Nicolas de Bonaventure）、博洛尼亚的安东尼奥·迪·文森佐（Antonio di Vincenzo）、数学家迦布里尔·斯多纳哥罗（Gabriele Stornacolo）、德国建筑师汉斯帕勒（Hans Parler），以及后来的另一个法国人让·米诺（Jean Mignot），直到 1401 年技术方面的，特别是审美观方面的争论才平息下来。这些讨论的纪录比中世纪任何其他文献能更好地说明用以支持不同决定的各种对立的建筑理论和思想原理。构造问题虽然引起了激烈的争论，但是不论尺度、比例，甚至"空间"方面的考虑却使之显得无足轻重了。巴黎的建筑师们坚持惯用的传统哥特式方案；汉斯帕勒提议了一个高耸入云的结构；而意大利人则偏爱古典的几何图的宽疏比例。这场讨论最终的结果便是形成了基督教世界中最大最独特的大教堂之一，并且在许多方面脱离了意大利的传统。如同 13 世纪的科隆大教堂，米兰大教堂的规划似乎是最大的尺度和复杂性的一个运用：沿中厅两侧的双排侧廊十分宽敞，以至于更明确地说是有五个中厅；突出的横厅中也有侧廊；多边形的歌坛中有回廊。立面的比例宽大，使得从教堂中的任何地方都可以轻易地到达另一个地方。由于相对狭小的窗户和彩色玻璃的昏暗效果，教堂上部的照明强度被减弱。强有力的支柱，加上它们紧凑的节奏和柱头上方大量的雕刻装饰，不但与意大利减小支柱体量的习惯倾向背道而驰，而且也和当时北欧哥特风格的潮流相反（对比乌尔姆大教堂）。我们实际上已经远离了 15 世纪火焰式艺术的空间法则。另一方面，该教堂的外形提供了一个极为丰富和复杂的晚期哥特风格的实例，而且有可能是全欧洲最繁丽和最折衷的。歌坛和回廊的窗户由多达十二重的尖拱窗组成，并被巧妙地组合在精美绝伦的窗饰图案后面。带有竖间条纹和假山墙栏杆的墙饰使人想起英国或者德国夸张的火焰式装饰。飞扶壁的墩柱覆以直线形的装饰母题，顶上冠

图 247　威尼斯，圣约翰与保罗教堂，外观

以高耸而锐利的尖顶。飞扶壁本身有相同的装饰,爬升至有奇特的尖顶栏杆的墙体上部,这些栏杆是由带山墙的小连拱组成。最后,在横厅中央的多边形塔楼上亦设置了另一个尖顶。毫无疑问,设计者试图创造一个与内部空间设计和总体规划本身一样,形式最为繁复的外立面。它的外观有时被比作某些折衷主义的新哥特风格(Neo-Gothic)的杰作。这座大教堂直到1858年才完工,当时正处在19世纪复兴中世纪考古学的鼎盛时期。尽管立面的某些部分建于19世纪初,但是就总体效果而言,15世纪早期的精神仍占统治地位。主祭坛于1418年开始启用,但修建工作直到1572年才接近完工。在17世纪和18世纪期间进行的修建工作保持了哥特风格的传统。结果,有些装饰细部显得枯燥乏味,就像从16世纪直到19世纪以哥特风格建造的奥尔良大教堂的中厅和立面。

在15世纪的另一重要建筑,博洛尼亚的圣彼特罗尼奥教堂中存在着完全不同的情况。这座教堂始建于1390年,设计者是安东尼奥·迪·文森佐(米兰大教堂的顾问之一)。其最初的规划在长度和高度上都超过米兰大教堂;即使减小到它今天的尺度,这座庞大的建筑物仍然是博洛尼亚最大的教堂。它有三个主要的中厅、一个单后殿、以及排列着礼拜室的侧廊。教堂中央的巨大空间分成六个开间,每个将近20m(66英尺)长,上面覆盖着陡峭地内凹的拱顶,并有圆窗俯瞰着拱廊。柱子的形式明显来自佛罗伦萨大教堂,其总体布局则蕴含着13世纪的灵感。各层明亮的光线和室内空间统一的比例加在一起,使这座教堂成为意大利哥特建筑中就算不是最具创造性的,也是最令人敬畏的作品之一。我们重申这一事实,那就是圣彼特罗尼奥教堂完全是意大利特有的哥特风格的表现,因为它一点儿也没有借鉴中世纪晚期的火焰式艺术。教堂的修建工程从西端开始,中央门廊的装修由雅哥布·德拉·库西亚(Jacapo della Quercia)于15世纪上半叶完成,整个教堂最终于17世纪中完成,并没有对原始的设计做大的改动。

15世纪的建筑是一个错综复杂的现象。正当米兰和博洛尼亚在修建伟大的哥特式工程,而负责佛罗伦萨大教堂最后阶段的伯鲁乃列斯基正在创造文艺复兴的艺术杰作的时候,博纳多·洛斯利诺(Bernardo Rossellino)则在修建皮恩扎大教堂——作为给皮科洛米尼家族的教皇庇护二世建造的城市建筑群的一部分(始于1460年)。这位伟大的佛罗伦萨建筑师采用了德国集中式教堂的原则,以及多边形的后殿和放射形的礼拜室,并且以他自己的个人风格来表现它。该工程非凡的特点很

可能是教皇本人直接授意的结果:他是斯特拉斯堡大教堂的崇拜者,并曾作为教皇的代表长时期住在日耳曼诸国。

15世纪意大利哥特建筑历史中的最后一章围绕着威尼斯展开。在吉安·加雷佐·维斯孔蒂去世之后,威尼斯经历了一段政治和经济强烈扩张的时期。随着1453年拜占庭帝国的衰亡,管辖东地中海地区的责任便落入如今已是欧洲主要强国的威尼斯共和国手中。许多府邸是为这个时期的威尼斯贵族兴建的,其中有些保存至今:最常被人提到的有于1421年至1440年间为马可·康塔利尼建造的黄金府邸(Ca'd'Oro)和始建于1452年的佛斯卡利府邸。两者均是威尼斯府邸建筑的典型:叠摞在一起的过廊通过带有重瓣窗饰的拱良好地向外开敞。威尼斯晚期哥特风格华丽的复杂性可以在迪卡尔公爵府(即Doge's Palace)中看得最清楚,尽管它在文艺复兴期间和之后遭受过无数次的修整。原址上以前曾有过更古老的建筑,府邸的某些对位关系实际上始于那个时代。虽然有一部分修建工作是在1400年至1404年间做的,但是该府邸今天的外貌来自于1422年的规划,始建于1424年弗朗西斯哥·佛斯卡利总督统治下。设计的重心是两层拱廊:二层的拱券的密度是下面一层的两倍。最上面的一层由一片平整的彩色墙面构成,开有巨大的尖拱窗洞。从技术上讲,这是一个更古老的建筑物的"支撑结构",并且也是协调立面的一种做法。朝向小广场和大运河的两翼与朝东的两翼相对,而形成一个长方形的带拱廊的大内院。不过这些元素无一是完全独创的。其平面仿效了贵族城堡中的中心庭院,而立面只不过改进了威尼斯的私人府邸。尽管如此,公爵府表现出来的是威尼斯的特有形式,即虽然复杂,但作为一个有机整体看待却显得简单化的特点,本质上构成了哥特风格对中世纪艺术的贡献。此外,这个例子还说明了一种与托斯卡纳或艾米利亚的设计以及米兰大教堂火焰式的折衷主义非常不同的风格倾向(E·阿斯朗)。在某种程度上,我们甚至可以将威尼斯哥特风格与同样具有开创性的西班牙和葡萄牙晚期哥特风格作一个比较。

第四节　西班牙

在再征服年代的初期,地理和历史条件共同滋长了法国和伊比利亚半岛的接触。早在1150年以前,由于西多教派的扩张以及有从法国到圣地亚哥·德·孔波斯特拉的朝圣路线,即所谓的卡米诺·弗朗西斯,罗马风建筑已经在西班牙北部和卡斯蒂利亚得到了极大的发展,

图 248　米兰大教堂，平面　　　　　　　　　　　　　　图 249　米兰大教堂，后殿外观

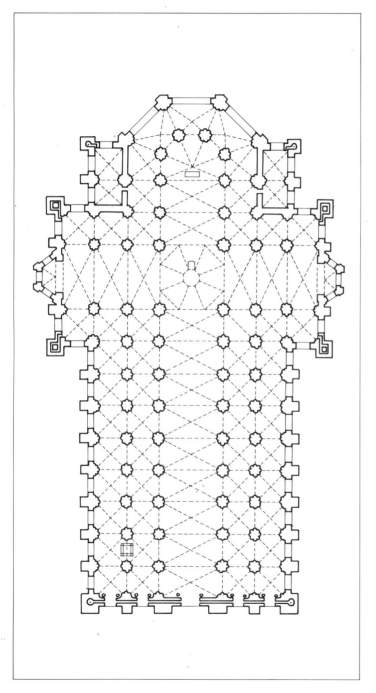

图 250 博洛尼亚，圣彼特罗尼奥教
　　　　堂，侧面
图 251 博洛尼亚，圣彼特罗尼奥教
　　　　堂，剖面

这反映在他们宗教建筑的质量和宏伟程度上。罗马风艺术在西班牙的成功对于哥特艺术的"入侵"构成了一个潜在的障碍：实际上，在某些情况下它就是成为了这样一个障碍。尽管到 1150 年半岛的大部分地区已经被解放，但是穆斯林长期侵占所形成的根深蒂固的痕迹仍然强大，足以影响基督教建筑的建造技术和装饰。

我们已经提到过哥特建筑的基本元素在 12 世纪卜半叶随着西多教派的扩张而传播。这些项目中有维茹拉、波夫莱特、圣克雷乌斯等教堂，以及葡萄牙的阿尔科巴萨教堂。后者奠基于 1152 年，建于 1178 年至 1223 年间，是西欧最完整的修道院建筑群之一。交叉肋骨拱顶的原理在西班牙很早就得到利用，而且并不局限于西多会建筑的体系（如圣地亚哥·德·波斯特拉的光荣柱廊，以及托罗和萨莫拉等大教堂）。然而，这些实践丝毫没有干扰笼罩在这些建筑物的空间效果上的深厚的罗马风精神。从阿维拉的两座教堂中，即它的大教堂和圣文森特教堂，可以看到哥特建筑体系更为有条理的运用。圣文森特教堂是在该世纪的上半叶从横厅和后殿开始造起的，其中厅在建造过程中采用了西多式风格的斜肋骨和楼座（建筑师拉姆贝特、L·图热斯·比尔巴）。该工程的建造日期至今仍无确切的考证。阿维拉大教堂的情况则不同，当它的建筑师富尔歇尔于 1192 年去世时，教堂已经建造了几十年。后殿的两重回廊和放射形礼拜室很可能来自圣德尼修道院教堂，但是其外观与蓬蒂尼二世极为相像。它的立面还和勃艮第早期哥特建筑的杰作——韦兹莱教堂的歌坛有许多相似之处。事实上有可能我们正在讨论的 12 世纪最后的这几十年正是韦兹莱教堂建造的年代。总之，阿维拉大教堂是 12 世纪在法国以外建造的最有造诣的哥特建筑作品。

根据对西班牙哥特艺术洞察最深的专家之一埃里·拉姆贝特的说法，13 世纪政治和文化领域的某些变化改变了迄今为止一直跟随法国影响的方向。拉斯·纳瓦斯·德托洛萨战役的胜利（1212 年）导致了在不到半个世纪的时间里几乎整个伊比利亚半岛的解放。1248 年夺回塞维利亚之后，留在穆斯林手中的只有格拉纳达王国，他们成功地占据着这个王国直到 15 世纪末。各国的新政权，包括卡斯蒂利亚、阿拉贡、葡萄牙以及后来的马略卡王国，为基督教建筑师们提供了大片广阔的领地，尽管这些地区仍然深受阿拉伯印象的影响。13 世纪标志着真正的西班牙建筑风格的诞生。

这一发展进程由几个显著不同的阶段组成。第一阶段涵盖了 13 世

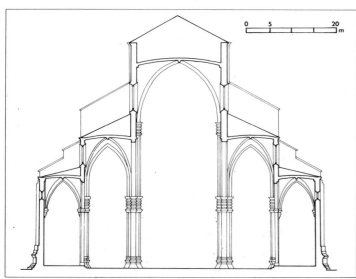

图 252　威尼斯，黄金府邸

图 253　威尼斯，公爵府邸

纪的前 25 年，在此期间，一些哥特建筑典型的建造程序和元素在当时盛行的罗马风运动中扮演了越来越重要的角色。上个世纪已开始的项目（如图若、萨莫拉、乌伦斯和阿维拉等大教堂，以及在巴尔武埃纳、菲特罗和圣克雷乌斯等教堂的西多会教会建筑）不在此列。然而我们必须将那些虽然严重依赖过去，但在 1200 年左右仍处于规划阶段的建筑物包括在内。特别有意思的是罗德里哥城和列里达 (Lèrida) 这两座大教堂。罗德里哥城在 1160 年获得主教教区的地位，其大教堂在 1230 年仍在建造之中，但是它确切的建造年限却无从知道。它的规划、柱式设计以及空间形式正好将它归入包括萨莫拉大教堂在内的这个罗马风教堂类型。然而罗德里哥城大教堂也比其他任何地方都明显地带有金雀花王朝风格的痕迹，尤其是它那带有支肋和纤细的肋骨的八分穹顶，同样的这种痕迹也可以在普瓦蒂埃大教堂中见到。加泰罗尼亚老的列里达大教堂直到 1203 年才开始修建。这一令人称奇的建筑群包括一个修道院，位于一座很古老的教堂（已经荒废了一个多世纪）的西边，这座老教堂明显是根据罗曼风格的塔拉戈纳大教堂设计的。尽管有尖耸的轮廓线、连贯的交叉肋骨拱顶和丰富的光线，但是它那沉重的体量和缺乏动感的比例所营造的气氛明显是前哥特风格的。

昆卡大教堂始建于 1199 年或 1200 年，完成于 1250 年之后，它给观者带来了迥然不同的景象。歌坛原来的外轮廓现已被许多 18 世纪加建部分所遮挡。但是它那幽雅的室内建筑风格充满了法国艺术的"现代"要素。歌坛内交替变化的圆柱与上部六分拱顶的韵律相呼应。在横厅中，玫瑰窗位于高大的盲拱廊上方，并且有些细部，比如拱座的顶部，直接抄袭自布赖纳的圣耶夫德教堂这个相当费解的范例。所有的一切似乎都表明昆卡大教堂的首位建筑师是苏瓦松或拉昂地区的本地人。比例狭窄但颇为幽雅的中殿拱廊架在以束柱强调的支柱上。在高侧窗层，墙是"双重"的：内层有位于圆窗下的双眼尖拱窗，外层则是一个简洁而巨大的玫瑰窗。一条过廊沿着窗户的基座横穿过柱子，这让人想起在勃艮第和香槟地区 12 世纪晚期及 13 世纪的建筑物中所看到的相似的过道。法国建筑最新的发明同样也给昆卡大教堂的第二位建筑师带来灵感，这位建筑师相信是诺曼人。中心塔楼是所有重要的西班牙建筑的一个共同的地方传统，而昆卡的中心塔楼直到 13 世纪末才建成。

西班牙的第二座大教堂锡古恩萨大教堂的东端反映了同样的朝着接受法国或者国际式哥特风格的方向发展的运动。在加建新横厅和歌坛的时候，教堂的中厅以一个 12 世纪传统的规划为基础，进行了重修并做了拱顶（歌坛曾在中世纪末期改建过，并在文艺复兴时期再次修改）。由拉姆贝特确定的哥特风格阶段的建造日期（13 世纪的第二个 25 年）导致了横厅中的高侧窗的形式——位于三个玫瑰窗下的四个尖窗，这是一种可以在特鲁瓦和亚眠等大教堂中看到的辐射式风格的处理手法。这座奇特的建筑将过时的罗马风空间"包装"进 1225 年至 1230 年所流行的风格复杂性之中。保守与革新的设计并存的情况同样可以在位于锡古恩萨和萨拉古撒之间的韦尔塔圣玛利亚隐修院的遗迹中看到。位于阿拉贡边境的这座卡斯蒂利亚皇家修道院所保留的遗迹包括它的教堂、庭院回廊和餐厅（1215 年至 1223 年）。餐厅中大量的窗户以及室内和拱顶细致的线脚证明了它完全熟知后沙特尔法国艺术 (post-Chartres French art)。然而，它的六分拱顶却是不合潮流的，而且西多会建筑的冷静持重仍然是主旋律。这一类建筑还包括在布尔戈斯西多会的拉斯·韦尔加隐修院，它一度曾经是卡斯蒂利亚国王们的墓址，因此自从 1187 年成立以来一直受到王室的眷顾。这座相当冷峻而简洁的罗马风修道院被改造成一个受安茹式风格启发的极为美丽和复杂的拱顶体系。这座牧师会礼堂（1225 年之后）以其哥特建筑大胆的艺术手法而闻名。

我们必须认识到上述任何建筑的空间设计、结构或者装饰都没有明确的西班牙特有的建筑风格的特征。其实它们中间没有特别重要的标志性建筑。相反托莱多、布尔戈斯和莱昂等大教堂构成关键的一组建筑物。布尔戈斯和托莱多这两座大教堂几乎在同一时间开始兴建，布尔戈斯始于 1223 年或 1224 年，而托莱多始于 1224 年或 1227 年。前者修建得相当快，1260 年就正式启用了；后者直到 15 世纪末才完成。随着岁月的流逝，它们都经历了很大程度的变化（比如说，加建了华丽的礼拜室），因此为了理解它们的原形，经常需要考古学式的重建模型。

从规划和立面上讲，带有高度逐级降低的双重回廊和双重侧廊的托莱多大教堂属于布尔日大教堂的那种类型。然而巨大的横厅破坏了中厅的连续性，而回廊的拱顶与勒芒大教堂中的非常相似。此外，教堂宽疏的比例和窗户上大量的装饰产生出一种全新的效果，与法国的模式毫不相干。大教堂最古老的部分是歌坛，它在风格上不像中厅那样笨重。与布尔日大教堂一样，结合着八根束柱的圆形支柱划分开宽敞的开间跨，并且支撑着拱顶，而拱顶（在回廊中）在长方形的对角肋骨拱底

图 254　萨莫拉大教堂，内部
图 255　老莱里达大教堂，内部

和三角形的三肋骨拱底之间交替变换。在 13 世纪期间建造的 15 个原始的礼拜室中有 7 个仍然存在：它们相对比较小，并且采用一个不同寻常的韵律，即交替变换正方形和半圆形。再次让人想起布尔日大教堂的地方是：内层回廊的窗户以及歌坛中的高侧窗位于一个非常高的二层拱廊的上方。特别是在这里托莱多风格中的伊斯兰（穆德哈尔式）韵味被最强烈地表现出来。三瓣式或五瓣式的饰带根据传统的伊斯兰设计被组织在别的拱券下面。同样的，回廊中的玫瑰窗是以典型的摩尔式的想像进行装饰的。托莱多大教堂的横厅和中厅，以及它们粗大的带有束柱的柱子造成了一定的结构的沉重感。但是它的高侧窗（复杂的窗饰下面四扇或六扇开的尖拱窗）和二层拱廊明显是属于对应于 13 世纪中期和晚期的辐射式艺术的那个阶段。相当笨拙的室外拱座系统有"分解"为两层的飞扶壁，一层用于中厅，另外一层用于上面的侧廊。这个设计虽然十分合理，但是从技术上讲有悖法国北方的习惯做法。

在所有 13 世纪的建筑物中，托莱多大教堂也许是在规划和复杂程度上最为雄心勃勃的；其来自法国的素材经过处理、修改和吸收，以便用来营造一种全新的效果。布尔戈斯大教堂则有更同一的特性，并有更大的建筑学意义。它的北侧坐落在一个陡峭的山丘上，教堂的外观被它东面 15 世纪的几座塔楼，被它的穹隆顶（中心塔楼在 16 世纪倒塌后重建），以及被 1482 年之后由唐·佩德罗·埃尔南德斯·德·贝拉斯科建造的高大的壁龛式（Capilla del Condestable）所主导。这个礼拜室是西班牙火焰式艺术的杰作，我们将稍后再研究它。这座 13 世纪教堂的歌坛规划与库唐斯大教堂的规划颇相似，但是库唐斯大教堂的兴建显然不在布尔戈斯大教堂的前面。其五肋骨的梯形回廊开间和歌坛拱顶的枝肋尤其像库唐斯大教堂。立面中就不再有这类的相似性；其支柱以及某些设计的细部来自布尔日大教堂。布尔戈斯大教堂真正独创的地方是其巨大的二层拱廊——即在华丽的三瓣式和四瓣式装饰线条下面的重瓣拱廊（除了最靠近教堂中心的几个开间跨之外，这些开间跨在 15 世纪末进行过重修）。毫无疑问，这个二层拱廊与布尔日大教堂并非完全没有关系。但是它非同寻常的装饰效果更接近于在托莱多大教堂中看到的那类不受拘束的装饰。另外和托莱多一样，布尔戈斯的比例宽疏，而且饱满的窗户提供充足的照明。它们离 12 世纪 40 年代兰斯和巴黎的哥特风格并不是那么遥远，特别是在横厅的立面上。总之，布尔戈斯的建筑师们虽然明显地受法国建筑发展的影响，但是仍然成功地以

图 256　布尔戈斯大教堂，葡萄藤之门
图 257　布尔戈斯大教堂，内部
图 258　萨拉曼卡大教堂，中厅的拱顶

一个完全自主的风格表现他们的创作。

　　莱昂大教堂标志着西班牙建筑的一个分水岭。与某些历史学家的看法正相反，看来莱昂大教堂修建工作的启动不早于 1254—1255 年，适逢辐射式哥特风格在法国处于它的鼎盛时期。它的规划有点过时：它属于沙特尔那条线的后代，经过兰斯大教堂（始于 1211 年）传下来的，带有五个多边形礼拜室的回廊、歌坛左边部分的双重加廊，使整个布局加长的中厅——所有这些元素都指向兰斯大教堂。另外，立面呼应了拱廊、二层拱廊和与拱廊等高的高侧窗三个楼层重叠在一起的布置。沿着内层侧廊窗户的基底是一条切入墙体的过道，这是香槟艺术，尤其是兰斯大教堂的派生物独有的一个特征。在某些方面，兰斯大教堂的模式被加以现代了：试看二层拱廊中的透雕（如同 1230 年之后法国辐射式的教堂），以及在壁龛中，位于玫瑰窗下的双扇开尖拱高侧窗。教堂右手边的窗户是六扇开的，和 1245 年之后的亚眠大教堂一样。整体的空间比例轻盈而优雅。支柱旁的束柱不间断地爬升至拱顶，这一垂直性为大量的尖拱窗和交相辉映的密集线条所强调。莱昂大教堂无疑是所有辐射式风格的大教堂中最具造诣者之一。在外部，双重的飞扶壁的斜撑是直的而不是弯曲的，体现了哥特系统的结构活力。但是莱昂大教堂是在什么程度上又是以什么特殊的方式来表现那种在托莱多和布尔戈斯大教堂中可以看到的一些西班牙风格的手法呢？我们必须承认这座大教堂既没有包含摩尔风格（穆德哈尔式）的元素，也没有老的"抵制性"的罗马风格传统。诚然，某些形式，特别是在窗户中，并不完全符合在法国北方见到的那些。然而拉姆贝特毫无疑问是正确的，他将莱昂比作巴约纳，并将这两座大教堂归入分布在比利牛斯山脉两侧的一类法国—西班牙建筑群。

　　拉姆贝特正确地注意到虽然莱昂大教堂是 13 世纪西班牙建筑中最哥特式的，也是最"现代"的例子，但是它并没有注定了会影响随后的几代建筑。相反却是布尔戈斯大教堂这个并不那么完善的榜样为后来的建设提供了灵感。它的后裔包括奥斯马大教堂（约始建于 1236 年）、半岛北部海岩的卡斯特罗·乌迪亚莱斯大教堂、埃夫罗山谷的鲁埃达修道院教堂，还有甚至晚至 1300 年建造的一些教堂，如布尔戈斯的圣吉尔教堂。布尔戈斯之所以能够起这样的作用是相当可以理解的。因为在西班牙没有一个地方有足够的经验和技术来支持辐射式建筑的发展。那里存在着的是比例沉重而宽大的罗马风格传统、喜欢装饰的倾

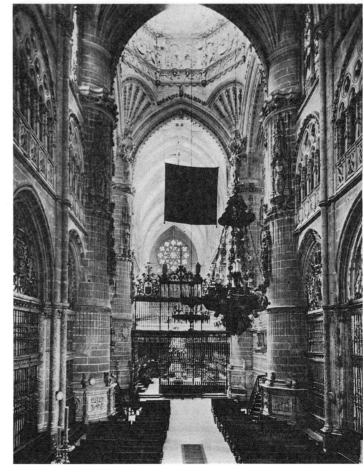

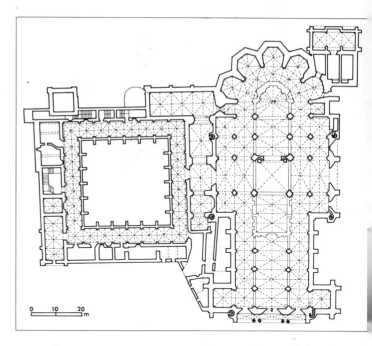

图 259 莱昂大教堂，教堂和附属建筑平面
图 260 莱昂大教堂，外观
图 261 莱昂大教堂，室内

向、穆德哈元素的潜在影响，以及地方和民族风格的雏形。14世纪是西班牙抵制法国辐射式艺术的时期，而辐射式艺术最纯正和最美丽的代表正是莱昂大教堂。

第五节　14世纪

在1300年代最强烈的民族抵制运动出现在加泰罗尼亚和巴利阿里群岛，这是特定政治条件下的结果。13世纪下半叶开始，阿拉贡王国将它的势力扩展到加泰罗尼亚和瓦伦斯纳巴伦西亚，控制了比利牛斯山脉以北的一些地区（如鲁西永和塞尔达涅等地，蒙彼利埃的城镇），并且重新夺回了巴利阿里群岛。阿拉贡的国王们不久又发动了征服西西里和撒丁岛的战争。短命的马略卡王国一度曾扩张到阿拉贡的法国领地，从1262年到1394年享受了片刻的辉煌，但是很快就被阿拉贡的强大势力所吞并。与马略卡航海和贸易方面不同寻常的成长一起，我们还应当注意到加泰罗尼亚及其首府巴塞罗那的类似的发展情况。这些地方注定要成为14世纪西班牙建设最为活跃的区域。

至于卡斯蒂利亚各省份，在13世纪再征服的显赫年代里加速的建设步伐已经减慢至仅有极少几个新的项目。在形式的发展方面，该王国处于一个停滞的时期。例如托莱多大教堂建于13世纪晚期和14世纪期间的中厅显露出结构的沉重感，这与教堂东部的大胆做法相矛盾。帕伦西亚大教堂的歌坛是根据以莱昂大教堂为基础的一个规划始建于1321年，它模仿了布尔戈斯风格的高大的盲拱二层拱廊，造成需要减小高侧窗窗户的尺寸。这并不是一个强调墙体而疏远轻巧感的潮流仅有的例子。然而至少帕伦西亚大教堂的室里通过巧妙地组织飞扶壁，的确获得了一定程度的轻巧感。同样的这些倾向可以在维多利亚的老圣彼德罗大教堂中观察得到（建于14世纪下半叶）。其三个楼层的立面保留了二层盲拱拱廊；惟一轻巧化的元素是其精美的线脚，极可能直接来自法国南方。布尔戈斯14世纪中叶的圣埃斯泰邦教堂仍忠实于当地的传统。虽然著名的瓜达卢佩修道院的兴建工程大约开始于1340年，但是其教堂迟至15世纪才完成。此时庭院回廊和洗手盆（仪式用的盂洗盆）已建好；两者均是结构和雕刻装饰的杰作。这个有关三重中厅的教堂有一个独创的设计：朴素而装饰节制的柱子支撑着与枝肋和次肋交织在一起的复杂的星状拱顶。这个拱顶体系在英国从13世纪起就是哥特建筑的一个组成部分，而它在哥特时期的西班牙也获得巨大的成功，

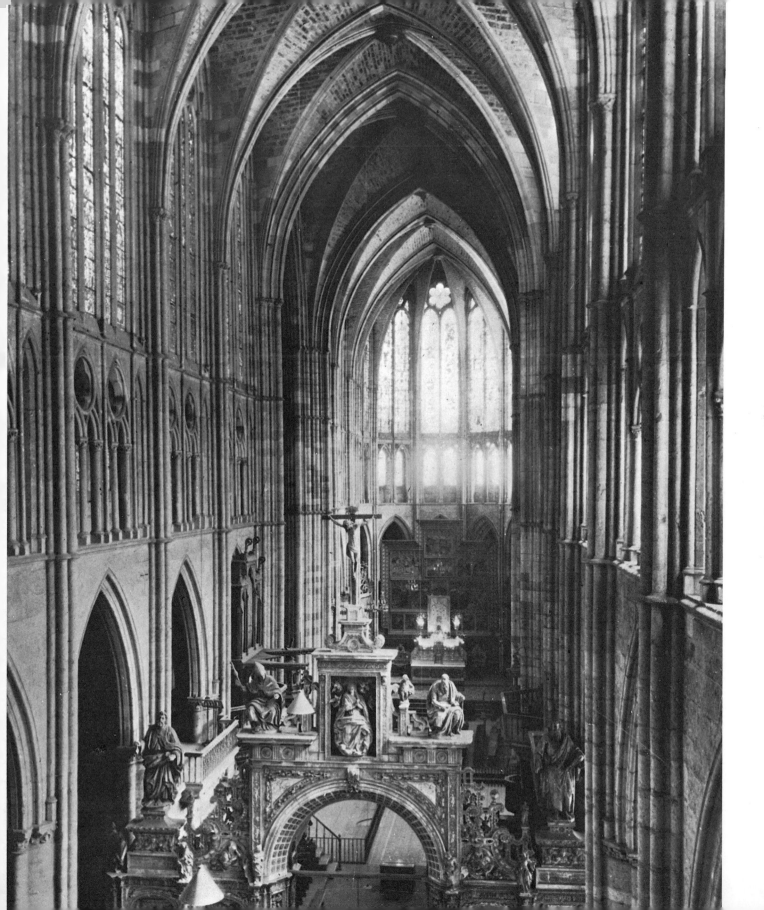

尤其是在穹顶中，即横厅中心上面带肋骨的穹窿顶。它的流行毫无疑问受到已经由穆斯林教徒在西班牙国土上建造的错综复杂的肋骨拱顶的帮助。布尔戈斯的牧师会礼堂从1316年建造到1354年，提供了14世纪这类拱顶最早的实例。在1312年到1355年期间，一个带星状拱顶的穹窿顶被安置在阿维拉大教堂的横厅中心上面。在瓜达卢佩修道院的中厅和壁龛中，这个设计被用在所有的开间跨中。甚至14世纪期间增加的文艺复兴和巴洛克风格奢华的装饰也没能破坏瓜达卢佩的拱顶，它们属于在中世纪末达到巅峰的西班牙艺术追求的最精美的例子。

现在再让我们转向加泰罗尼亚，这是惟一一个能够创造同时具有杰出的形式和结构特质的建筑的地区。哥特的拱顶技术通过在圣克雷乌斯、波贝尔特（Poblet）和瓦雷布俄那（Valbuena）的西多会教堂的建造开辟出了它们在12世纪的加泰罗尼亚的独特道路。这些技术也被用在了属于罗马风格的塔拉戈纳和莱里达的大教堂上。在13世纪中期，方济各会和多明我会的建筑活动在这一地区引发了哥特建筑的新浪潮。根据有些人的看法（P·拉夫当），两座巴塞罗那的建筑体现这种世纪中期风格的精髓：多明我会的圣卡特琳娜（Santa Catalina）教堂和方济各会的圣弗朗西斯科教堂。这两座教堂都包括一个覆盖着交叉肋拱拱顶的单一空间的中厅，并在中厅两侧的拱座之间设有礼拜室。在礼拜室的上部，高窗使室内光线充足。不幸的是，由于这两个教堂都毁于19世纪，它们的准确尺寸无法确定。我们的确知道圣卡特琳娜教堂的工程在1268年时正在进行当中，而圣法朗西斯科教堂的建筑直到1297年尚未落成。同样形式的有着位于拱座之间的礼拜室的单一空间中厅的教堂也出现在法国图卢兹的考迪里尔（Cordeliers）的教堂（建于约1260—1340，但毁于19世纪）和阿尔比大教堂的新建部分（开始于1276年）以及意大利的一些地方的教堂（墨西拿的圣弗朗西斯科教堂1254年之后）。因而我们面对的是一个国际式的风格，它于14世纪期间在地中海地区广为流传，并且在加泰罗尼亚和马略卡王国得到进一步的发展。

赫罗纳13世纪晚期的圣多明我教堂虽然保护得很不好，但是仍屹立在那里。在巴塞罗那的王宫中的圣阿格达礼拜堂（1303—1310年）虽然覆盖着架在横隔墙状的拱券上的木顶棚，但是仍以它那优雅的比例、精致的轮廓线和窗饰下的双扇窗表现出加泰罗尼亚建筑优秀的质量。这一时期还标志着比利牛斯山的圣贝特朗·德·科曼热大教堂的开始

建造，这是一座以同样的单中厅规划为基础的大教堂。这座教堂的中厅几乎有15m（50英尺）宽，这种结构类型历史上占有引人注意的地位。实际上教堂靠东的部分原先是一座更古老的罗马风建筑，曾被规划成一座有三个中厅的教堂。而这位哥特时代的建筑师一方面保留了侧面的墙壁，另一方面却取消了室内的支柱，以便创造一个单一而巨大的、带拱的空间，并且有夹在粗壮的拱座之间的放射形礼拜室。与在图卢兹的加尔默罗会教堂和巴塞罗那的圣卡特琳娜教堂里一样，这些礼拜室位于高侧窗的下面。

在加泰罗尼亚的单中厅教堂中，从规模上讲最值得注意的要数巴塞罗那的皮诺圣玛丽亚教堂。教堂的中厅有16m（54英尺）宽，侧面有相当于中厅一半高的礼拜室，在它们上面有四扇一组的组织在窗饰下面的尖拱窗。皮诺圣玛丽亚教堂甚至比圣贝特朗德科曼热大教堂更清楚地显示出这类教堂在结构和美学上的优越性。单一的室内空间点缀着礼拜室的入口和结合在支撑拱顶的墙体上的束柱。通过礼拜室和高侧窗的窗户获得了明亮的光照，教堂连续的墙面大体上没有受到这些开洞的影响，所强调的仍然是墙体表面。室外的拱座足以平衡中厅的侧推力。同样这种类型较小的版本是佩德拉贝圣玛丽亚教堂（奠基于1326年，位于巴塞罗那城门口），它甚至更多地强调了墙体。试想一下，在它三层高的后殿里，玫瑰窗和高侧窗下面并没有礼拜室，然而，这里没有笨重的感觉——墙体的薄弱程度，以及它们缺乏结构功能的特点都遵从了辐射式艺术的法则。室外体量有着简明的几何形状。圣胡斯托·帕斯托教堂（Church of Santos Justo y Pastor）始建于1329年，也在巴塞罗那，它是皮诺圣玛丽亚教堂简化了的一种类型。在加泰罗尼亚首府之外还可以看到，帕纳德的维拉弗朗卡方济各会教堂和巴拉格尔的多明我会教堂，两者均建于14世纪第一个25年间，并且属于同一种结构类型。特别重要的是马略卡岛帕尔马城的方济各会教堂圣弗朗西斯科教堂。它是幸存下来的这一种类型的建筑中最老的之一，始建于1280年，于1317年祝圣并于1349年完成。其最初覆盖着架在隔墙状拱券上的木屋顶的中厅到14世纪时已经做了拱顶。在比利牛斯山脉以北，当时属于马略卡王国附属国的鲁西永和塞尔达涅等地区兴建了这一建筑家族中的其他成员。虽然佩皮尼昂（Perpignan）的方济各会教堂已经不存在了，但是同样的类型可在普奇塞达（Puigcerda）和科利尤尔的方济各会教堂中，在马略卡岛帕尔马城的圣雅各布教堂中，以及

在休达德拉（梅诺卡）的圣玛丽亚教堂中看到。由桑丘·德·马略卡始建于 1324 年的佩皮尼昂大教堂也可以看作这组建筑中的一部分。它们几个出色的特点中包括横厅前的一个歌坛，以及朝着横厅开放并且侧面有两个礼拜室的后殿。

M·迪利亚曾经指出：其最初的规划要求有一个带侧廊的中厅，但是在当地传统的影响下，这个设想被放弃了，转而采用一个大约 59 英尺（18m）宽的单中厅。我们将很快发现赫罗纳大教堂有过同样的情况。佩皮尼昂大教堂的中厅朝着非常高大的礼拜室开敞，仅在沿着厚重的墙体的部分留下足够的空间开大圆窗。虽然该教堂的设计很不协调，但是仍与用在巴塞罗那的建筑物上的一样引人注目。佩皮尼昂大教堂对空间统一性的追求可以从礼拜室之间明确的分割中看出来，这些礼拜室通过高而非常狭窄的窗户采光。

通过单中厅做法（带有夹在拱座间的礼拜室）广泛的几乎是系统化的运用，14 世纪加泰罗尼亚和法国南部接壤比利牛斯山脉的地区宣布了它们对法国北部和中部的辐射式艺术毫不含糊的反对。甚至在这些年代期间建造的多个中厅的教堂也可以归入这个反对辐射式的阵营中，因为它们利用了相同的建筑技术和空间设计。

1298 年标志着在雅伊梅·法布尔·德·马略卡（Jaime Fabre de Mallorca）指导下兴建哥特式巴塞罗那大教堂的开始。第一个回廊礼拜室完成于 1317 年，但是剩下的工程却需要用长得多的时间。中厅和修道院在 15 世纪中期仍在建造，而中心塔楼直到 19 世纪才加建。它的歌坛的规划极像赫罗纳（始建于 1312 年）和纳博讷（始建于 1286 年）等大教堂：敞向回廊的多边形礼拜室和侧廊甚至可以被看成来自北方模式的法国式规划。特别合乎逻辑的是：分隔礼拜室的墙体通过起室内拱座的作用，而完全结合进教堂的结构体系。至于立面，这座加泰罗尼亚的大教堂摒弃了纳博讷教堂将二层拱廊加插在等高的拱廊和高侧窗之间的做法。相反在巴塞罗那，拱廊提升至非常高的高度，以至于二层拱廊之上只留下足够的高度开圆形的高侧窗。回廊由礼拜室入口上方精美的窗户采光，这一特点引发了与布尔日大教堂的比较。这样，每个开间跨开有三层窗户；从外面看，立面上的这三个水平层沿外墙清楚地勾画出来。尽管有强有力的支柱，室内给人的印象仍是一个单一而空旷的空间，支撑在高度令人眩目的支柱上。中厅由四个巨大的方形拱顶组成，旁边伴有与歌坛一样高的侧廊，而中厅侧面的礼拜室（每跨开间中

有两个）顶上设有楼层，楼层的拱顶与侧廊拱顶的高度相同。这个方案不仅是一个提高室内空间纪念性的安排，而且也起结构上的作用：礼拜室、楼层和起分隔作用的拱座为室内体量提供了有效的支撑。结果室外飞扶壁的跨度可以被减小而不危及结构的平衡性。巴塞罗那大教堂是运用精湛技巧技术服务于高度创新的空间设计的一个杰作。它似乎将德国集中式教堂的法则与法国经典的大教堂结合在一起，并且在某种程度上与加泰罗尼亚及法国南方的由连续墙很好地限定出边界的单中厅效果结合在一起。

我们刚才讨论巴塞罗那大教堂时所说的一切都可以应用在赫罗纳大教堂上，其歌坛是根据同样的规划建造的。不过，有一个重要的区别，即它的拱廊虽然加长了许多，但是仍有足够高度，使得教堂同时容纳得下高侧窗和一个透雕二层拱廊。此外，回廊从各礼拜室入口的上方获得直接的采光。故此，赫罗纳大教堂在比例和窗户的分布上不如巴塞罗那大教堂那么大胆。赫罗纳大教堂的中厅是中世纪建筑中最惊人的作品之一。它显著地改变了教堂的总体效果。1416 年当只有歌坛建成的时候，赫罗纳大教堂的主教达尔毛邀请来 12 位建筑师作为完成这座大教堂的顾问。这些咨询会议的纪要和米兰大教堂的一样保存了下来。最后，建筑大师纪尧姆·博菲（Guillaume Boffy）被授权给三跨开的歌坛加上一个大约 22.8m（75 英尺）宽和 24m（79 英尺）高没有侧廊的中厅。在起支撑作用的拱座间的每个开间跨中有两个侧礼拜室，它们有足够的高度以便容纳和在歌坛中同样类型的高侧窗窗户和二层拱廊（这里没有开洞）。由于中厅比 14 世纪的歌坛高出很多，因此需要用一面开有三个玫瑰窗的大墙来统一这两部分的高差。这样赫罗纳以最有原创性和壮观的方式混合了两种基本的加泰罗尼亚建筑类型。

根据拉夫当说，马略卡岛帕尔马城大教堂和巴塞罗那的马尔圣玛丽亚教堂标志着"加泰罗尼亚建筑成就的高峰"。圣玛丽亚教堂始建于 1328 年，完成于 1383 年（但不包括它的附属建筑），它的设计和建造产生出令人钦佩的统一效果。教堂没有横厅；中央四个巨大的开间与歌坛对齐；并且除了 9 个放射形礼拜室之外，每个侧廊分段都连着三个侧礼拜室。结构系统与巴塞罗那大教堂歌坛的类似。除了壁龛的半圆开凹室，中厅只通过拱顶下面的玫瑰窗照明。十分发达的窗户照亮高大的侧廊而没有严重地打断墙面的连续性。夹在拱座之间的礼拜室在室外看包围在单独的一面墙中；而拱座本身则完全结合进教堂的体量。墙体拱

图 262　巴塞罗那，佩德拉贝斯圣玛
　　　　丽亚修道院，教堂内部

图 263　巴塞罗那大教堂，后殿轴测
　　　　图
图 264　巴塞罗那大教堂、内部

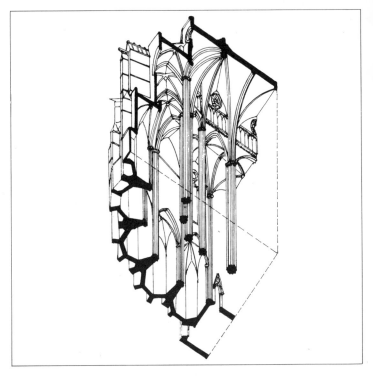

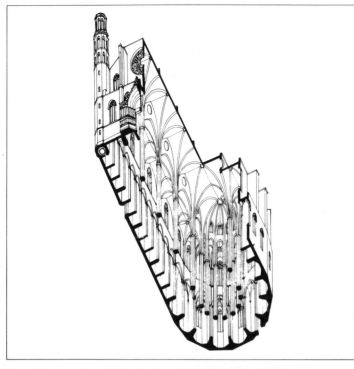

图 265 巴塞罗那，马尔圣玛丽亚教堂，轴测图

图 266 巴塞罗那，马尔圣玛丽亚教堂，内部

座足够保证中厅的稳定性。对统一的室内空间的追求伴随着支撑体在数量上和体积上的减少；高约 59 英尺（18m）的八边形支柱上冠以简洁的八边形柱头。与大教堂相比，圣玛丽亚教堂产生出一个更为震撼人心的印象——一个巨大的空间仅仅支撑在非常纤细的支柱上。这肯定是在这类努力中最纯粹和最清晰的。甚至连马略卡岛帕尔马城大教堂，尽管基于同样的设计，也无法达到马尔圣玛丽亚教堂这样的完美程度。

始建于 14 世纪初（可能约在 1300 年）的马略卡岛帕尔马城大教堂 1306 年正在修建之中。在其东翼于 1327 年完成之后，修建工程在该世纪中叶根据一些新的宏伟规划继续进行，这些规划一直到 17 世纪才完全实现，并且做得十分艰难。事实上，这座教堂是若干个建造计划的混合物。歌坛（没有回廊）来自第一个规划，它的垂直式的后殿比中厅低得多。中厅本身有将近 145 英尺（44m），这样一个冲天的高度，几乎和博韦大教堂的歌坛一样高。代替二层拱廊的是狭窄加长的拱廊洞口，这一方案重复用在约 98 英尺（30m）高的侧廊中。设置在室内拱座之间的侧礼拜室由于围绕着大教堂林立的外部拱座而得到较少的光线。有着飞扶壁元素，如墩柱、拱座和飞扶壁等的帕尔马城大教堂的外墙和没有这些元素牵挂的马尔圣玛丽亚教堂的外墙一样厚。总之，由纤细的八边形支柱支撑的"令人眩晕的"室内空间肯定符合哥特建筑是空间的一个"奇妙的"演绎这样一个想法。其他同时代的加泰罗尼亚建筑也应当稍微提及一下：如曼雷萨大教堂、安普利亚斯的卡斯特利翁圣玛丽亚教堂、托尔托萨大教堂、帕尔马的圣欧拉利亚教堂以及韦尔塔大教堂。这些项目虽然本身都很有意思，但是对地方风格的进一步发展没有什么贡献。

我们应当强调某些附属建筑的重要性，特别是那些紧邻 14 世纪西班牙教堂的修道院回廊。西班牙所有主要的大教堂都有一个修道院回廊：没有任何别的国家能以拥有如此大量、多样和豪华的修道院回廊而自豪。我们已经提到过瓜达卢佩修道院的回廊和它摩尔式风格的氛围。其他保存下来的有布尔戈斯、奥维埃多和潘普洛纳。巴塞罗那大教堂的修道院回廊虽然迟至 15 世纪才完成，但是从风格上讲完全与教堂相匹配。特别醒目的是在比克大教堂中看到的在纤细的假壁柱上的复杂的装饰线条。有的时候回廊是由几层叠垒在一起的过廊构成，正如巴塞罗那近郊的佩德拉贝圣玛利亚修道院。

在加泰罗尼亚和早先受马略卡王国统治的地区中，人们还能够发

图 267　赫罗纳大教堂，内部
图 268　马略卡岛帕尔马城大教堂，
　　　　侧面

现美丽的平民和市政建筑、王室和主教们的宫殿，以及商业交易所。在巴塞罗那大教堂的附近矗立着王宫的一部分，有一个叫做蒂内尔（大约1359—1370 年）的巨型大厅，其顶棚覆盖在隔墙状的拱券上。马略卡君主国在佩皮尼昂的王宫由于军事占领而遭受到严重的破坏，并且后来改造成 17 世纪军事要塞的一部分。它最近修复的中央院落是一个带角楼的四合院，并且每隔两层有一个门廊。依照宫殿建设的传统，两个上下叠置的礼拜堂占据着庭院东侧的中央。这座城堡始建于 13 世纪，完成于 14 世纪上半叶。马略卡岛帕尔马城的阿尔穆代纳（Almudaina）王宫建造在一座 11 和 12 世纪的穆斯林要塞中，从 1305 年起经历了几次修改。它动人的圣安娜礼拜堂坐落在建筑群的中央，在两个院落之间。不过，最不寻常的王室建筑要数马略卡岛帕尔马城城门口的贝尔韦尔城堡；它始建于约 1300 年，修建工作进行得非常迅速。它是基于一个圆形的平面建造的：其圆形的中央庭院被一个两层高的柱廊所环绕，柱廊在上面一层有交叉的尖拱。连接着这个柱廊的起居部分和服务性房间通过亲切的双扇开窗户采光。三座塔楼环绕在院落的边缘；第四座作为城堡的主塔设置在远离居住区的地方，用一座高大的桥与城堡相联。由护城河与塔楼组成的外围防御系统基本上原封不动地保存下来。很多人对如此和谐的一个平面的可能的起源感到好奇，它与格拉纳达查理五世的文艺复兴风格的城堡相似。不过，中世纪确实存在过圆形或多边形的城堡，巴黎西边的贝内城堡可以为证。另一个可能的来源是霍享斯陶芬王朝统治者腓特烈二世的城堡，意大利南部的德尔蒙特城堡。

这一时期的几座市政和商业建筑仍屹立在巴塞罗那：如始建于1369 年作为市会议厅的市政厅（卡萨城）和交易厅（约 1380—1392 年），一种为商人设立的商业交易所。两者均有支撑在圆拱上的顶棚。尽管市政厅由一个单独的大厅空间组成，而交易所则由三个这样的空间构成。和同时代几个伟大的加泰罗尼亚的教堂一样，这些建筑物具有简洁、倾向于室内空间统一的轻巧感、精湛的手艺和小心地塑造的轮廓线。我们不应忽略巴塞罗那巨大的带顶篷的船坞，它们是用来庇护加泰罗尼亚的船队的。它们宽敞的大厅屋顶架在横隔拱上。这些船坞最早设立于 13 世纪，之后在 1378 年到 1381 年间加以扩大和重修，并于几年之后最终完成。

图 269　马略卡岛帕尔马城，大教堂，
　　　　内部
图 270　马略卡岛帕尔马城，贝尔韦
　　　　尔城堡，庭院

第六节　15 世纪和 16 世纪

正如我们所见，西班牙的建造活动在哥特建筑成型和发展的年代里一直保持着密集的步伐。中世纪晚期对于这个风格在伊比利亚装饰上的继续发展是一样有利的。虽然诸多的内部矛盾使国王们和贵族们（或者相互之间）处于对抗的状态，西班牙在两位天主教国王——费迪南德和伊莎贝拉统治下成功地走向统一。阿拉贡的费迪南德和卡斯蒂利亚的伊莎贝拉在 1469 年的联姻在他们获得政权之后（1474 年和 1479 年）具有重要的政治意义。1492 年标志着对穆斯林王国格拉纳达的征服，而纳瓦尔王国则于 1512 年被并入西班牙。由于拥有西西里和南部意大利，并且在发现美洲后推行帝国扩张政策，西班牙很快成为欧洲的超级强国。当查理五世——两位天主教国王的孙子——于 1519 年成为神圣罗马帝国的皇帝时，西班牙行将开始对欧洲长达一个世纪的主宰。结果平民和宗教建筑遍布伊比利亚半岛，成为忠实于哥特风格的一笔精美的遗产。

我们将不细述前一个世纪开始的，持续至今的一些主要项目，如巴塞罗那和马略卡岛的帕尔马等地的大教堂。赫罗纳大教堂在 1401 年咨询过专家意见之后，一个巨大的单中厅加接到老的歌坛上。帕伦西亚大教堂迟至 1514 年才完工的中厅显露出中世纪晚期特有的某些特征：简明的支柱轮廓、柱头的弱化、中厅和侧廊中有带枝肋和间肋的日益复杂的拱顶，以及有大量装饰的二层拱廊。在奥维亚多和潘普洛纳开始建造新的大教堂；后者始于 1392 年，大约于 1500 年完工。其相当有独创性的平面包括了一个不带轴线礼拜室的多边形的后殿。除了带星状拱顶的半圆形后殿外，潘普洛纳大教堂的立面是相当简单的：大片的墙面充满了高侧窗之间的部分，并且侧廊敞向一个相对比较低的拱廊。

这个时期所有其他的努力跟塞维利亚大教堂相比都显得黯然失色，它是所有中世纪教堂中总面积最大的。和科尔多瓦教堂直至今日的情景一样，在再征服的年代里，这座大教堂一直坐落在一座巨大的清真寺内。1401 年决定拆掉清真寺，仅保留名叫拉·吉拉尔达（La Giralda）的塔。关于此后的修建计划和指挥它们的建筑师，如彼德罗·加西亚、伊桑伯尔、卡尔林、胡安·诺曼和彼德罗·德·托莱多（Pedro Gracfa, Ysambert, Carlin, Juan Norman and Pedro de Toledo），我们知道得很多。歌坛在 1494 年仍未造好，但 1519 年举行了总落成仪式。众多来自

西班牙、法国、佛兰德斯和德国的雕塑家和彩色玻璃工匠被邀请来装修该教堂。塞维利亚大教堂之所以会被看作一座富有"异国情调"的建筑正是由于这种多元化的外来影响，这还没有提及摩尔人传统的地方精神的影响。教堂的中厅被横厅所分割，每侧各有两条侧廊和一系列夹在拱座间的礼拜室。众多的外接建筑中（如门廊、圣器室等），有的是和教堂同时修建的，其他的是以后加建的。高大的拱廊架在粗壮的圆柱上，柱上的壁柱和各种凸伸的元素对应拱顶和拱廊的线脚。拱廊上方沿着高侧窗的基座有一层楼座，高侧窗由四个位于窗饰下面的尖拱窗组成；装饰华丽的火焰式的栏杆反映了中世纪晚期普遍典型的也是这一地区特殊的对装饰的喜好。事实上，楼座在这里起着某种二层拱廊的作用，因为它的每个开间跨都通向一个外走廊。在横厅中央及其周围的拱底，简单的交叉肋拱采用了附加的肋骨系统。这部分拱顶是由胡安·吉尔·德·洪塔农（Juan Gil de Hontañoh）于16世纪初创作的，成为火焰式设计的名作，巨大的玫瑰花状的雕刻装饰图案覆盖在拱底和拱肋上。高大而互相穿插的侧廊构成了补充教堂中间部分的巨大空间，其整体的效果极为丰满。第二个侧廊透过大型的窗户向外开敞，从而将光线引入到整个室内。然而，塞维利亚大教堂保持了西班牙哥特建筑一个不变的特征，即墙体的连续性。从外面很容易辨认出内部的结构，粗壮而几乎水平的飞扶壁斜靠着中厅的墙体（较矮的飞扶壁支撑侧廊的墙体）。一片名副其实的尖塔的森林安在由飞扶壁各要素组成的整个系统上。塞维利亚大教堂与它几乎同时代的米兰大教堂类似，不是在结构或者室内空间设计方面，而是试图在尺度和装饰上超越以往的尝试的共同追求上。

塞维利亚大教堂并不是在西班牙的国土上兴建的最后一座哥特式大教堂。阿斯托加始建于1477年的大教堂到1559年仍在建造之中。其有沿中厅的高侧廊、飞扶壁和星形拱顶的传统方案，还包括了一个装修辉煌的后殿。对哥特风格的偏爱在1500年之后持续了颇长的一段时间。由科隆一个名叫佛朗西斯哥的建筑师开始的帕伦西亚（新的）大教堂的修建工作在1497年归由罗德里哥·吉尔·德·洪塔农指挥。这里丰富的拱顶装饰与某些北欧晚期的哥特风格的手法混合在一起，例如取消起拱处下面的柱头和用角状的线脚代替束柱。萨拉曼卡新的大教堂在胡安·吉尔·德·洪塔农的指挥下始建于1513年。除了立面上两个古典穹顶和横厅中心，这个建筑是按照哥特风格设计和建造的。大教

堂冲天的高度与广阔宽敞的侧廊一起，不仅创造了一个感人的纪念性效果，而且赋予了室内空间以和谐的比例和丰富的装饰。沿着有层次的室外体量排列的墩柱和飞扶壁与前几个世纪的"本土"风味完全一致。1526年塞戈维亚大教堂同样是在胡安·吉尔·德·洪塔农的指导下开始成型，他于此后不久去世；教堂于1617年完成，适逢火焰式艺术的鼎盛时期。它有拱廊、楼层和高侧窗，在结构上类似萨拉曼卡大教堂。歌坛于1562年奠基，这一年还有埃斯科里亚尔修道院教堂的启动工程。虽然塞戈维亚大教堂的结构完全是哥特风格的，但是值得注意的是它在窗户上使用了圆拱，并且没有火焰式的窗饰。

15世纪和16世纪期间西班牙建筑的活力的确是不同凡响的。这一时期产生出无数冠以装饰丰富的穹顶的横厅中心。其中最著名的无疑是布尔戈斯大教堂（1540—1568年）的带星状拱顶的穹顶，架在一个满覆雕塑的鼓座之上。在萨拉戈撒大教堂中（1505—1520年），豪华的中心塔楼为一个受穆德哈风格影响的肋骨网系所突出。

沿着穹顶通常应当设置统一规划的建在教堂主体建筑附近的葬礼或弥撒礼拜室。这些礼拜室中有两座值得特别注意。托莱多大教堂的阿尔瓦罗·德·拉卢纳礼拜室（1430—1440年）极有可能是哈内甘·德·布鲁塞尔的作品，这位佛兰德斯的建筑师将火焰式的装饰嫁接到传统的穆德哈式的元素上。正方形的平面在角上被三角形的拱顶所切割，形成一个八边形的屋顶。孔代斯特布尔·埃尔南德斯·德·贝拉科礼拜堂位于布尔戈斯大教堂的后殿中，可能设计于1492年，但是不管怎么样迟至1532年仍未完工。它甚至比托莱多礼拜室更壮观，当一个巨大的八角厅加在这个13世纪的建筑物上的时候，其形状发生了变化。可以从明显来自于莱茵兰和佛兰德斯的元素中看出这是来自科隆的西门的作品。奢华的装饰中充满了文艺复兴的母题，而且显露出某些文艺复兴的特征。

托莱多的圣胡安·德·洛斯·雷耶斯教堂是为了纪念托罗战役（1476年）而建造的，此役拉开了征服格拉纳达的序幕。当1492年格拉纳达城被攻克的时候，教堂的修建工作（除了唱诗席部分）正在顺利地进行之中。从排列着夹在拱座之间的礼拜室的传统单中厅的布局中可以推断这是一座方济各会的建筑。一个壮丽的穹顶从横厅中央上面升起；除了在壁龛中，有着复杂的拱顶标志着与通常有八根肋骨的星状模式不同的做法。在庭院回廊和各隐修礼堂中，我们面对的是名副其实

图 271　塞维利亚大教堂，外观
图 272　塞维利亚大教堂，内部

的北欧晚期哥特风格的网格拱顶（Netzgewolben）。其雕刻装饰令人想起托莱多大教堂特有的丰富风格。与葡萄牙巴塔尔哈的还愿教堂一样，圣胡安·洛斯·雷耶斯反映了中世纪末基督教教堂发展的新方向。已经没有任何方济各会的简朴和贫穷的痕迹。实际上，13 世纪歌特建筑所体现的那种神秘理念如今要想折服观者所驱动的炫耀铺张的品味所取代。这种更符合文艺复兴而不是中世纪审美观的技术和艺术上的娴熟技巧也是圣托马斯的阿维拉多明我会隐修院的特点。它由一位皇家司库于 1479 年建立，是夭折男婴（Infante Don Juan）的墓葬地。布尔格·恩·布雷斯附近的布鲁法国教堂也属于这一类建筑。

由于这一阶段的发展发生在两位天主教国王统治期间，所以经常被称作伊莎贝拉风格，借用了与其夫联合执政的卡斯蒂利亚的伊莎贝拉女王的名字。在教会和各个城市赞助下的国际交往中随处可见来自佛兰德斯、法国和德国的建筑师的贡献。法国人胡安·迦斯（Juan Guas）是托莱多圣胡安·德·洛斯·雷耶斯教堂的总建筑师；安特卫普的雕塑家吉尔·希洛在布尔戈斯大教堂工作过；而科隆的西门同样地将他的聪明才智带来西班牙。尽管有穆德哈传统的影响以及规划是由西班牙工匠实施的，勃艮第、佛兰德斯和诺曼底仍能够在西班牙和葡萄牙留下他们的印迹。这一风格形态最有代表性的实例是那些出色的伊莎贝拉式的立面，例如塞维维亚的圣克吕修道院（1494 年），以及巴利阿多里德的圣格雷戈里奥学院（1487—1496 年）和圣巴勃罗隐修院（约 1505 年）。这些作品就像巨大的圣坛壁饰，展示出某种法国和佛兰德斯无法与之比拟的塑性创造力。但是我们不应忽视这样一个事实，即这些立面是由指导同时代穹顶和纪念堂装修的同样审美观所决定的。同样丰富和深受穆德哈风格所影响的装饰支配着巴利阿多里德的圣格雷戈里奥学院的上层庭院回廊。与在 15 世纪的西班牙、法国、佛兰德斯和中欧各地经常出现的情景一样，这里的柱子和束柱是扭曲的。

在中世纪的最后几年间，公共和私人建筑继续大量兴建，尤其是在加泰罗尼亚。在巴塞罗那范围内这些建筑中最出色的是议会大楼（1416—1425 年）：一个楼梯点缀着奢华的内院，而上层的露台有做工优雅的拱廊，支撑在纤细的束柱上。带有线脚和雕塑的装饰最充分地利用了火焰式的曲线线条和写实的人像或簇叶雕刻。另一个主要的民用建筑是马略卡的拉隆哈，或称商品交易所。它由建筑师吉耶尔莫·萨格雷拉（Guillermo Sagrera）创作，于 15 世纪初始建，并于 1451 年完工。

图 273　萨拉古撒大教堂，拱顶
图 274　萨拉古撒大教堂，采光顶塔

代替三个中厅空间的巨大的单一体量可以被看作沿其中央支撑在六根既无柱础又无柱头的扭曲的支柱上。由于整个屋顶架在同一个高度上，这一空间的统一性进一步得到加强。被立面中部的檐线和纤细的拱座所强调的冷静的外观由于有充满火焰式窗饰的门洞和窗户而变得活泼起来。巴伦西亚的拉隆哈（1490—1498 年）在大厅中有八根扭曲的支柱，虽然从室内效果上讲有类似之处，但是它是包围在一个更复杂的外观立面之中，缺乏马略卡交易所的那种严谨的风格。

　　在西班牙西部的巴利阿多里德和萨拉曼卡，15 世纪和 16 世纪目睹了神学和大学学院的校舍建设。我们已经提到过巴利阿多里德的多明我会的圣格雷戈里奥学院（1488—1496 年），其立面是伊莎贝拉式建筑最豪华的创作作品，并在一个三倍的 S 形曲线上方装饰以盾形纹章。支撑庭院门廊的扭转圆柱使人想起巴伦西亚和帕尔马交易所中的支柱。萨拉曼卡大学的兴建始于 1415 年，进展缓慢，且经历了经常性的改动，直到 16 世纪中才结束。萨拉曼卡市迅速成为文艺复兴人文主义的中心，这一发展反映在大学主入口中意大利化和哥特式元素的混用上。另外，埃斯库拉斯·梅诺雷斯（Esculas Menores）的大内院（大约 1500—1533 年）采用修道院式的回廊：其带拱廊的院落仍忠实于穆德哈和哥特风格的影响。

　　如同在法国、佛兰德斯和德国，16 世纪初并没有给西班牙带来任何有意义的风格变化。哥特国王们的葬礼礼拜堂建立于 1504 年，耸立在稍后亦根据 16 世纪艺术准则重建的格拉纳达清真寺附近。礼拜堂雕刻丰富的伊莎贝拉式的门廊朝着室内开敞，室内的效果冷静，尽管头顶上有复杂的星状拱顶。基督教会的建筑活动在塞戈维亚、普拉森西亚、萨拉戈撒，以及刚征复的城市马拉加和格拉纳达等地是如此的多产，以至于这一时期可以被真正地称为西班牙建筑的黄金时期。即使某些意大利文艺复兴的形式开始更为频繁地出现——如奇形怪状的壁柱、科林斯柱头、古典的檐部，以及人文主义的图像——这些宗教建筑的结构，它们的室内比例和室外体量在精神上实质上属于中世纪。新的萨拉戈撒（1490—1550 年）和塞戈维亚（由胡安·吉尔·德·洪塔农始建于 1525 年）大教堂，以及安达卢西亚的瓜迪克斯和格拉纳达这两座大教堂都是在规划上属于中世纪而在装修上属于文艺复兴或巴洛克风格。换言之，它们是包裹在现代装饰表皮下的传统建筑物。瓜迪克斯大教堂虽然始建于 1510 年，教堂较好的部分成型于 17 世纪和 18 世纪期

图 275 布尔戈斯大教堂，孔代斯特布尔礼拜堂
图 276 巴塞罗那，市政厅，细部

间。其空间和比例是中世纪设计的一个分支，拱顶（除了横厅中央上面的"古典"穹顶之外）覆盖着哥特风格的装饰细条。格拉纳达大教堂始建于 1523 年，坐落在王室小教堂（1504—1521 年）边，小教堂内安葬着中世纪时期天主教国王们的陵墓。大教堂模仿了塞维利亚大教堂和 13 世纪建筑的规划。其内部空间，高耸至几乎 148 英尺（约 45m）的高度；其结构是哥特式的，但是却以巴洛克的风格装修。教堂迟至 1703 年才完工，中心部分建筑的修建体现了中世纪体系的持久性。

中世纪在对待世俗建筑时并不那么顽固。查理五世和腓力二世的王室建筑如在格拉纳达和埃斯科里亚尔的宫殿深受意大利审美观的影响。总之，15 世纪和 16 世纪构成了贵族和城市一同大兴土木的一段辉煌时期。无数的私人住宅之中包括了两座在萨拉曼卡的宫殿，孔恰斯府邸（1512 年）和阿瓦略兹·阿巴卡府邸（1491 年之后）。虽然依赖摩尔式的传统，但是它们的立面也显露出晚期哥特风格特有的"写实主义"，这一倾向与葡萄牙艺术的异国风情主义不无关联。

第七节　葡萄牙

哥特建筑是通过西多会修士们传入葡萄牙的，他们在阿尔科巴萨的修道院奠基于 1152 年或 1159 年，1178 年仍在建造，1223 年正式启用。它仿照了勃艮第的模式，是保存得最完好和最动人的西多会修道院之一。历史的风风雨雨给该修道院带来过无数的变化。在彼得一世统治下它成为王室的墓地，并且是伊内斯·德·卡斯特罗的安息之地。但是修道院的教堂没有受到影响，达到了早期哥特艺术前所未有的高度。在这个方面，它远超过 13 世纪葡萄牙的其他建筑物。例如埃武拉大教堂，虽然建造于 1250 年之后，但是仍使用罗马风的建筑技术：其覆盖着筒形尖拱顶的中厅是由侧廊的楼座支撑的。

与在西班牙和欧洲其他地方一样，14 世纪是多明我会、方济各会和圣克莱尔勒修会日趋活跃的一个时期。这个时期最早的建筑物之一是科因布拉的圣克拉雷教堂，始建于 13 世纪末。葡萄牙最重要的两座教堂，即里斯本的多明我会教堂和方济会教堂，几乎完全毁于 1755 年的地震。圣塔伦的圣克拉雷教堂的中厅有简洁的线脚，教堂优雅的比例和平静的效果尤其出色。不过，14 世纪无可争辩的杰作是多明我会在巴塔尔哈的胜利圣玛丽亚教堂（Santa Maria de Vitoria at Batalha）。该教堂所纪念的阿尔茹巴罗塔战役的胜利（1385 年）迎来了葡萄牙争取

图 277　巴塞罗那，交易市场，内部
图 278　马略卡岛帕尔马城，交易市
　　　　场，外观

重新独立的运动和阿维什王朝的崛起。巴塔尔哈的教堂是一座皇室的建筑，也是约翰一世及其继任者们的墓址，由葡萄牙建筑师阿方索·多曼格（Alfonso Domingues）始建于 1388 年。

这座修道院式的教堂最早似乎是根据集中式教堂的法则规划的，即有三个等高的中厅。但是在 15 世纪的第二个 25 年期间，第二位建筑师翁桂特或胡桂特（Onguete or Huguet）将中间的中厅抬高，这样做不仅使室内有直接的照明，而且还赋予该建筑物以动人的树向性。该教堂最初的特点之一就是严谨的多明我会风格的有节制的线脚和装饰。15 世纪外加的葬礼拜室和三个回廊使巴塔尔哈成为葡萄牙哥特建筑最具代表性的作品，也是整个中世纪最有灵感的作品之一。它的创建者，约翰一世的礼拜室完成于 1434 年，是一个在立柱支撑的穹顶塔楼下面的正方形大房间。其后不久，他的继任者爱德华选中了在教堂的东端建造一个巨大而装饰豪华的圆厅，外面包围着壁龛式礼拜室。15 世纪最后几年中，曼奴埃尔大帝用以他的名字命名的，极为繁琐的曼奴埃尔式风格继续这项工程，但是因为要建造贝伦隐修院而很快地放弃了它。这个圆厅一直没有完成，所以获得了未完成礼拜室（Capellas Imparfaitas）这个名称。

贝伦的圣哲罗姆隐修会的修道院建造在停靠开往新世界的船只的港口附近，矗立于航海者享利 1460 年创建的礼拜堂的旧址上。修建工作始于 1502 年，并一直持续到 1572 年。我们相当肯定地知道直至 1517 年该教堂的修建工作是在伯依塔（Boytac）的指导下进行的，他是一名在巴塔尔哈和科因布拉已经作出过贡献的建筑师。不用说，贝伦是一件曼奴埃尔式的杰作。但是这个风格不仅仅是西班牙的伊莎贝拉式或者火焰式最后阶段的变种在葡萄牙的对应风格，其丰富的装饰母题还反映了追求异国情调的倾向，这是受到在美洲的新发现和由此在 15 世纪中叶建立起来的葡萄牙殖民帝国的鼓舞的一个演进过程。有意思的是在西班牙极为流行的穆德哈元素在葡萄牙的哥特艺术中没有发挥任何作用。曼奴埃尔式风格更注重非常精致的自然母题——像贝类、植物、藤蔓和奇异的动物等。这种装饰的惊人的创造力甚至超过法国、佛兰德斯和德国的繁复的晚期哥特风格。1520 年之后，尤其是在西班牙建筑师若昂·德·卡斯蒂略来到贝伦之后，葡萄牙的审美观与装饰性的意大利式风格混合在一起，以至于曼奴埃尔式艺术在短短的几十年中失去了它自身独立的特点。

图 279　阿尔科巴萨，圣玛丽亚修道
　　　　院，教堂内部
图 280　阿尔科巴萨，圣玛丽亚修道
　　　　院，回廊

　　伯依塔——贝伦的首位建筑师可能是法国人；15 世纪末和 16 世纪初的曼奴埃尔艺术在多大程度上受他这个人的左右呢？从结构角度看，他没有改进过去的做法。从最东端开始（后来修改过），贝伦教堂是一个集中式的教堂，由三个等高的中厅组成；其复杂的肋骨拱顶支撑在纤细的多边形支柱上。圣哲罗姆修道院异常豪华的庭院回廊利用了哥特式的结构技术，例如 1500 年国际式哥特风（International Gothic）特有的扁平拱。1550 年之后，第三位建筑师笛耶哥·德·托拉尔瓦以意大利式的风格重建了贝伦教堂的歌坛。与这件曼奴埃尔式的杰作一起，我们不能漏掉托马尔的耶稣教堂和隐修院的装修，以及贝伦城门处著名的塔，该塔 1515 年至 1520 年间建于修道院的对面。1500 年左右的葡萄牙建筑的意义不在于它的影响力，那实际上是相当有限的，而是在于它本身的特点。尽管有它自己的创新之处，这个风格一直与其他变体一起被归入晚期哥特风，或者有时候也会被叫作巴洛克阶段。从历史和精神意义方面来说，它不同于主流建筑；作为哥特风格的一个分支，它擅长于别具一格的装饰和形式技巧。

图 281　埃武拉大教堂，外观　　　　图 282　科英布拉，圣克拉雷教堂，内
　　　　　　　　　　　　　　　　　　　　部
　　　　　　　　　　　　　　　　图 283　圣塔伦，圣母感恩教堂，内部

图 284　巴塔尔哈，维多利亚圣玛丽
　　　　亚教堂，外观
图 285　贝伦（里斯本），圣哲罗姆隐
　　　　修会修道院，回廊

图 286 贝伦（里斯本），贝伦之塔

第七章 结论

总结对哥特建筑的研究最恰当的做法似乎是考察它在中世纪晚期的法国的状况。无论如何,这里是哥特艺术诞生的地方和向整个西方传播的起点。前几代伟大的典范,尤其是 13 世纪的那些有着形式的延续性,这在法国比在仅仅是被动地接受哥特审美观的国家能更清楚地观察到。因此,与欧洲其他地区相比,法国提供了一个更为清晰可读的框架,反映风格阶段的承传延续,以及技术和形式的演变模式。比如,注意到下述两个例子是很重要的,即巴黎的圣厄斯塔什教堂(Saint-Eustache),虽然设计于 16 世纪,却仿效了 12 世纪的巴黎圣母院的平面;而 1568 年在宗教战争期间焚毁的奥尔良大教堂则是根据哥特的传统逐步重建起来的,直至 1829 年。最后,1200 年代末以来,在功能和形式的整体演进过程中起过非常重要作用的城市及公共建筑仍有待获得足够的重视。

产生于 13 世纪中叶特鲁瓦大教堂(Cathedral of Troyes)和圣德尼修道院教堂(Abbey Church of Saint-Denis)的法国辐射式建筑于 1240 年到 1265 年间在特鲁瓦的圣沙佩勒(Sainte-Chapelle)和圣乌尔班(Saint-Urbain)两教堂中成就了形式和技术的高度复杂性。尽管它随后传播到王国以外的法国北部和南部,但是它也刺激了前面已经讨论过的在英国、德国、意大利和西班牙的"抵抗运动"。在某种程度上,1270—1280 年的十年间在法国南部也有过类似的反应。不过我们应当记住,在 13 世纪最后 25 年和 14 世纪前 50 年,后辐射式建筑(post-Rayonnant architecture)由于因循守旧而变得几乎经院化。狄翁把这称作教条主义的哥特时期。

13 世纪有几个从 1240—1260 年间开始的项目得到了延续:巴黎圣母院的壁龛得以重建,而博韦大教堂(Cathedral of Beauvais)在其壁龛的拱顶于 1284 年倒塌之后也获得重修。让德尚(Jean Deschamps)、克莱蒙-费朗(Clermont-Ferrand)和利摩日(Limoges)等大教堂正在进行的修建工程在风格上仍忠实于原始的设计。埃夫勒大教堂(Cathedral of Evreux)(约始建于 1260 年,歌坛约完成于 1320 年,后来修改过),以及纳博讷(Narbonne)(歌坛建于 1272—1332 年)、图卢兹(Toulouse)(1282 年至 14 世纪中)、罗德兹(Rodez)(始建于 1276—1277 年)和波尔多(歌坛约建于 1280—1332 年)等大教堂的情况也一样。一部分 1300 年左右动工的新建筑无论在结构原理上还是形式特征上都对发展 13 世纪的辐射式艺术的贡献不大:在布列塔尼(Brittany)

和诺曼底边缘的埃夫隆修道院教堂可以为证。其他重建工作的努力证实了这个时期哥特艺术的经院保守主义倾向:如旺多姆三一修道院教堂的歌坛(始建于 1306 年)、纳韦尔大教堂(Cathedral of Nevers)的歌坛(始建于 1308 年),以及鲁昂的圣旺修道院教堂(始建于 1318 年)。这些建筑物基本上采用传统的平面,包含了许多侧面的礼拜室,帮助扩大中厅的宽度。立面分为三段的格局通常被保留下来,同时最大限度地把从地面到拱顶的墙体掏空。另外,开了窗洞的上层拱廊变得相当的高,往往和高侧窗结合在一起。然而,其整体效果远不同于在 13 世纪的教堂里所体验到的那种。因为有着生动颜色的彩色玻璃几乎到处被灰彩仿浮雕(grisaille)的玻璃窗格所代替;需要保留色彩的部分则使用色调调淡而且不连续的玻璃。结果大片的光线被不再那么高的立面所强化,因为它使光源更靠近地面。在开着多样和复杂的孔洞的窗饰中,无论是透雕还是在墙上,形式的丰富化尤其明显。换言之,哥特建筑盛期的建筑师们所钟爱的巨大、感人、"奇妙"的室内空间,这时让位给了通透性(transparency),或通过光线使体量"消失"。外部,无论是在正立面上还是在墙上,装饰性的山墙、窗饰和玫瑰窗协调地与装饰性的窗分格混合在一起。严格说来,这些形式无一是原创的;它们都在 1250 年左右在法兰西岛发明的。但是这一风格以有限的形式系统地产生出无限的变化。

不那么雄心勃勃和宏伟的托钵教派建筑当然仍在建造,但是只有一小部分法国北方的实例保存下来。它们的基本轮廓仍保持相当地柔和,即使是那些以 15 世纪所谓严峻风格(Severe Style)建造的教堂(如卢瓦尔的萨图尔教堂、奥韦涅的圣-普尔卡安-苏-西乌勒教堂、布列塔尼的雷东教堂,以及吉伦特的老于泽斯特大教堂)。在南方,朗格多克(Languedoc)和法属加泰罗尼亚的建筑可以从砖的使用、传统的对墙面的强调和对单中厅平面的偏爱等方面辨别出来。再其次,一个简化了的法国北方大教堂式的版本相当频繁地出现在法国的东部和罗讷河流域。在这第三种类型的教堂中,由于没有了回廊,所以后殿可以采用从靠近地面的地方开始往上爬升的窗户,使整个立面充满玻璃。我们已经知道这个霍克库(Hochchor)法则在 13 世纪期间产生过瑰丽的奇葩:例如,始建于 1221 年但直至 15 世纪才完工的图勒大教堂。这是一个在日耳曼国家中经常被多明我会修士们所采用的方案;在意大利和法国也是如此,如瓦尔(Var)地区的圣马克西敏教堂。此外,它也被

图 287　旺多姆，三一修道院，教堂

较小的教堂所借用，如特鲁瓦的圣乌尔班教堂、圣蒂耶博教堂，以及产生出 14 世纪赛纳河畔米西、威尔蒙顿等地区的一些实例，和诺曼底迷人的图尔－恩－贝森教堂。

从 1340 年起，建造活动逐渐放慢，并在百年战争最暗的几十年中几乎停顿下来。很多项目被放弃，直至 15 世纪。也许这就是为什么与德国、意大利和西班牙等国的建筑充满活力的演进相比，14 世纪辐射式风格以其静态和传统的特点给我们留下深刻的印象。但是在法国的这种沉寂现象不应该被夸大。在为贵族造城堡和宫殿方面，修建工作不仅仍在继续着，而且做得极为出色。事实上，正是在这段时期里，而不是 13 世纪，城堡建筑取得了它在艺术史上恰当的荣誉地位。城堡以往起着至关重要的防御功能，如今在外面装点上了一层奢侈和豪华，库西（Coucy）的加亚尔城（Chateau-Gaillard）以及卡尔卡松城的棱堡是军事艺术的杰作；它们的设计在 14 世纪和 15 世纪的堡垒中重新出现，例如米罗勒、樊尚和卢瓦尔河畔叙利城。与此同时，住宅的建造深受意大利的影响，这里防御性问题被降为次要的考虑。这些建筑中最重要的是坐落在割让给教皇的阿维尼翁城中的教皇府。在本尼迪克特十二世、克雷芒六世以及他们的继任者一个比一个更雄心勃勃的领导下建造的这个据点是一个由围绕着几个内庭院组织的会见室、礼拜室和寓所构成的一个复杂的网络。无论是大礼堂还是克雷芒六世礼拜堂，室内体量均非常宽敞并且布满了绘画。教庭建立了许多其他的居住城堡：那些在王国境内的城堡，虽然现在不是已被拆毁，就是年久失修，但在美学成就上足以和阿维尼翁城的教皇府媲美。尽管查理五世的卢浮宫已不复存在，但我们知道宫中装饰了大量的雕塑和绘画。让·德贝利的诸多府邸中保存下来的所有东西就是他在布尔日的城堡大厅和耶夫尔河畔默安的废墟。但是从 15 世纪初的一些精美的手稿中（例如 Les Tres Riches Heures du Duc de Berry），我们熟知后者装饰华丽的塔楼和角楼。今天成为普瓦捷的正义宫（Palais de Justice）的大厅（1384—1386 年）充分反映了人们在建造贵族府邸时组织轮廓线和装饰所操费的匠心。1400 年左右建造的一代壁垒式城堡标志着这个追求奢华的运动中的一个新阶段。为路易·多尔良建造的城堡，皮埃尔方，是由维奥莱－勒－杜克主持重建的，做得有点过火。除了精巧的军事工事外，还在城堡的主塔中设有居住区，在庭院的四周设有接待室、佣人区和小教堂。拉·费尔泰·米隆城堡，一个在同一时间为同一个贵族建造的城堡，室

图 288　鲁昂，圣旺教堂，歌坛

外的小壁龛中放有雕像，标志出该建筑的政治意义。总之，14世纪的城堡正在卸下它们防御性的武装而变得越来越具有居住性，比如像使用巨大的窗户以便提供尽量多的照明。上述的例子在索米尔和塔拉斯孔激发出类似的尝试，后者是为勒内·安茹建造的。在15世纪，火炮的引进和其后的传播使军事城堡重新朝棱堡式要塞的方向转变。适应了新的战争手段的需要之后，作为要塞和住宅双重目的的城堡终于消失了。

　　法国和佛兰德斯的城市建设同样经历了在意大利和西班牙正在进行的急速发展。很多人建造了城市的住宅，贵族（如布列塔尼的公爵们在南特的城堡），富有的商人和专业人士（如雅格·克尔在布尔日的著名府邸），以及主教和修道院主持（如克吕尼的主持们和森斯的大主教们在巴黎的府邸）。新的建筑强调室外的雕刻装饰、门窗的外框，以及顶上装饰有透雕山墙的老虎窗。然而，至少在法国，人们不太重视整齐的取直关系，均衡的体量，或目的在于创造怡人的透视景观的规划。多数情况中立面是不对称的，洞口的开启一方面适应内部的设计，一方面适应城市景观的不规则性。这些建筑中最重要的包括中世纪晚期在法国北方和佛兰德斯的一些城镇中的市政建筑。加入自由城市的社区如今觉得需要用在规模和奢华程度上足以与宗教建筑相媲美的市政厅和商业建筑来显示他们的财富和城市的骄傲。市政塔在名义上和形象上成为城镇中的制高点。虽然佛兰德斯地区最老的市政建筑可以追溯至13世纪，但是最豪华的实例建于14、15和16世纪。布吕热的塔虽然始建于13世纪末，但在14世纪进行了扩建和装修，而它的市政厅（1376—1420年）则成为15世纪和16世纪一大批类似建筑的蓝本。在根特、卢万和布鲁塞尔三者中，尤其是最后一个，尽管翻新过，却能最准确地反映中世纪晚期城市的气氛。

　　在中世纪最后一个阶段里装饰元素，最主要是窗饰，成为关注的中心；习惯上将火焰式的标签加在这个阶段上。以同样的分析方法得出的结论是这个风格最显著的特征是弓弧（ogee）的使用，即由一条曲线和一条反曲线构成的弧线。弓弧是辐射式造型的自然后裔：14世纪期间它在英国（如伊利大教堂的女士礼拜堂，大约1340年）和法国（如普瓦蒂埃的宫殿，1380—1384年）经常使用。15世纪初，尽管弓弧变得更加复杂，但仍保持着基本的辐射式的外形。这些非本质的元素在火焰式的风格中一直被赋予了关键的角色；这可能是因为它们为这个风格

图 289　图尔－恩－贝森教堂，内部
图 290　加亚尔城城堡，外景
图 291　卡尔卡松，鸟瞰

带来了运动或动势的特征。这种同样的活力可以在支柱的扭转或者在从支柱伸展至拱顶而不被柱头所打断的竖向线脚中看到（如 1489 年以后巴黎的圣塞弗兰教堂）。这种对动感的强调被称作一个巴洛克现象，这个解释，从历史的角度来讲，把巴洛克看作辐射式风格主义的直接继承者。

另一些经常提出的评论与中世纪晚期的装饰中的现实主义有关。实际上，把模仿自然的簇叶或和别的装饰元素交织在一起的动物运用在建筑上的做法在 13 世纪已经存在，并且在整个哥特时代以不同的形式出现。不过，在 15 世纪，现实主义的发展潮流形成了更具体的形式（如水果、甘蓝之类的蔬菜、树枝等等），而奇禽异兽的再现有着狂暴的外表。画在正门上方的捐赠或赞助人的肖像显示出对人们对真实地表现特定人像的重新关注。在雅格·克尔府邸，胸像们从假窗的窗台上凝望着观察者。15 世纪绘画和雕塑中的现实主义在它们的建筑框架中重现。

然而，这些只是表面的东西。更重要的是建筑学方面的问题——形式和功能。很多原来起着结构作用的哥特建筑技术，如今失去了它们的功能性。例如，以前用来压拱券券背（extrados）的山墙演变成了一个纯粹装饰性的透雕母题，运用了水平的平线脚（Fillet）。假如说辐射式时期山墙通过分割而"轻巧化"，那么 15 世纪的形态变化则几乎成了荒诞的奇思异想（试想一下鲁昂的圣马克卢教堂和卢维耶的圣母院）。室内支柱的表达经历了同样的变化。在哥特建筑最早的日子里，结合在支柱上的小束柱为拱券和拱顶提供了额外的支持。在 13 世纪和 14 世纪，这一功能变得更加明确，尽管它造成更大的错觉。接着，火焰式风格自由地——有时非理性地——将支柱线脚的垂直要素安排在柱基的周围：线脚如今能够围绕着支柱扭曲，或者完全从柱表面清除掉。拱顶遵循了类似的过程。我们已经研究过拱肋的组织如何不再是为了减轻拱顶结构难度或创造空间韵律而设置的，尤其是在 13 世纪的英国。15 世纪，德国的网格拱顶（Net-vault）开始在法国以扁平的、装饰极为华丽并且带有垂饰拱心（pendant boss）的星形拱顶（Star-vault）的形式出现，试看吕埃（Rue）始建于 1480 年的圣灵教堂（Chapelle du Saint-Esprit），或科德贝克·恩·科。看着这些拱顶，人们会认为建筑师们在追求纯粹的装饰时，千方百计地避免哪怕是最细微的功能主义的暗示。将拱顶构件混合进砖石结构中的做法一点也不稀奇，这样造成了显

图 292　阿维尼翁，教皇府，外观　　图 295　巴黎，圣塞弗兰教堂，回廊
图 293　普瓦捷，正义宫，内部
图 294　拉费尔泰一米隆城堡，城堡
　　　　废墟

图 296 吕埃，圣灵教堂，拱顶

图 297 圣尼古拉－德－波尔教堂，
中厅

图 298　圣米歇尔山，全景
图 299　圣米歇尔山，修道院教堂，歌
　　　　坛

眼的屋顶和不显眼的支撑体之间的形态对比。对于像福西永一类的学者来说，这种反功能主义是巴洛克建筑重要的特征之一。

火焰式艺术对体量和空间问题提出了各种不同的解决方式。这些措施中最出色的方法之一就是根据广厅式教堂的原则，用等高或近似等高的中厅来统一室内空间。虽然这一设计在法语地区甚少使用，但的确在北部和东部出现过，特别是在香槟地区一些带有低拱顶的教堂中。但是法国的中心地区偏爱另一种不同的结构方式：侧廊和下部楼层被用来当作一个衬托更高的、明确界定了比例和空间界限的中厅的基座。有时候取消上层拱廊，在拱廊和高侧窗之间创造出一片素墙面，形成一个两层的立面。这远不是一个低级的方式。在克莱利（皇室的圣母院，建于1429—1483年）中，拱廊和高侧窗粗犷的线条使室内体量更具说服力，这一做法为15世纪晚期巴黎的一些教堂所仿效，如圣热尔韦（1494—1508年）、圣艾蒂安—杜—蒙（1494年之后），以及在洛林的圣尼古拉—德—波尔，建于1514年至1541年间。短立面的一个典型例子是为波旁公爵们所建造的穆兰大圣堂（现在的大教堂），始于1468年。在诺曼底，传统的立面被保持下来，包括一个融合进上层窗户的分割构件或洞口的高上层拱廊。鲁昂伟大的诺曼式杰作圣马克卢教堂（1436—1520年）、科德贝克·恩·科教堂（1406年之后），以及圣米歇尔山修道院教堂始建于1446年的引人瞩目的歌坛，都是如此。

令人惊叹的圣米歇尔山教堂坐落在一座巨大的岩峰上，俯视着四周11、13和14世纪的寺院建筑。外部，大量飞扶壁的有力组织令人想起在13世纪的大教堂中体验到的空间效果。尽管这一杰作十分优秀，它却并非绝无仅有，因为这时是继百年战争之后一个续建和重建的时代。其中包括南特大教堂（始于1434年）、圣葡尔·德·莱昂教堂（始于1429年）和阿布维利城的圣维尔弗朗教堂（1488年之后）。某些地区表现出非同寻常的活力；可以说诺曼底和香槟在从14世纪中叶到16世纪中叶期间接受了一个全新的建筑思路。一度废弃的教堂如今根据新风格的要求予以完成：丰富的装饰层作为立面加在旧有的中厅上（如鲁昂、埃夫勒、图尔和图勒等大教堂）。从1494年起直至16世纪相当长一段时间内，桑斯大教堂的南横厅、没有完工的博韦大教堂的横厅，以及特鲁瓦大教堂的西立面都是在马丁·尚比热（Martin Chambiges，巴黎老市政厅的建筑师）指导下进行的项目之一。最早的意大利文艺复兴的标志出现在他1510年之后的作品中。

这个时候,意大利式的装饰已经通过诺曼底、里昂和南部各地进入法国。但是在16世纪大部分的时间内,法国的宗教建筑紧守哥特的平面、立面和空间形态的法则。一个值得注意的例子是布尔格－恩－布雷斯附近的葬礼教堂(1513—1532年)。萨瓦的菲利贝尔(Philibert)和奥地利的玛格丽特的墓葬是北方文艺复兴风格的产物,但是安置它们的建筑物却是纯粹的火焰式哥特风格。

　　在法国,与在德国和西班牙一样,这种对新的审美潮流的顽固抵制显示了在中世纪晚期哥特建筑非凡的生命力。由于构造技术的改进和石作工艺的革新,建筑活动被赋予了新的推动力。尽管我们在讨论这个风格时曾经使用过现实主义(realism)这一术语,我们还必须充分地意识到它使人联想到幻想、非理性,甚至是不现实的功能。风格手段可能不同于在13世纪所使用的那些,但是目的保持不变:以其神秘的本质创造出将它们与人类的住宅区别开来的庙宇。以这一原则作为它不可动摇的基础,哥特建筑以空前绝后的气势造就了一大批技术、空间和形式上的创新。因为没有任何其他时代的宗教建筑在这样一个程度上成为社会关注的审美和物质生活的焦点。

参考文献

MANUALS AND GENERAL WORKS

AUBERT M., SCHMOLL GEN. EISENWERTH J.A., HOFSTÄTTER H.H., *Le gothique à son apogée*, Paris, 1964 (It. ed. *Il trionfo del gotico*, Milan, 1964).

BIAOSTOCKI J., *Spätmittelalter und Beginnende Neuzeit* (Propyläen Kunstgeschichte), Berlin, 1972.

BOCK H., *Der decorated Style*, Heidelberg, 1962.

BRANNER R., *Gothic architecture*, New York, 1961 (It. ed. *L'architettura gotica*, Milan, 1963).

BRAUNFELS W., *Abendländische Klosterbaukunst*, Cologne, 1969.

BRUTAILS J.A., *Précis d'archéologie du moyen-âge*, 3d ed., Toulouse, 1936.

CHOISY A., *Histoire de l'architecture*, vol. II, Paris, 1899.

CLASEN K.H., *Baukunst des Mittelalters*, vol. II: *Die gotische Baukunst*, Wildpark / Potsdam, 1930.

DEHIO G., VON BEZOLD G., *Die kirchliche Baukunst des Abendlandes, historisch und systematisch dargestellt*, 2 vols. text and 5 vols. plates, Stuttgart / Hildesheim, 1892-1901. Reissued, Hildesheim, 1969.

DEUCHLER F., *Gotik*, Stuttgart, 1970.

DIMIER A., *Recueil de plans d'églises cisterciennes*, Grignan / Paris, 1949. *Supplément*, Grignan / Paris, 1967.

FISCHER F.W., TIMMERS J.J.M., SCHMOLL J.A., *Spätgotik. Zwischen Mystik und Reformation*, Zürich, 1971.

FOCILLON H., *Art d'occident, le moyen-âge roman et gothique*, Paris, 1938.

FOCILLON H., *The Art of the West in the Middle Ages*, vol. II, *Gothic Art*, London, 1963 (It. ed. *L'arte dell'Occidente*, Turin, 1965).

FRANKL P., *Baukunst des Mittelalters. Die frühmittelalterliche und romanische Baukunst*, Wildpark / Potsdam, 1926.

FRANKL P., *Gothic architecture* (Pelican History of Art), Harmondsworth, 1962.

FRANZ H.G., *Spätromanik und Frühgotik*, Baden-Baden / Halle, 1969.

FRISCH T.G., *Gothic art, 1140-1450: sources and documents*, Englewood Cliffs / Hemel Hemstead, 1971.

GÖTZ W., *Zentralbau und Zentralbautendenz in der gotischen Architektur*, Berlin, 1968.

GROSS W., *Gotik und Spätgotik. Ein Umschaubildsachbuch*, Frankfurt, 1969.

HARVEY J.H., *The gothic world, 1100-1600. A survey of architecture and art*, London / New York / Toronto, 1950.

KARLINGER H., *Die Kunst der Gotik* (Propyläen Kunstgeschichte), Berlin, 1927.

KING T.H., *The study-book of mediaeval Architecture and Art*, London, 1868, 4 vols.

KINGSLEY-PORTER A., *Mediaeval Architecture, its origins and development*, vol. II, New York, 1909.

KUBACH H.E., *Architettura romanica*, Milan, 1972.

LAMBERT E., *L'architecture des templiers*, Paris, 1955.

MARTINDALE A., *Gothic Art from the Twelfth to the Fifteenth Centuries*, New York, 1967.

PIJOÁN J., *Arte gótico de la Europa occidental, siglos XIII, XIV y XV*, Madrid, 1971.

ROSE H. *Die Baukunst der Zisterzienser*, Munich, 1916.

SALET F., *L'art gothique*, Paris, 1963.

VON SIMSON O., *Das Mittelalter II. Das hohe Mittelalter* (Propyläen Kunstgeschichte), Berlin, 1972.

TECHNICAL AND FORMAL PROBLEMS

ABRAHAM P., *Viollet-le-Duc et le rationalisme médiéval*, Paris, 1934.

AUBERT M., *La construction au moyen-âge*, in "Bulletin Monumental," CXVIII, 1960, pp. 241-259, and CXIX, 1961, pp. 7-42, 81-120, 181-209, 297-323.

BALTRUŠAITIS J., *Le problème de l'ogive et l'Arménie*, Paris, 1936.

BEHLING L., *Gestalt und Geschichte des Masswerks*, Halle, 1944.

BILSON J., *The Beginnings of Gothic Architecture: Norman Vaulting in England*, in "Journal of the Royal Institute of British Architects," VI, 1899, pp. 259-269, 289-319.

BILSON J., *Les origines de l'architecture gothique, les premières croisées d'ogives en Angleterre*, in "Revue de l'art chrétien," vol. 12, 1901, pp. 365-393, 463-480.

BONY J., *La technique normande du mur épais à l'époque romane*, in "Bulletin Monumental," 1939, pp. 153-188.

BUCHER F., *Design in Gothic Architecture. A preliminary assessment*, in "Journal of the Society of Architectural Historians," vol. 27, 1968, pp. 49-71.

CAUMONT A., DE, *Courts d'antiquités monumentales*, Paris, 1830-1841.

CAUMONT A., DE, *Abécédaire ou rudiments d'archéologie*, Caen, 1859.

DEHIO G., *Untersuchungen über das gleichseitige Dreieck also Norm gotischer Bauproportionen*, Stuttgart, 1894.

FITCHEN J., *The construction of Gothic cathedrals: a study of mediaeval vault erection*, Oxford, 1961.

FOCILLON H., *Le problème de l'ogive*, in "Recherche," no. 1, 1939, pp. 5-28.

FRANKL P., *The Secret of Mediaeval Masons*, in "Art Bulletin," XXVII, 1945.

FRANKL P., *The "crazy" vaults of Lincoln Cathedral*, in "Art Bulletin," XXXV, 1953, pp. 95-107.

GALL E., *Niederrheinische und normännische Architektur im Zeitalter der Frühgotik*, Berlin, 1915, 2 vols.

HELIOT P., *Les origines et les débuts de l'abside vitrée du XI au XIII siècle*, in "Wallraf Richartz Jahrbuch," vol. 30, 1968, pp. 89-127.

KINGSLEY-PORTER A., *Construction of gothic and lombard vaults*, New Haven, 1911.

KUBACH H. E., *Das Triforium. Ein Beitrag zur kunstgeschichtlichen Raumkunde Europas im Mittelalter*, in "Zeitschrift für Kunstgeschichte," vol. 5, 1936, 275 ff.

KUBLER G., *A late Gothic Computation of Rib Vault Thrusts*, in "Gazette des Beaux-Arts," XXVI, 1944, pp. 135-148.

LAMBERT E., *La croisée d'ogives dans l'architecture islamique*, in "Recherche," I, 1939, pp. 57-71.

LUNDBERG E., *Arkitecturens Formsprak*, vol. IV, Stockholm, 1950.

REINHARDT H., *Die Entwicklung der gotischen Travée*, in "Gedenkschrift Ernst Gall," 1965, pp. 123-142.

SAINT-PAUL A., *Viollet-le-Duc, ses travaux d'art et son système archéologique*, Paris, 1881.

UEBERWASSER W., *Spätgotische Baugeometrie*, in "Jahresbericht der öffentlichen Kunstsammlung Basilea," new series 25-27, 1928-1930, pp. 79-122.

UEBERWASSER W., *Nach rechten Mass*, in "Jahrbuch der Preussischen Kunstsammlungen," LVI, 1935, pp. 250-272.

VELTE M., *Die Anwendung der Quadratur und Triangulatur bei Grund- und Aufrissgestaltung der gotischen Kirchen* (Basler Studien zur Kunstgeschichte), Basel, 1951.

VIOLLET-LE-DUC E., *Dictionnaire raisonné de l'architecture française du XI au XVI siècle*, Paris, 1858-1868, 10 vols.

VIOLLET-LE-DUC E., *Entretiens sur l'architecture*, Paris, 1863-1879, 3 vols.

WARD C., *Medieval Church Vaulting*, London, 1915.

WILLIS R., *Architectured Nomenclature of the Middle Ages*, Cambridge, 1844.

DOCTRINES AND INTERPRETATIONS

BANDMANN G., *Mittelalterliche Architektur als Bedeutungsträger*, Berlin, 1951.

BRANNER R., *Gothic architecture 1160-1180 and its Romanesque sources*, in "Studies in Western Art" (XXth Intern. Congr. Hist. Art), New York, 1961, vol. I, pp. 92-104.

BRUYNE E., de, *Etudes d'esthétique médiévale*, Bruges, 1946.

DEHIO G., *Die Anfänge des gotischen Baustils*, in "Repertorium für Kunstwissenschaft," 1896, pp. 169-185.

DVORÁK M., *Idealismus und Naturalismus in der gotischen Skulptur und Malerei*, Munich/Berlin, 1918.

ENLART C., *Origine anglaise du style gothique flamboyant*, in "Bulletin Monumental," vol. 70, 1906, pp. 38-81, and vol. 74, 1910, pp. 125-147.

FRANKL P., *Der Beginn der Gotik und das allgemeine Problem des Stilbeginns*, in "Festschrift Heinrich Wölfflin," Munich, 1924, p. 107 ff.

FRANKL P., *The Gothic: literary sources and interpretations through eight centuries*, Princeton, 1960.

GALL. E., *Neue Beiträge zur Geschichte vom "Werden der Gotik,"* in "Monatshefte für Kunstwissenschaft," IV, 1911, pp. 309-323.

GRODECKI L., *Le vitrail et l'architecture au XII et au XIII siècles*, in "Gazette des Beaux-Arts," 2, 1949, pp. 5-24.

GROSS W., *Die Hochgotik im deutschen Kirchenbau*, in "Marburger Jahrbuch für Kunstwissenschaft," 7, 1933, pp. 290-346.

GROSS W., *Die abendländische Architektur um 1300*, Stuttgart, 1948.

GROSS W., *Zur Bedeutung des Räumlichen in der mittelalterlichen Architektur*, in "Beiträge zur Kunst des Mittelalters," Berlin, 1950, p. 84 ff.

JANTZEN H., *Über den gotischen Kirchenraum*, Freiburg-im-Breisgau, 1927.

JANTZEN H., *Über den gotischen Kirchenraum und andere Aufsätze*, Berlin, 1951.

JANTZEN H., *Die Gotik des Abendlandes, Idea und Wandel*, Cologne, 1962.

LÓPEZ R. S., *Economie et architecture médiévale*, in "Annales d'Histoire économique et sociale," 1952, October-December.

MERTENS F., *Die Baukunst des Mittelalters, Geschichte der Studien über diesen Gegenstand*, Berlin, 1850.

PANOFSKY E., *Gothic architecture and scholasticism*, Latrobe, 1951.

SAUER J., *Die Symbolik des Kirchengebäudes und seiner Ausstattung in der Auffassung des Mittelalters*, Freiburg-im-Breisgau, 1st ed. 1902, 2nd ed. 1924.

SEDLMAYR H., *Die Entstehung der Kathedrale*, Zürich, 1950.

VON SIMSON O., *The gothic cathedral, origins of gothic architecture and the medieval concept of order*, London, 1956.

WORRINGER W., *Formprobleme der Gotik*, Munich, 1911.

ARCHITECTS

AUBERT M., *Pierre de Montreuil*, in "Festschrift K. M. Swoboda," Vienna/Wiesbaden, 1959, pp. 19-21.

BOOZ P., *Der Baumeister der Gothik* (Kunstwissenschaftliche Studien), Berlin, 1956.

BOWIE T., *The sketchbook of Villard de Honnecourt*, Bloomington/London, 1959.

BRANNER R., *Villard de Honnecourt, Reims and the origin of Gothic architectural drawing*, in "Gazette des Beaux-Arts," LXI, 1963, pp. 129-146.

COLOMBIER P., du, *Les chantiers des cathédrales*, Paris, 1973.

GIMPEL J., *Les bâtisseurs de cathédrales*, Paris, 1958.

GRAF H., *Opus francigenum*, Stuttgart, 1878.

HAHNLOSER H.R., *Villard de Honnecourt, Kritische Gesamtausgabe des Bauhüttenbusches ms fr. 19093 der Pariser Nationalbibliothek*, 1st ed. Vienna, 1935, 2nd ed. Graz, 1972.

HARVEY J.H., *Henry Yevele, c. 1320 to 1400. The life of an English architect*, London, 1944.

HARVEY J.H., *The master builders; architecture in the Middle Ages*, New York, 1971.

HARVEY J.H., *The medieval architect*, London, 1972.

HARVEY J.H., OSWALD A., *English medieval architects. A biographical dictionary down to 1550*, London, 1954.

KLETZL O., *Planfragmente aus der deutschen Dombauhütte von Prag in Stuttgart und Ulm*, Stuttgart, 1939.

KLETZL O., *Peter Parler, der Dombaumeister zu Prag*, Leipzig, 1940.

KNOOP D., JONES G.P., *The Mediaeval Mason. An Economic History of Stone Building in the Later Middle Ages and Early Modern Times*, Manchester/New York, 1967.

KOEPF H., *Die gotischen Planrisse der Wiener Sammlungen*, Vienna / Cologne / Graz, 1969.

MORTET V., DESCHAMPS P., *Recueil de textes relatifs à l'histoire de l'architecture et à la condition des architectes en France an moyen-âge, XII-XIII siècles*, Paris, 1911-1929, 2 vols.

SIEBENHÜNER R., *Deutsche Künstler am Mailänder Dom*, Monaco, 1944 (It. ed. *Il Duomo di Milano e gli artisti tedeschi*, Milan, 1945).

SWOBODA K.M., *Peter Parler, der Bankünstler und Bildhauer*, Vienna, 1940.

FRANCE (excluding Alsace)

ADENAUER H., *Die Kathedrale von Laon*, Düsseldorf, 1934.

ANFRAY M., *La cathédrale de Nevers et les églises gothiques du Nivernais*, Paris, 1964.

AUBERT M., *L'architecture cistercienne en France*, Paris, 1943, 2 vols.

AUBERT M., *Notre Dame de Paris, sa place dans l'histoire de l'architecture du XIIème au XIVème siècle, Paris, 1909.

AUBERT M., Monographie de la cathédrale de Senlis, Senlis, 1910.

AUBERT M., VERRIER J., L'architecture française à l'époque gothique, Paris, 1943.

BARNES C.F., The Cathedral of Chartres and the architect of Soissons, in "Journal of the Society of Architectural Historians," XXII, 1963, pp. 63-74.

BAUDOT A., DE, PERRAULT-DABOT A., Les cathédrales de France, Paris, n.d., 2 vols.

BEGULE L., Monographie de la cathédrale de Lyon, Lyons, 1880.

BILSON J., Les voûtes d'ogives de Morienval, in "Bulletin Monumental," LXXII, 1908, pp. 484-510.

BONNENFANT G., Notre-Dame d'Evreux, Paris, 1939.

BONY J., La collégiale de Mantes, in "Congrès archéologique Paris-Mantes," CIV, 1946, pp. 163-220.

BONY J., The resistance to Chartres in early thirteenth century architecture, in "Journal of the British Archeological Association," XX-XXI, 1957-1958, pp. 35-52.

BONY J., MEYER P., Cathédrales gothiques en France, Paris, 1954.

BRANNER R., Burgundian Gothic Architecture, London, 1960.

BRANNER R., La cathédrale de Bourges et sa place dans l'architecture gothique, Paris / Bourges, 1962.

BRANNER R., Le maître de la cathédrale de Beauvais, in "Art de France," II, 1962, pp. 78-92.

BRANNER R., Paris and the origins of rayonnant Gothic architecture down to 1240, in "Art Bulletin," XLIV, 1962, pp. 39-51.

BRANNER R., St. Louis and the court style in Gothic achitecture, London, 1965.

BRANNER R., Chartres Cathedral, New York, 1969.

BULTEAU A., Monographie de la cathédrale de Chartres, 2nd ed., Chartres, 1887-1892, 3 vols.

CROSBY S. McK., L'abbaye royale de Saint-Denis, Paris, 1953.

CROSBY S. McK., Abbot Suger's Saint-Denis, the New Gothic, in "Studies in Western Art" (XXth Intern. Congr. Hist. Art), New York, 1961, vol. I, pp. 85-91.

CROSBY S. McK., The inside of St.-Denis' west facade, in "Gedenkschrift Ernst Gall," Munich/Berlin, 1965, pp. 59-86.

CUZACQ R., La cathédrale gothique de Bayonne, Mont-de-Marsan, 1965.

DURAND G., Monographie de l'église Notre Dame, cathédrale d'Amiens, Amiens/Paris, 1901-1903, 3 vols.

DURAND P., LASSUS J.B.A., Monographie de la cathédrale de Chartres, Paris, 1867.

ENLART C., Manuel d'archéologie française. Architecture religieuse, Paris, 1919, 2 vols.

FONTAINE G., Pontigny, Paris, 1928.

GALL E., Die gotische Baukunst in Frankreich und Deutschland, vol. I: Die Vorstufen in Nordfrankreich von der Mitte des elften bis gegen Ende des zwölften Jahrhunderts, Leipzig, 1925.

GARDELLES J., La cathédrale Saint-André de Bordeaux. Sa place dans l'évolution de l'architecture et de la sculpture, Bordeaux, 1963.

GAUCHERY R., GAUCHERY-GRODECKI C., Saint-Etienne de Bourges, Paris, 1959.

GOUT P., Le Mont-Saint-Michel, histoire de l'abbaye et de la ville, étude archéologique et architecturale des monuments, Paris, 1910.

GRODECKI L., Chronologie de la cathédrale de Chartres, in "Bulletin Monumental," CXVI, 1958, pp. 91-119.

HACKER-SUCK I., La Sainte-Chapelle et les chapelles palatines du Moyen-Age en France, in "Cahiers Archéologiques," XII, 1962, pp. 217-257.

HAMANN-MAC LEAN R., Zur Baugeschichte der Kathedrale von Reims, in "Gedenkschrift Ernst Gall," 1965, pp. 195-234.

HÉLIOT P., La basilique de Saint-Quentin et l'architecture du Moyen-Age, Paris, 1967.

HOUVET E., La cathédrale de Chartres, Chartres [1919-1921], 7 vols.

JANTZEN H., Kunst der Gotik. Klassische Kathedralen Frankreichs. Chartres, Reims, Amiens, Hamburg, 1957.

KUNZE H., Das Fassadenproblem der französischen Früh-und Hochgothik, Leipzig, 1912.

KURMANN P., La cathédrale Saint-Etienne de Meaux. Etudes architecturales, Geneva/Paris, 1971.

LAMBERT E., L'église des Jacobins de Toulouse et l'architecture dominicaine en France, in "Bulletin Monumental," CIV, 1946, pp. 141-186.

LAMBERT L., Caen roman et gothique. Ses abbayes et son château, Caen, 1935.

LASTEYRIE R., DE, L'architecture religieuse en France à l'époque gothique, Paris, 1926-1927, 2 vols.

LEDRU A., La cathédrale Saint-Julien du Mans, ses évêques, son architecture, son mobilier, Mamers, 1900.

LEFEVRE-PONTALIS E., L'architecture religieuse dans l'ancien diocèse de Soissons au XIème et au XIIème siècle, Paris, 1894, 3 vols.

MÂLE E., L'architecture gothique du Midi de la France, in "Revue des Deux-Mondes," 15 February 1926, pp. 826-857.

MÂLE E., La cathédrale d'Albi, Paris, 1950.

MUSSAT A., Le style gothique de l'Ouest de la France (XIIème-XIIIème siècles), Paris, 1963.

PANOFSKY E., Abbot Suger. On the abbey church of St.-Denis and its art treasures, Princeton, 1946.

REINHARDT H., La cathédrale de Reims. Son histoire, son architecture, sa sculpture, ses vitraux, Paris, 1963.

REY R., L'art gothique du Midi de la France, Paris, 1934.

RUPRICH-ROBERT V., L'architecture normande aux XIème et XIIème siècles en Normandie et en Angleterre, Paris, 1884-1889, 2 vols.

SALET F., La Madeleine de Vézelay, Melun, 1948.

SALET F., La cathédrale du Mans, in "Congrès Archéologique Maine," 1961, CXXIX, pp. 18-58.

SANFAÇON R., L'architecture flamboyante en France, Laval, 1971.

SCHÜRENBERG L., Die kirchliche Baukunst Frankreichs zwischen 1270 und 1380, Berlin, 1934.

SEYMOUR C. JR., Notre-Dame de Noyon in the twelfth century, a study in the early development of gothic architecture, New Haven, 1939.

VAN DER MEER F., Cathédrales méconnues de France, Brussels/Paris, 1968.

VAN DER MEULEN J., Histoire de la construction de la cathédrale Notre-Dame de Chartres après 1194, in "Bulletin de la Société Archéologique d'Eure-et-Loir," 18, 1965, pp. 5-126.

Series: Petites Monographies des Grands Edifices de France, Paris, 1906-1960.

THE LOW COUNTRIES, LORRAINE, AND SWITZERLAND

BACH E., BLONDELL L., BOVY A., *La cathédrale de Lausanne*, Basel, 1944.

BAUM J., CREUTZ M., *Belgische Kunstdenkmäler*, vol. I: *Vom 9. bis Ende des 15. Jhs.*, Munich, 1923.

BLOESCH H., STEINMANN M., *Das Berner Münster*, Bern, 1938.

La cathédrale de Lausanne, collected works, Bern, 1975.

La cathédrale de Metz, collected works published under the direction of M. AUBERT, Paris, 1931.

GANTNER J., *Histoire de l'art en Suisse*, vol. II: *Epoque gothique*, Neuchâtel, 1956.

LEURS C., *Een en ander betreffende de ontwikkeling van de Kerkelijke gothiek in de Nederlanden*, in "Genetse Bijdr.," 9, 1943, p. 137 ff.

LEURS C., *De geschiedenis der bouwkunst in Vlanderen van de Xde to het einde der XVIII de eeuw.*, Antwerp, 1946.

VERMEULEN F., *Handbook tot de Geschiedenis der Nederlandsche Bouwkunst*, The Hague, 1923, 2 vols.

VIELES A., *Les compagnes de construction de la cathédrale de Toul*, in "Bulletin Monumental," 130, 1972, pp. 179-189 and 133, 1975, pp. 233-241.

WARICHEZ J., *La cathédrale de Tournai*, Brussels, 1935.

GERMANIC COUNTRIES

BEYER V., HAEUSSER J.R., LUDMANN J.D., RECHT R., *La cathédrale de Strasbourg*, Strasbourg, 1974.

BICKEL I., *Die Bedeutung der süddeutschen Zisterzienserbauten für den Stilwandel im 12. Jh. von der Spätromanik zur Gotik*, Munich, 1956.

BOCK H., *Der Beginn spätgotischer Architektur in Prag (Peter Parler) und die Beziehungen zu England*, in "Wallraf Richartz Jahrbuch," XXIII, 1961, pp. 191-210.

BRÄUTIGAM G., *Gmünd-Prag-Nürmberg. Die Nürnberger Frauenkirche und der Prager Parlerstil vor 1360*, in "Jahrbuch der Berliner Museen," 3, 1961, pp. 58-75.

BUCHOWIECKI W., *Die gotischen Kirchen Österreichs*, Vienna, 1952.

BURMEISTER W., *Norddeutsche Backsteindome*, Berlin, 1938.

CLASEN K.H., *Deutsche Gewölbe der Spätgotik*, Berlin, 1958.

DONIN R.K., *Die Bettelordenskirchen in Österreich. Zur Entwicklung der österreichischen Gothik*, Baden (Vienna), 1935.

DÖRRENBERG I., *Das zisterzienser Kloster Maulbronn*, Würzburg, 1937.

EYDOUX H.P., *L'architecture des églises cisterciennes d'Allemagne*, Paris, 1952.

FATH M., *Die Baukunst der frühen Gotik im Mittelrheingebiet*, in "Mainzer Zeitschrift," 63-64, 1968-1969, pp. 1-38 and 65, 1970, pp. 43-92.

FINK E., *Die gotischen Hallenkirchen in Westfalen*, Emsdetten, 1934.

FISCHER F.W., *Die spätgotische Kirchenbaukunst am Mittelrhein*, Heidelberg, 1962.

FLEMMING J., LEHMANN E., SCHUBERT E., *Dom und Domschatz zu Halberstadt*, Vienna/Cologne, 1974.

FREY D., *Die Denkmale des Stiftes Heiligenkreuz* in "Österreichische Kunstopographic," XIX, 1926.

GERSTENBERG K., *Deutsche Sondergotik. Eine Untersuchung über das Wesen des späten Mittelalters*, Darmstadt, 1969.

HAMANN R., KÄSTNER W., *Die Elisabethkirche zu Marburg*, Marburg, 1929.

HEMPEL E., *Geschichte der deutschen Baukunst* (Deutsche Kunstgeschichte), Munich, 1949.

KONOW H., *Die Baukunst der Bettelorden am Oberrhein* (Forschungen zur Geschichte Kunst am Oberrhein), Berlin, 1954.

KRAUTHEIMER R., *Die Kirchen der Bettelorden in Deutschland* (Deutsche Beiträge zur Kunstwissenschaft), Cologne, 1925.

KUNST H.J., *Der Domchor zu Köln und die Hochgotische Kirchenarchitektur in Norddeutschland*, in "Niederdeutsche Beiträge zur Kunstgeschichte," 8, 1969, pp. 9-40.

KUNST H.J., *Die Entstehung des Hallenumgangchors. Der Dom zu Werden an der Aller und seine Stellung in der gotischen Architektur*, in "Marburger Jahrbuch für Kunstwissenschaft," 18, 1969, pp. 1-104.

KUNZE H., *Der Stand unseres Wissens um die Baugeschichte des Strassburger Münsters*, in "Elsass-Lothringen Jahrbuch," XVIII, 1939, pp. 63-115.

MEYER-BARKAUSEN W., *Das grosse Jahrhundert kölnischer Kirchenbaukunst 1150 bis 1250*, Cologne, 1952.

MRUSEK H.J., *Drei deutsche Dome (Quedlinburg, Magdeburg, Halberstadt)*, Dresden, 1963.

OTTE H., *Handbuch der kirchlichen Kunst, Archäologie des deutschen Mittelalters*, 5th ed. Leipzig, 1883-1884.

PAATZ W., *Die Marien Kirche in Lübeck*, Burg, 1926.

RECHT R., *L'Alsace gothique de 1300 à 1365. Etude d'architecture religieuse*, Colmar, 1974.

REINHARDT H., *La cathédrale de Strasbourg*, Paris, 1972.

RINGSHAUSEN G., *Die spätgotische Architektur in Deutschland unter besonderer Berücksichtigung ihrer Beziehungen zu Burgund im Anfang des 15. Jahrhunderts*, in "Zeitschrift des deutschen Vereins für Kunstwissenschaft," XVII, 1-4, 1973, pp. 63-78.

SCHMOLL GEN. EISENWERTH J.A., *Das Kloster Chor und die askanische Architektur in der Mark Brandenburg, 1260-1320*, Berlin, 1961.

SCHOTES P., *Spätgotische Einstützenkirchen und zweischiffige Hallenkirchen im Rheinland*, Aachen, 1970.

STIEHL O., *Das deutsche Rathaus im Mittelalter*, Leipzig, 1905.

THÜMMLER H., *Mittelalterliche Baukunst im Weserraum*, in "Kunst und Kultur im Weserraum, 800-1600" (Exposition Corvey, 1966).

THURM S., *Norddeutscher Backsteinbau, gotischen Backsteinhallenkirchen mit dreiapsidialem Chorschluss*, Berlin, 1935.

ZASKE N., *Gotische Backsteinkirchen Norddeutschlands zwischen Elbe und Oder*, Leipzig, 1968.

ZYKAN J., *Die Stephankirche in Wien*, Vienna, 1962.

Collections: *Deutsche Bauten*, Burg bei Madgeburg, 1920-1939.

ENGLAND

BILSON J., *Durham cathedral: the chronology of its vaults*, in "Archaeological Journal," LXXXIX, 1922, pp. 101-160.

BOASE T.S.R., *English art, 1100-1216* (The Oxford History of English Art), Oxford, 1953.

BOCK H., *Der Decorated Style, Untersuchungen zur englischen Kathedralarchitektur der 1. Hälfte des 14. Jhs.*, Heidelberg, 1962.

BOND F., *Gothic architecture in England. An analysis of the origin and development of English church architecture from the Norman conquest to the dissolution of the monasteries*, London, 1905.

BOND F., *An Introduction to English Church Architecture from the 11th to the 16th century*, London, 1914.

BONY J., *French Influences on the Origins of Gothic Architecture*, in "Journal of the Warburg and Courtauld Institutes," XII, 1949, pp. 1-15.

BRANNER R., *Westminster Abbey and the French Court Style*, in "Journal of the Society of Architectural Historians," XXIII, 1964, pp. 3-18.

BRIEGER P., *English Art, 1216-1307* (The Oxford History of English Art), Oxford, 1957.

BROWN R.A., COLVIN H.M., TAYLOR A.J., *The history of king's works*, London, 1963, 3 vols.

CLIFTON-TAYLOR A., *The cathedrals of England*, New York, 1970.

COOK G.H., *The story of Gloucester Cathedral*, London, 1952.

COOK G.H., *The English medieval parish church*, London, 1954.

COOK G.H., *English collegiate churches of the Middle Ages*, London, 1959.

COOK G.H., *Medieval chantries and chantries chapels*, London, 1963.

EVANS J., *English art, 1307-1461* (The Oxford History of English Art), Oxford, 1949.

FLETCHER B., *A History of Architecture*, New York, 1950.

GARDNER S., *A guide to English Gothic architecture*, Cambridge, 1922.

HARVEY J.H., *Gothic England, a survey of national culture, 1300-1500*, London, 1947.

HARVEY J.H., FELTON H., *The English cathedrals*, London, 1950.

HAYTER W., *William of Wykeham, Patron of the Arts*, London, 1970.

MARTIN A.R., *Franciscan architecture in England*, Manchester, 1937.

MOORE C.H., *Medieval Church Architecture in England*, New York, 1912.

POWER C.E., *English medieval architecture*, London, 1923, 3 vols.

SALZMAN L.F., *Building in England down to 1540. A Documentary History*, Oxford, 1952.

VALE E., *Cambridge and its colleges*, London, 1959.

WEBB G.F., *Gothic architecture in England*, London, 1951.

WEBB G.F., *Architecture in Britain: The Middle Ages* (The Pelican History of Art), Harmondsworth, 1956.

ITALY

ARGAN G.C., *L'architettura italiana del Duecento e Trecento*, Florence, 1937.

ARSLAN E., *Venezia gotica. L'architettura civile gotica veneziana*, Milan, 1970.

BARTALINI A., *L'architettura civile del medioevo in Pisa*, Pisa, 1937.

BERTAUX E., *L'art dans l'Italie méridionale*, Paris, 1904.

BESCAPÉ G., MEZZANOTTE P., *Il Duomo di Milano*, Milan, 1965.

BIEBRACH K., *Die holzgedeckten Franziskaner- und Dominikanerkirchen in Umbrien und Toskana* (Beiträge zur Bauwissenschaft), Berlin, 1908.

BONELLI R., *Il Duomo di Orvieto e l'architettura italiana del Duecento e Trecento*, Città di Castello, 1952.

BRAUNFELS W., *Mittelalterliche Stadtbaukunst in der Toskana*, Berlin, 1953.

CARLI E., *Il Duomo di Orvieto*, Rome, 1965.

CASSI RAMELLI A., *Luca Beltrami e il Duomo di Milano*, Milan, 1965.

CHIERICI G., *Il palazzo italiano, dal secolo XI al secolo XIX*, Milan, 1952-1957, 3 vols.

DECKER H., *Gotik in Italien*, Vienna, 1964.

DELLWING H., *Studien zur Baukunst der Bettelorden im Veneto. Die Gotik der monumentalen Gewölbebasiliken*, Munich, 1970.

ENLART C., *Origines françaises de l'architecture gothique en Italie*, Paris, 1894.

FIORENSA A., *Il gotico catalano in Sardegna*, in "Bollettino del Centro di Studi per la storia dell'Architettura," 17, 1961, pp. 81-116.

FRACCARO DE LONGHI L., *L'architettura delle chiese cistercensi italiane*, Milan, 1958.

FRANKLIN J.W., *The cathedrals of Italy*, London, 1958.

HERTEIN E., *Die Basilika San Francesco in Assisi. Gestalt, Bedeutung, Herkunft*, Munich, 1964.

KLEINSCHMIDT B., *Die Basilika S. Francesco in Assisi*, 3rd ed., Berlin, 1915-1938.

KRÖNIG W., *Hallenkirchen in Mittelitalien*, in "Kunstgeschichtliches Jahrbuch der Bibliotheka Hertziana," 2, 1938, p. 1 ff.

Il nostro Duomo, collected works, Milan, 1960.

MORETTI I., STOPANI R., *Chiese gotiche nel contado fiorentino*, Florence, 1969.

MORETTI M., *L'architettura medioevale in Abruzzo (dal VI al XVI secolo)*, Rome [1971].

PAATZ W., *Werden und Wesen der Trecento Architektur in Toskana. Die grossen Meister als Schöpfer einer neuen Baukunst: Die Meister von S. Maria Novella; Niccolo Pisano; Giovanni Pisano; Arnolfo di Cam-*

bio und Giotto, Burg, 1937.

PAATZ W., PAATZ E., *Die Kirchen von Florenz. Ein kunstgeschichtliches Handbuch*, Frankfurt, 1940-1954, 6 vols.

Il palazzo ducale di Venezia, collected works, Turin, 1971.

PAUL J., *Der Palazzo Vecchio in Florenz, Ursprung und Bedeutung seiner Form*, Florence, 1969.

RODOLICO F., MARCHINI G., *I Palazzi del popolo nei communi toscani del medio evo*, Florence, 1962.

ROMANINI A.M., *Le Chiese a sala nell'architettura "gotica" lombarda*, in "Arte Lombarda," 3, 1958, p. 48 ff.

ROMANINI A.M., *L'architettura gotica in Lombardia*, Rome, 1965.

SALMI M., *L'architettura nell'Aretino: il periodo gotico*, in "Atti del XII congresso di storia dell'architettura, Arezzo, 10-15 September, 1961. L'architettura nell'Aretino," Rome, 1969, pp. 69-103.

SCHÖNE W., *Studien zur Oberkirche von Assisi*, in "Festschrift Kurt Bauch," 1957, pp. 50-116.

SUPINO J.B., *L'architettura sacra in Bologna nei secoli XIII e XIV*, Bologna, 1909.

TOESCA P., *Storia dell'arte italiana*, vol. II: *Il Trecento*, Turin, 1951.

WAGNER-RIEGER R., *Die italienische Baukunst zu Beginn der Gotik*, Graz / Cologne, 1956-1957.

WAGNER-RIEGER R., *Zur Typologie italienischer Bettelordenskirchen*, in "Römische Mitteilungen," II, 1957-1958, pp. 266-298.

WAGNER-RIEGER R., *S. Lorenzo Maggiore in Neapel und die süditalienische Architektur unter den ersten Königen aus dem Hause Anjou*, in "Miscellanea Bibliothecae Herzianae zu Ehren von Leo*

Bruhns, Franz Graf Wolff Metternich, Ludwig Schudt," Munich, 1961, pp. 31-143.

WHITE J., *Art and Architecture in Italy, 1250-1400* (The Pelican History of Art), Hardmondsworth, 1966.

SPAIN AND PORTUGAL

ANGULO IÑIGUEZ D., *Arquitectura mudéjar sevillana de los siglos XIII, XIV, y XV*, Seville, 1922.

JOSÉ MARÍA DE AZCÁRATE RISTORI, *El protogótico hispánico* (Real Academia de Bellas Artes de San Fernando), Madrid, 1974.

BASSEGODA Y AMIGÓ B., *La catedral de Barcelona*, Barcelona, n.d.

BASSEGODA Y AMIGÓ B., *La catedral de Gerona*, Barcelona, 1889.

BASSEGODA Y AMIGÓ B., *Santa María de la Mar*, Barcelona, 1925.

BLANCH M., *L'art gothique en Espagne*, Barcelona, 1972.

CHAMAÑO MARTÍNEZ J.M., *Contribución al estudio del Gótico en Galicia (Diócesis de Santiago)*, Valladolid, 1962.

CHICÓ M.T., *Arquitectura gòtica em Portugal*, Sul, 1954.

CHUECA GOITIA F., *Historia de la arquitectura espanola, Edad antigua y edad media*, Madrid, 1965, 2 vols.

CONTRERAS LOZOYA J., *Historia del arte hispánico*, vol. II, Barcelona, 1934.

DURLIAT M., *L'art dans le royaume de Majorque. Les débuts de l'art gothique en Roussillon, en Cerdagne et aux Baléares*, Toulouse, 1962.

DURLIAT M., *L'architecture espagnole*, Toulouse, 1966.

ELÍAS F., *La catedral de Barcelona*, Barcelona, 1926.

GÓMEZ-MORENO M., *El primer monasterio español de cistercienses: Moreruela*, in "Boletín de la Sociedad española de excursiones," XIV, 1906, pp. 97-105.

GÓMEZ-MORENO M., *La catedral de Sevilla*, in "Boletín de la Real Academia de la Historia," XCII, 1928.

GUDIOL Y RICHART J., *La catedral de Toledo*, Madrid, 1948.

HARVEY J.H., *The cathedrals of Spain*, London, 1957.

HAUPT A., *Die Baukunst der Renaissance in Portugal*, Frankfurt, 1890.

HERSEY C.K., *The Salmantine Lanterns: their origin and development*, Cambridge, Mass., 1937.

LAMBERT E., *L'architecture bourguignonne et la cathédrale d'Avila*, in "Bulletin Monumental," 83, 1924, pp. 263-292.

LAMBERT E., *L'art gothique en Espagne aux XIIème et XIIIème siècles*, Paris, 1931.

LAMBERT E., *L'art gothique à Séville après la reconquête*, in "Revue archéologique," 1932, pp. 155-165.

LAMBERT E., *L'art portugais*, Paris, 1948.

LAMBERT E., *L'église du monastère dominicain de Batalha et l'architecture cistercienne*, in "Mélanges d'études portugaises, offerts à G. Le Gentil," Lisbon, 1949, pp. 243-256.

LAMBERT E., *La catedral de Pamplona*, in "Principe de Viana," XII, 1951.

LAMPÉREZ Y ROMEA V., *Historia de la arquitectura cristiana española en la edad media*, Barcelona / Madrid, 1908-1909, 2 vols.

LAMPÉREZ Y ROMEA V., *Catedral de Burgos*, in "Las obras maestras de la arquitectura y de la deco-

ración en España," I, Madrid, 1912.

LAVEDAN P., *L'architecture gothique religieuse en Catalogne, Valence et Baléares*, Paris, 1935.

LAVEDAN P., *L'église Sainte-Marie-de-la-Mer à Barcelone*, in "Congrès Archéologique. Catalogne," CXVII, 1959, pp. 75-83.

RUBIO Y BELLVER J., *La catedral de Mallorca*, Barcelona, 1922.

SERRA I RÀFOLS E., *La nau de la Sen de Girona*, in "Miscellània Puig i Cadafalch," vol. I, Barcelona, 1947-1951, pp. 185-204.

STREET G.E., *Some account of gothic architecture in Spain*, London/Toronto, 1924.

TORRES BALBÁS L., *Arquitectura gótica* (Ars Hispaniae), Madrid, 1952.

VILLACAMPA C.G., *La capilla del condestable, de la catedral de Burgos*, in "Archivio español de arte y arqueología," IV, 1928, pp. 25-44.

WATSON W.C., *Portuguese Architecture*, London, 1908.

Collections, *Arte em Portugal*, Oporto, 1928-1967.

NORDIC AND EASTERN COUNTRIES

ALNAES A., ELIASSEN G., LUND R., PEDERSEN A., PLATOU O., *Norwegian architecture throughout the ages*, Oslo, 1950.

BOETHIUS G., ROMDAHL A.L., *Uppsala domkyrka 1258 till 1435*, Uppsala, 1935.

CLASEN K.H., *Die mittelalterliche Kunst im Gebiete der Deutschordensstaaten Preussen*, Königsberg, 1927.

CURMAN S., *Sveriges Kyrkor*, Stockholm, 1912-1920.

ENLART C., *L'art gothique et la Renaissance en Chypre*, Paris, 1899, 2 vols.

FISCHER G., *Domkirken in Trondheim*, Trondheim, 1965.

GALL E., *Danzig und das Land an der Weichsel*, Munich, 1953.

GEREVICH L., *Mitteleuropäische Bauhütten und die Spätgotik*, in "Acta historiae artium," V, 1958, pp. 241-282.

KUTAL A., *L'art gothique en Bohême*, Prague, 1972.

LIBAL D., *Gotická architektura v Cechách a na Morave*, Prague, 1948.

LINDBLOM A., *Sveriges Konsthistorica fran Forntid till Nutid*, vol. I, Stockholm, 1944.

MADSEN H., *Kirkekunst i Danmark*, Odense, 1965, 3 vols.

MARÖSI E., *Stiltendenzen und Zentren der Spätgotischen Architektur in Ungarn*, in "Jahrbuch des Kunsthistorischen Institutes der Universität Graf," 6, 1971, pp. 1-38.

MENCL V., *Ceská architektura doby Lucemburské*, Prague, 1948.

MENCL V., *Die Aufgabe der Donauländer in der Reform der gotischen Architektur des 14. und 15. Jh.*, in "Acta historiae artium," 13, 1967, pp. 51-59.

MIOBEDZKI A., *Zarys dziejów architektury w Polsce, Wydanie drugie poprawione i uzupelnione*, Warsaw, 1968.

ROOSVAL J., *Die Kirchen Gotlands. Ein Beitrag zur mittelalterlichen Kunstgeschichte Schwedens*, Leipzig, 1911.

SWIECHOWSKI Z., *Regiony w póznogotychkiejarchitekturze polski*, in "Pózny gotyk," 1965, p. 113 ff.

SWOBODA K.M., *Gotik in Böhmen*, Munich, 1969.

ZACHWATOWICZ J., *Architecktura polska*, Warsaw, 1966.

英汉名词对照

211

照片来源

注：文内数字为照片所在图号。

Aerofilms，London：127，151，158

Archives Photographiques，Paris：88，89，104，111，112，117，125

Archivio Electa，Milan：222，228，229，230，231，234，237，238，240，245，246，247，252，253

Bibliothèque Nationale，Paris：12，13

J. Combier，Mâcon：291

Courtauld Institute of Art，London：128，129，136，137，138，146，152，153，165

Eidenbenz，Binningen：171

Foto Mas，Barcelona：255，256，257，260，261，262，264，266，267，268，269，270，271，272，275，276，277，278

Lauros-Giraudon Paris：83，100，108

Pepi Merisio，Bergamo：

Musée de l'Oeuver Notre-Dame，Strasbourg：14

Photo Draeger：5，62，63

Photographie Bulloz，Paris：114

Photothèque Francaise，Paris：60，68，80，85，298

译　后　记

对于中国的读者,无论是专业工作者还是普通读者而言,西方古代建筑史都是相对较为陌生的题目,在中文的出版物中很难找到相关的参考书。这次中国建筑工业出版社这套世界建筑史译著的选题,对艺术史、文化史、建筑史感兴趣的广大读者来说无疑是一个福音。

欧洲建筑的历史在整个世界建筑史中占有重要的地位。这是因为在这一地区中有着众多不同的民族。这些民族既在一定程度上保持着自身文化的独特性又保持着相互间频繁的文化交流,无论这种交流是通过战争还是贸易的手段实现的。这种交流融合与独特性的相互交织使欧洲建筑的发展过程从总体上呈现出了一种异彩纷呈、高峰迭起的面貌。今天我们对欧洲建筑历史的回顾可以使我们深切地感受到人类伟大的创造力量,并为这种力量所感动。

中世纪对欧洲历史而言是一个社会转折的关键时刻,在建筑艺术方面中世纪表现出了一种多姿多彩的风貌,地区与民族的特色开始凸现出来。哥特艺术是中世纪欧洲艺术最重要的组成部分之一。同样,哥特艺术对西方文明而言也是一个重要的组成部分。它的形成深刻地反映了欧洲中世纪社会生活、宗教、审美意识发展、变化的内在原因。哥特建筑作为哥特艺术最核心的部分,它的产生、发展、传播过程事实上是欧洲社会从中世纪初期严重衰退中逐步恢复、发展、繁荣的过程。在这个过程中,欧洲社会在一定程度上突破了古代希腊的社会模式,建立起了一个以教会和行会组织为核心的社会结构。宗教文化和世俗文化的繁荣成为这一时代的特征。了解哥特建筑在欧洲艺术史、建筑史中的地位和影响对于深入认识欧洲文化传统有十分重要的作用。

《哥特建筑》一书的翻译工作分为两个部分,分别在北京和深圳完成(前四章由清华大学建筑学院吕舟翻译,后三章由深圳大学建筑与土木工程学院洪勤翻译)。由于译者对哥特建筑、哥特艺术的认识非常有限,在译稿的文字中可能会有许多不准确、不详尽的地方。翻译的过程对我们来说,也是一个非常难得的学习、认识哥特建筑的机会,我们也的确获益良多。我们真切地希望这本书能够对读者了解欧洲建筑历史有所帮助。

译者

1999 年 12 月

版权登记图字：01－1998－2244 号

图书在版编目（CIP）数据

哥特建筑／（法）路易·格罗德茨基（Grodecki，L.）著；吕舟，洪勤译.
北京：中国建筑工业出版社，1999
（世界建筑史丛书）
ISBN 978－7－112－03738－4

Ⅰ．哥…　Ⅱ.①路…　②吕…　③洪…　Ⅲ.①古建筑，哥特式－建筑
史－世界　②古建筑，哥特式－建筑物－简介　Ⅳ.TU－091.8

中国版本图书馆 CIP 数据核字（1999）第 11124 号

责任编辑：董苏华　张惠珍

世界建筑史丛书
哥特建筑
［法］路易·格罗德茨基　著
吕舟　洪勤　译
*
中国建筑工业出版社出版、发行（北京西郊百万庄）
各地新华书店、建筑书店经销
廊坊市海涛印刷有限公司印刷
*
开本：787×1092 毫米　1/12　印张：18⅔
2000 年 8 月第一版　2015 年 1 月第三次印刷
定价：**66.00** 元
ISBN 978－7－112－03738－4
　　　（17797）